たのしくできる Arduino 電子制御
Processingでパソコンと連携

牧野 浩二 [著]

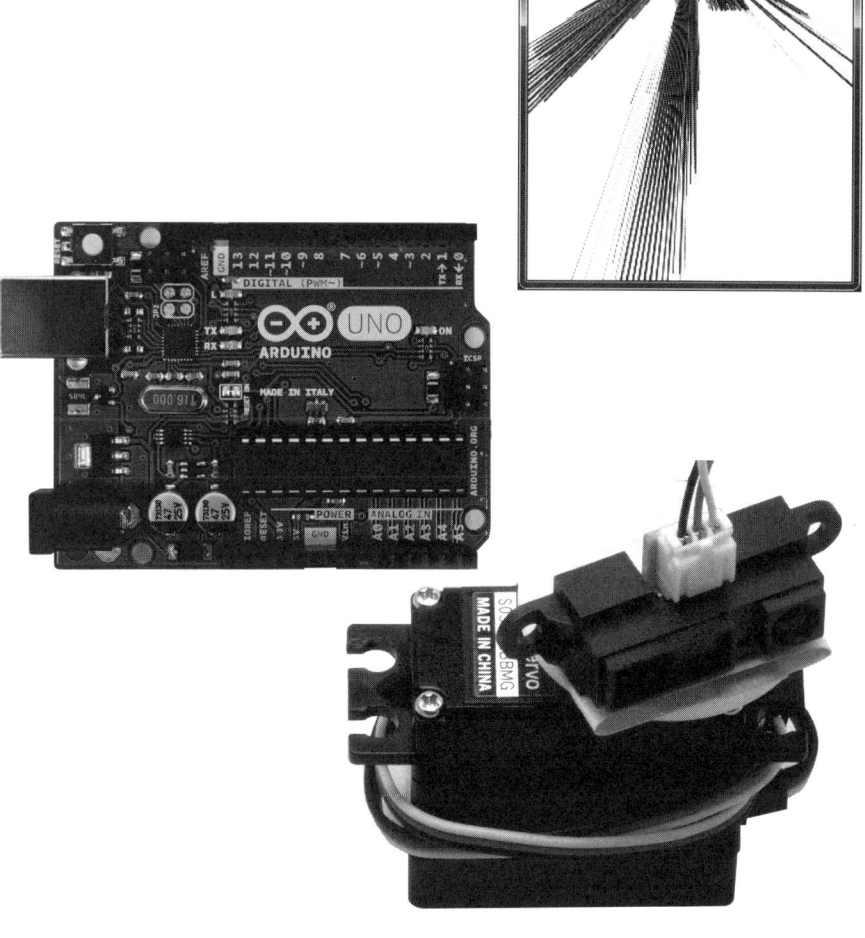

東京電機大学出版局

本書に記載されている社名および製品名は，一般に各社の商標または登録商標です。本文中では TM および ® マークは明記していません。

まえがき

　Arduinoの登場により，マイコンによる電子工作が身近なものとなりました。マイコンはパソコンに比べて処理速度は遅いのですが，LEDを光らせたりモーターを回したり，電圧を読み取ったりという，実際のモノとインタラクションすることに優れています。一方，Processingが開発され，キーボードやマウスの情報の取得や，カメラ画像の処理など高度な情報処理が簡単にできるようになりました。しかし，パソコンはLEDを光らせたりモーターを回したりすることは苦手です。そこで，この本はマイコンとパソコンの得意なところを組み合わせてワンランク上の電子工作を目指すことを目的として執筆しました。

　この本の内容だけでも面白い工作ができますが，さらにたのしく電子工作をするためには原理を理解して自分で応用できるようになるとよいと考えています。そこで，できるだけ簡単な部分（例えばLEDの点灯・消灯やマウスの値の取得など）から説明をすることで，理解しやすくなるように心がけました。回路に関しては，すべての電子回路に回路図と実体配線図の両方を載せて，初心者でもわかりやすく読み進められるようにしました。プログラムに関しては，各節に「新しい変数・関数」という項目を付け，説明を加えました。その変数や関数が出てくるところにはスミカッコ（【 】）を付けて強調することで，見やすさにも心がけました。さらに，最初からすべて読まなくてもできるように，各節に「参照する節」という項目を付けています。「作りたいものから作ると楽しい」これが一番良いと筆者は考えているからです。本書を通して電子工作に興味を持ち，仕事や研究として使うだけでなく，趣味として人生を豊かにする手助けになってもらえることを願っています。

　刊行にあたり，山梨大学工学部の青山浩貴君，青木今日子さん，池田智一君には，この本の回路図を見ながら電子回路を作成してもらい，それぞれ異なるWindowsのバージョンでプログラムの検証をしてもらいました。ここに感謝の意を示します。電子回路やプログラムの確認は大変だったと思いますが，3人とも見違えるほど成長したことを嬉しく思

います。また，東京電機大学出版局の石沢岳彦氏のご尽力のおかげで，素晴らしい本となりました。心よりお礼申し上げます。

2015 年 5 月

著者しるす

目 次

第1章 パソコンで電子工作するために

1.1 ArduinoとProcessingの特徴 1
1.2 Arduinoを使うための準備 3
　　（1）ソフトウェアのダウンロード　4
　　（2）ソフトウェアのインストール　6
　　（3）ドライバーのインストール　8
　　（4）起動テストと初期設定　13
　　（5）サンプルプログラムで動作チェック　17
　　（6）補足　18
1.3 Processingを使うための準備 19
　　（1）ソフトウェアのダウンロード　19
　　（2）ソフトウェアのインストール　22
　　（3）起動テスト　23
　　（4）サンプルプログラムで動作チェック　25
　　（5）文字の大きさと日本語の設定　27
　　（6）補足（アプリケーション化）　28
1.4 電子工作の準備 30
　　（1）電子パーツ　30
　　（2）電子回路　32
　　（3）プログラム　32

第2章 Arduinoだけを使う

2.1 スイッチでLEDを光らせる（デジタル入出力）........ 33
2.2 ボリュームでLEDの明るさを変える
　　（アナログ入出力）... 35
2.3 LEDを点滅させる（時間待ち）................................... 38
　　《Tips》他の時間待ち　39
2.4 シリアルモニタで距離センサの値を表示する 39
　　《Tips》改行コードのあり・なし（Arduino）　42

2.5　シリアルモニタで LED を光らせる 42

第3章　Processing だけを使う

3.1　絵や文字を描く 45
　　（1）線を引く　　45
　　（2）四角を描く　　46
　　（3）三角を描く　　48
　　（4）円と楕円を描く　　49
　　（5）多角形を描く　　50
　　（6）画面に文字を表示する　　51
　　《Tips》文字のサイズ　　52
　　（7）コンソールに文字を表示する　　53
　　《Tips》改行コードのあり・なし（Processing）　　54
3.2　アニメーション 55
　　《Tips》前のものが残るアニメーション　　57
3.3　キーボードを使う 58
　　《Tips》key と keyCode の違い　　59
　　《Tips》キーボードに関する変数・関数　　60
3.4　マウスを使う 60
　　《Tips》マウスに関する変数・関数　　63
3.5　ファイルの入出力 63
　　《Tips》タブ区切りテキスト形式の保存と読み込み　　68

第4章　Arduino を Processing で動かす

4.1　LED を光らせたり消したり（1文字送る） 69
4.2　LED の明るさを変える（値を送る） 72
4.3　3色 LED の色を変える（開始合図を付けて複数の
　　　値を送る） 76
4.4　3色 LED の色を変える（文字列として複数の値を
　　　送る） 82
4.5　モーターを回す（識別子を付けて複数の値を送る）... 85
4.6　サーボモーターを回す（一定間隔で値を送る） 92
　　《Tips》回転方向が反対の場合　　97

第5章　Processing に Arduino のデータを送る

5.1　スイッチの検出（1文字送る） 98
5.2　ボリュームの値を読み込む（値を送る） 102

- **5.3** スイッチとボリュームの値を一定間隔で送信
  （複数の値を送る）... 105
- **5.4** 3軸加速度センサの値をできるだけ早く送る
  （値として送る）... 110
- **5.5** 3軸加速度センサの値をできるだけ早く送る
  （文字列として送る）... 115

第6章 ArduinoとProcessingを連携させる

- **6.1** データロガー（センサの値をパソコンに保存）...... 120
  - 《Tips》他の時間にかかわる関数　125
- **6.2** スカッシュゲーム... 125
- **6.3** バランスゲーム... 131
  - 《Tips》面白くするために　135
- **6.4** リモコンカー... 135
- **6.5** 電光掲示板... 141
- **6.6** レーダーを作る... 151
- **6.7** 赤いものを追いかけるロボット............................... 156
  - 《Tips》うまく動かすための設定方法　162
- **6.8** 無線でつなぐ... 163
  - 《Tips》シールドを使わずにXBeeを使う方法　170

第7章 ライブラリを使ってパワーアップ

- **7.1** Arduinoでタイマー（LEDを点滅させる）............. 172
- **7.2** Arduinoで静電容量センサ（どこでも太鼓）........... 178
  - 《Tips》音がうまくならないとき　187
- **7.3** Processingでゲームパッド（リモコンカーを作る）.. 187
  - 《Tips》アナログスティックの取得方法　197
  - 《Tips》ゲームパッドを使うときに起きるエラーの対処法　198
- **7.4** ProcessingでOpenCV（人の顔の方に向く）.......... 199
- **7.5** ProcessingでKinect（人の動きをマネする）........ 203
  - 《Tips》3次元座標を取得する　214
- **7.6** ProcessingでLeap Motion（ジェスチャーでLED
  を操る）... 214

付録A 無線化の例

- **A.1** データロガーの無線化... 224
- **A.2** リモコンカーの無線化... 225

付録 B　ソフトウェアのインストール方法

B.1 Webカメラのインストール方法と内蔵カメラの無効の方法 226
　（1）ソフトウェアのインストール　226
　（2）内蔵カメラの無効の方法　227

B.2 ゲームパッドのドライバーのインストール方法 228

B.3 Kinect ソフトウェアのインストール方法 229
　（1）ソフトウェアのダウンロード　229
　（2）ソフトウェアのインストール　232

B.4 Leap Motion ソフトウェアのインストール方法 234
　（1）ソフトウェアのダウンロード　234
　（2）ソフトウェアのインストール　238

B.5 XBee エクスプローラーのドライバーソフトウェアのインストール方法 241

B.6 XBee の設定のためのソフトウェアのインストール方法と使用方法 244
　（1）ソフトウェアのダウンロードとインストール　244
　（2）XBee の設定　246

付録 C　パーツリスト 250

索　引 251

第1章 パソコンで電子工作するために

電子工作で遊ぶためには Arduino（アルデュイーノ※）とか PIC とか AVR とか呼ばれるマイコンがよく使われます。マイコンは電子工作をするのに便利な反面，パソコンほど高機能なことはできません。逆に，パソコンで電子工作をしようとしても，LED を光らせたりモーターを回したりすることは簡単にはできません。この本はマイコンとパソコンの得意なところを合わせて，電子工作をたのしむためのものです。マイコンとして Arduino Uno を使い，それとパソコンを連携させるためのソフトウェアとして Processing（プロセッシング）を使います。なお，Windows 7（64 ビット版）を対象として説明を行います。さらに，Windows 7（32 ビット版），Windows 8.1（64 ビット版）でも動作確認をしています。

※ アルドゥイーノ，アルディーノとも呼ばれています。

1.1 Arduino と Processing の特徴

Arduino と Processing は，ともに初心者でも簡単に使えることを目標の 1 つに挙げて作られたものです。

まず，Arduino とは図 1.1 に示すマイコンです。この特徴は，通常のマイコンのように書き込みボードを必要とせず，パソコンと Arduino を USB ケーブルでつなぐと，すぐに作ったプログラムを試すことができる簡単さという点が挙げられます。また，プログラムも簡単に作成できるようになっていて，マイコンの初心者が理解しにくいポートの設定なども簡略化してあります。Arduino にはいろいろな種類がありますが，この本では Arduino Uno R3 を対象とします。

次に，Processing の特徴は，簡単な設定でパソコンの画面にウィンドウを表示し，そのウィンドウにきれいな絵が描けたり，マウスやキーボードの情報を取得できる点が挙げられます。また，Kinect や Leap Motion※ などの最新デバイスも簡単に使うことができる点も特徴の 1 つです。

※ 7.5 節と 7.6 節で扱います。

さらに，この 2 つのプログラムはよく似ています。これらは図 1.2 に示すように，初めに 1 回だけ実行される関数（setup 関数）と，何度も繰り返し実行される関数（loop 関数，draw 関数）の 2 つから成り立っ

※ このプログラムの構造は普通のC言語とはちょっと違いますが、慣れてしまえばむしろ簡単に感じると思います。

ています※。

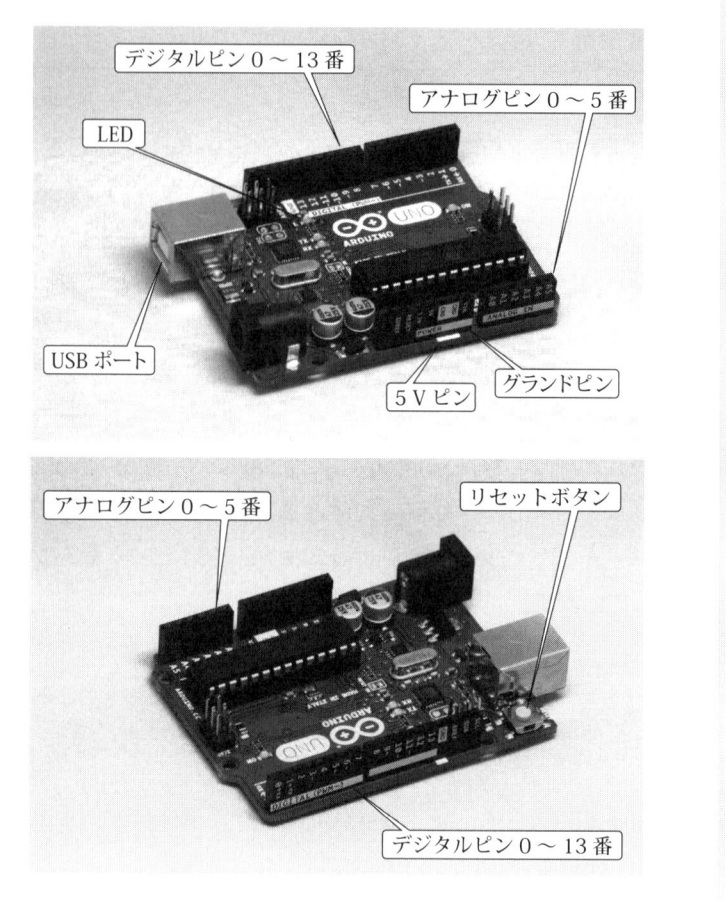

図1.1 Arduino Uno R3の外観

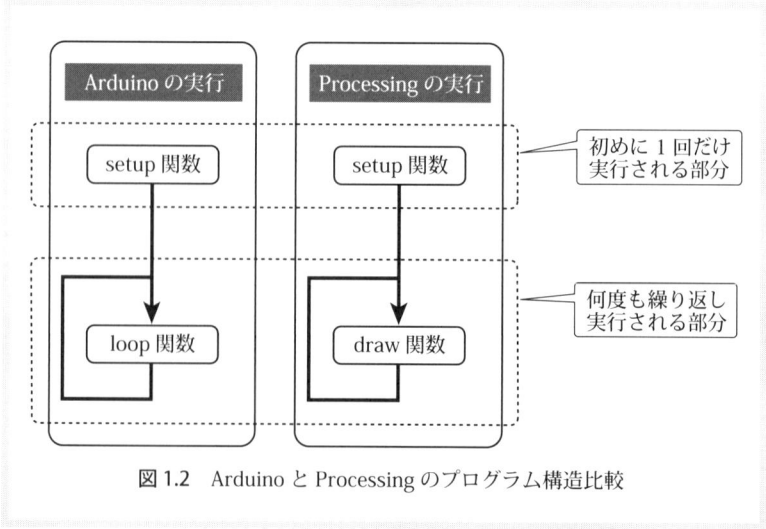

図1.2 ArduinoとProcessingのプログラム構造比較

また，プログラムを打ち込んで実行する開発環境は図 1.3 に示すように画面もよく似ています。

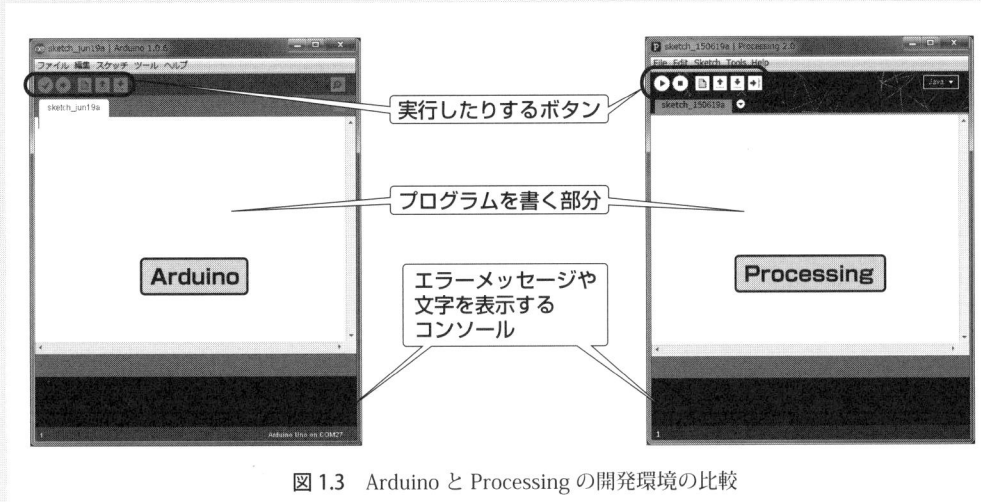

図 1.3　Arduino と Processing の開発環境の比較

電子工作をたのしむときには，

- なるべく簡単に作れる方がよく，
- パソコンとマイコンの 2 つのプログラムを使うならば同じようなプログラムがよい，

と思っています。そこで，この本では Arduino と Processing を使ってパソコンとマイコンを組み合わせたパソコン電子工作を行います。

1.2　Arduino を使うための準備

LED を光らせたりモーターを動かしたりするマイコンとして，Arduino を使います。この節では，以下の 5 つのことを行って Arduino を使うための準備をします。そして最後に，補足を加えます。

(1) ソフトウェアのダウンロード
(2) ソフトウェアのインストール
(3) ドライバーのインストール
　　（ここまでは Arduino とパソコンを USB ケーブルでつなぎません）
(4) 起動テストと初期設定
(5) サンプルプログラムで動作チェック
(6) 補足

なお，この本では執筆時の安定版のバージョン 1.0.6 を使用します。最新版のバージョン 1.6.x もありますが，この本で対象とするのは Arduino Uno だけですので，安定版のバージョン 1.0.6 を使うことにしました。

(1) ソフトウェアのダウンロード

ソフトウェアをダウンロードするために，以下のアドレスにある公式ホームページを開きましょう。

http://www.arduino.cc/

図 1.4 の画面が出てきます。ホームページのレイアウトや写真はときどき変わることがあります。その上の方にある「Download」をクリックします。

図 1.4　Arduino の公式ホームページ（英語）

出てきた画面を少しスクロールさせると，図 1.5 の画面が出てきます。その中の「PREVIOS RELEASES」の「previous version of the current release」をクリックします。

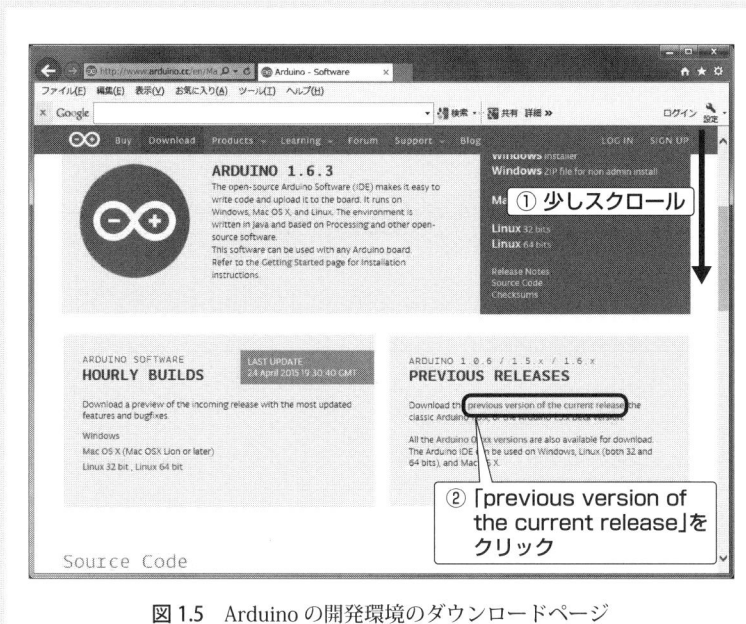

図 1.5　Arduino の開発環境のダウンロードページ

図 1.6 の画面が出てきます。その中の「Windows ZIP file for non admin install」をクリックします。図 1.6 の下にあるように，ファイルの保存先を聞かれますので，「名前を付けて保存」をクリックします。

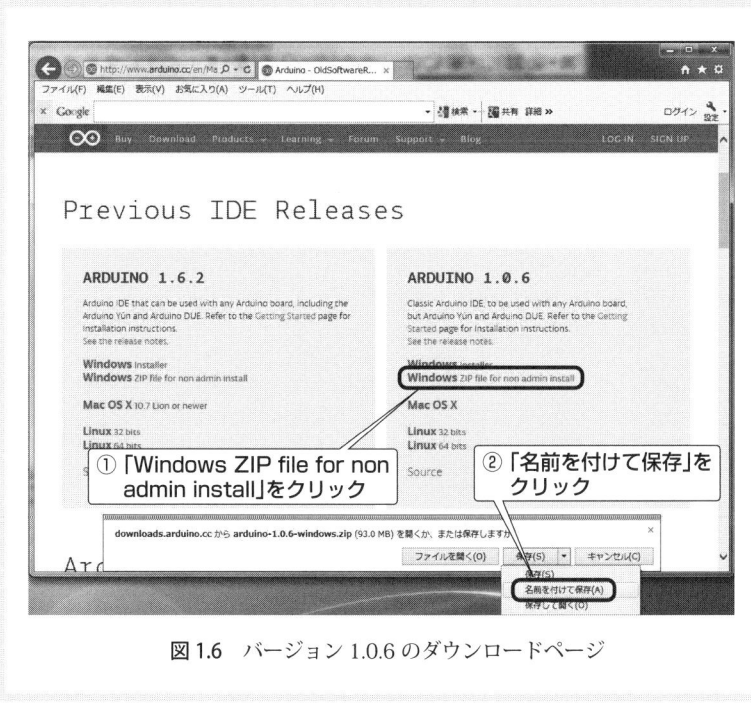

図 1.6　バージョン 1.0.6 のダウンロードページ

図1.7のようなダイアログが出てきますので、左側の部分から「マイドキュメント」または「ドキュメント」を選択し、「保存」をクリックします※。

※ ダウンロードするサイズは100 MB 近くありますので、ダウンロードには時間がかかります。

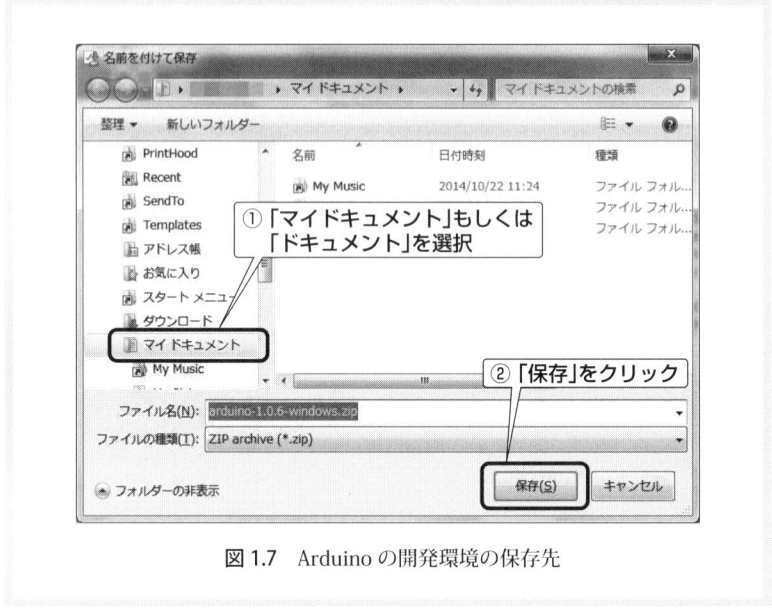

図1.7　Arduino の開発環境の保存先

(2) ソフトウェアのインストール

ダウンロードが終わったら、図1.8(a)に示すように、「スタート」メニューから「コンピューター」をクリックします。そうすると、図1.8(b)のウィンドウが表示されます。そのウィンドウ内の左側から、「マイドキュメント」または「ドキュメント」を選択します。

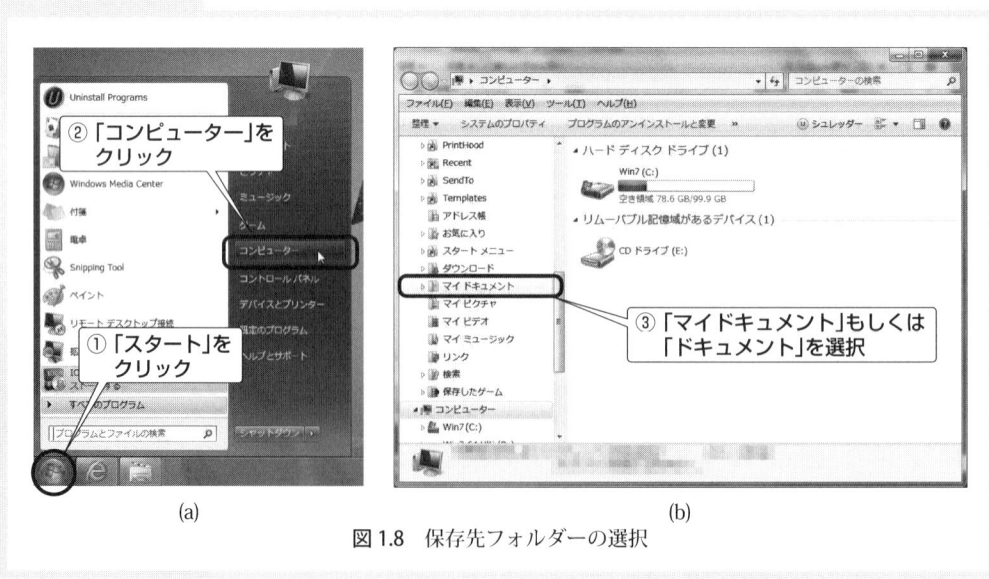

図1.8　保存先フォルダーの選択

図 1.9 のように，そのフォルダーにある先ほどダウンロードした「arduino-1.0.6-windows.zip」を右クリックして，「すべて展開」をクリックします。

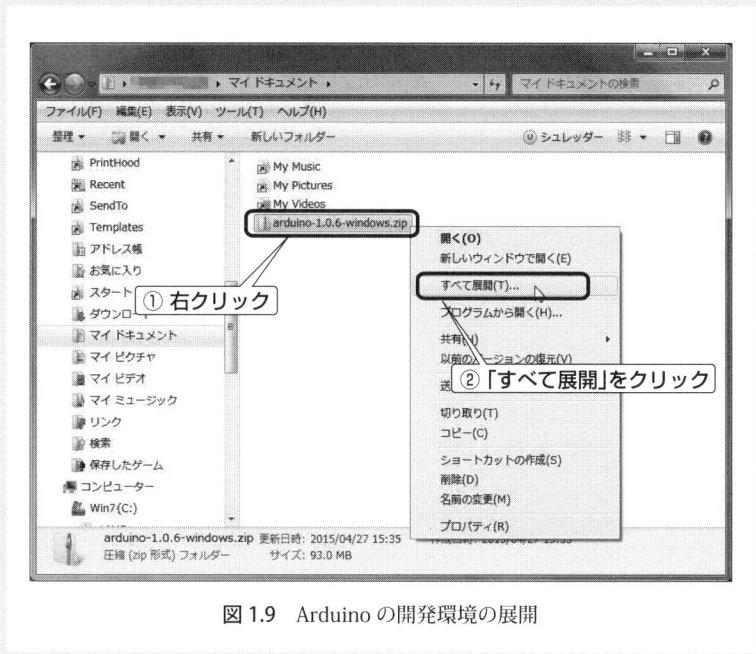

図 1.9 Arduino の開発環境の展開

　図 1.10 のダイアログが現れ，「展開」をクリックすると，図 1.10 の中央にある進行度合いが表示されたダイアログが現れます。10 分くらい待つと終了します[※]。

※ コンピューターの性能によっては 1 時間くらいかかることもあります。

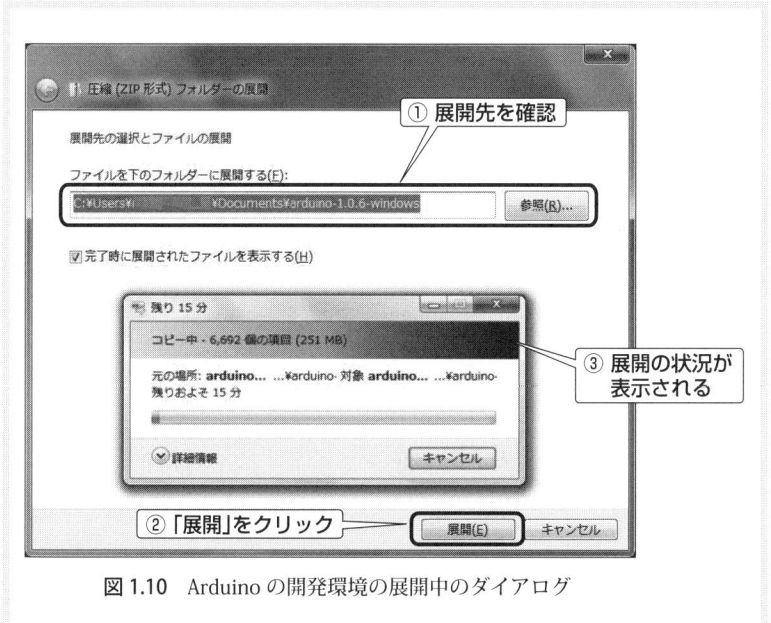

図 1.10 Arduino の開発環境の展開中のダイアログ

展開が終了すると，図1.11のようにarduino-1.0.6-windowsフォルダーができます。展開するだけでインストールは終わります。

　なお，arduino-1.0.6-windowsフォルダーは，任意の場所に移動してもかまいません。実行する際に，「セキュリティの警告」などがでたら，「実行」などをクリックして実行に進みます。毎回，「セキュリティの警告」などがでないようにするチェック項目もあります。

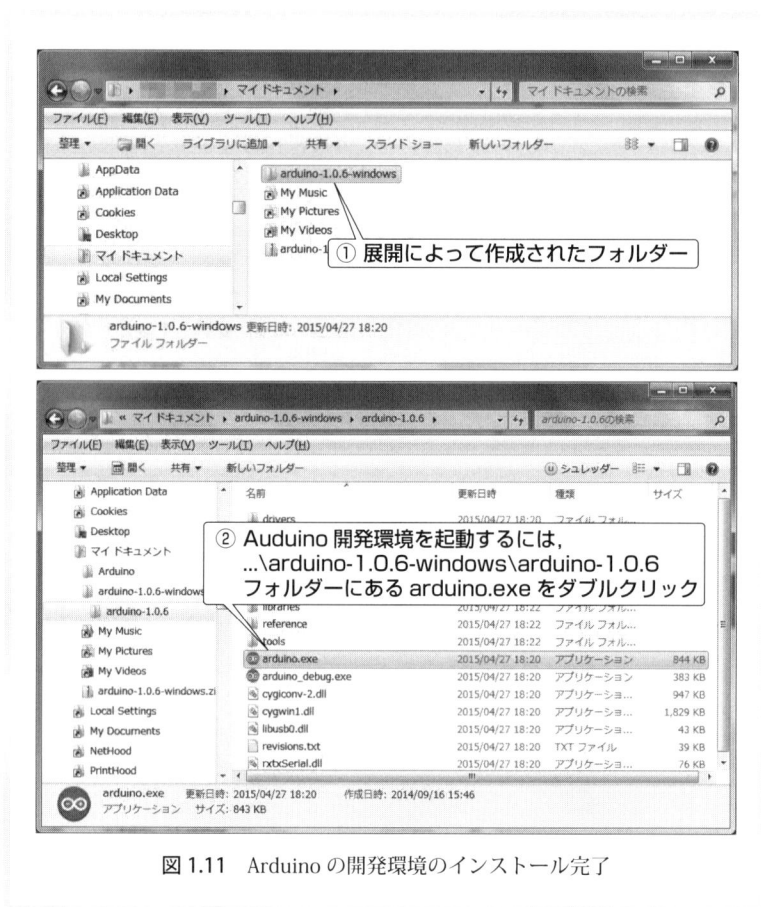

図1.11　Arduinoの開発環境のインストール完了

（3）ドライバーのインストール

　ドライバーをインストールするためにパソコンとArduinoをUSBケーブルでつなぎます。セキュリティの警告ダイアログが出ることがありますが，ここでは「キャンセル」をクリックします。また，デバイスドライバーの自動インストールが起動する場合がありますが，インストールできませんでしたとのメッセージが表示されることもあります。

　デバイスマネージャーを起動します※。デバイスマネージャーを起動するにはまず，図1.12(a)のように「スタート」メニューをクリッ

※ Windows 8.1 では，「スタート」メニューを右クリックして表示されるメニューから，デバイスマネージャーを起動することができます。

クしてから,「コントロールパネル」をクリックします。そうすると図 1.12(b) のウィンドウが現れます。その中から,「ハードウェアとサウンド」をクリックします。

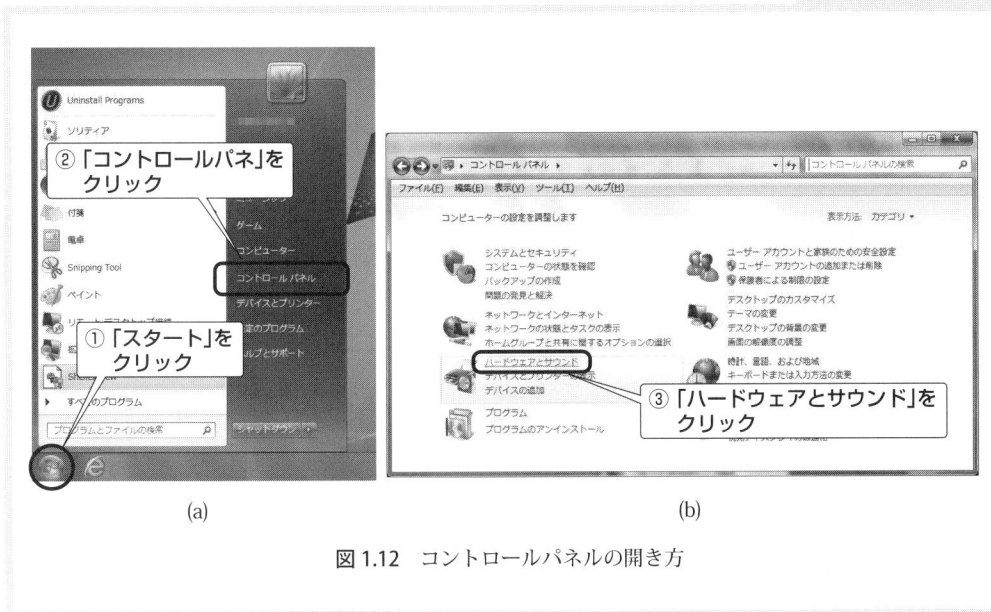

図 1.12　コントロールパネルの開き方

図 1.13 が現れますので,「デバイスマネージャー」をクリックします。

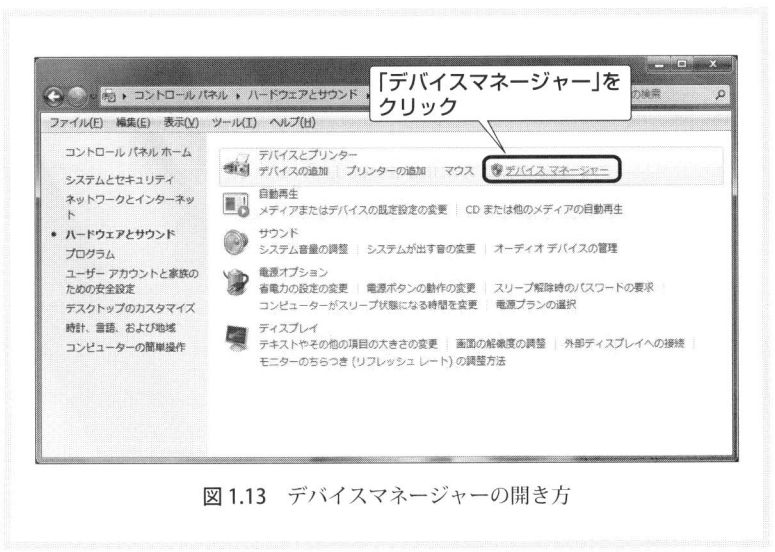

図 1.13　デバイスマネージャーの開き方

図 1.14 が現れますので,「ほかのデバイス」の下にあるビックリマークの付いている「不明なデバイス」を右クリック※して,「ドライバーソフトウェアの更新」を選択します。

※ 「Arduino Uno」と表示されることもあります。

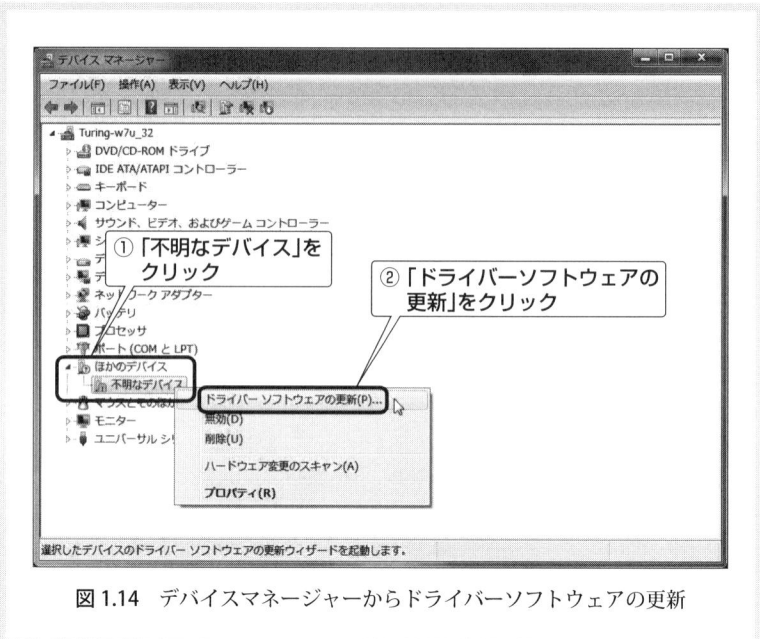

図 1.14　デバイスマネージャーからドライバーソフトウェアの更新

　図 1.15 が現れますので，「コンピューターを参照してドライバーソフトウェアの検索をします」をクリックします。

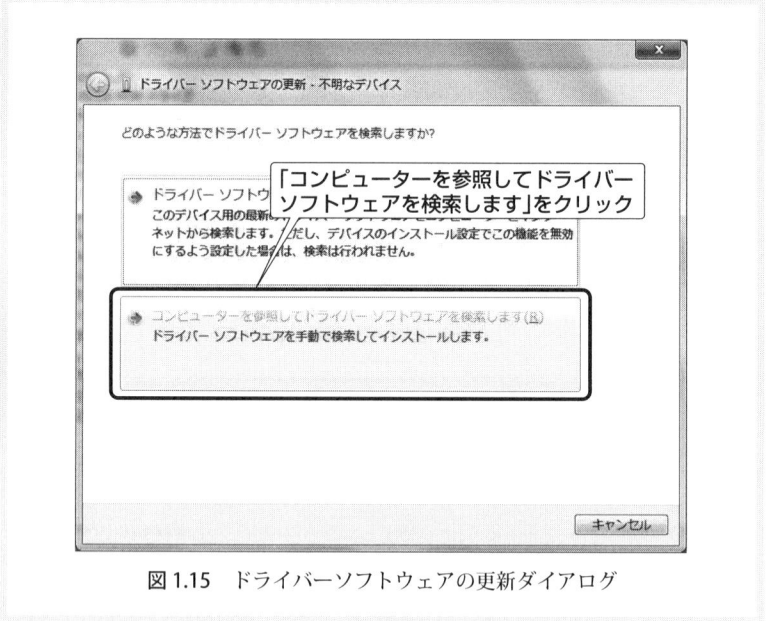

図 1.15　ドライバーソフトウェアの更新ダイアログ

※ 図 1.16 の画面は，図 1.17 の作業後の画面です。

　図 1.16 の「参照」をクリックします※。

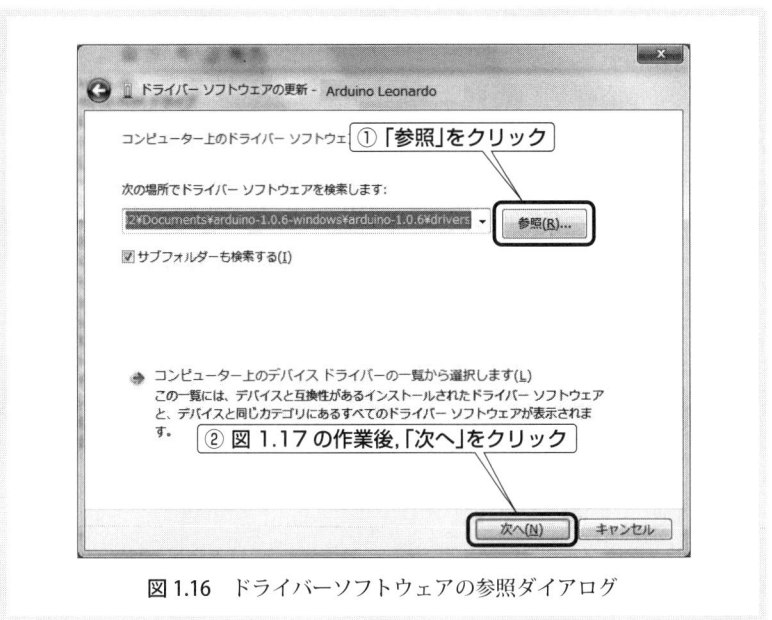

図 1.16　ドライバーソフトウェアの参照ダイアログ

　図 1.17 のようなのフォルダーの参照のダイアログが開きます。その中から「マイドキュメント」もしくは「ドキュメント」の左の▷をクリックすると「マイドキュメント」もしくは「ドキュメント」の中にあるフォルダーが現れます※。その中の「arduino-1.0.6-window」の左の▷をクリックし，「arduino-1.0.6」の左の▷をクリックし，「drivers」を選択して「OK」をクリックします。このとき，「FTDI USB Drivers」を選んではいけません。

※ マイドキュメントもしくはドキュメント以外にインストールした人は，そのフォルダーを選択してください。

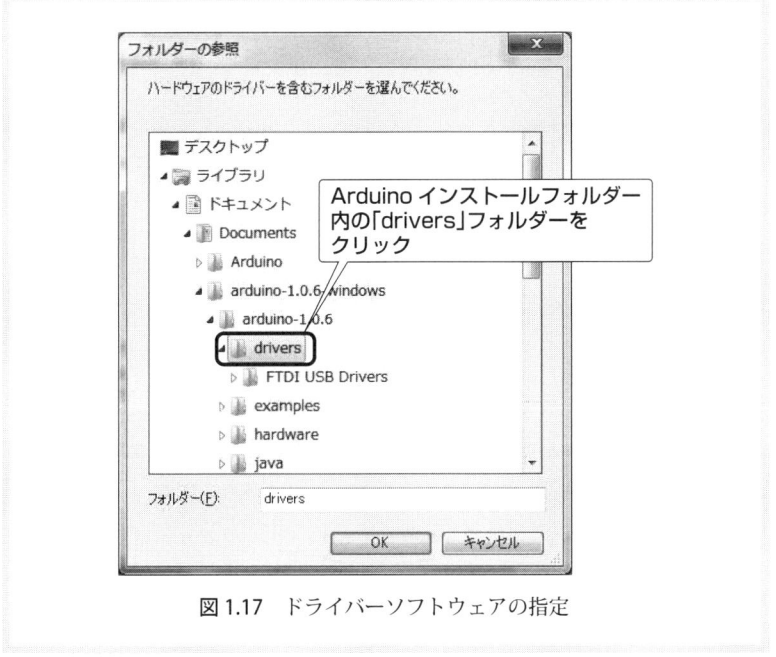

図 1.17　ドライバーソフトウェアの指定

図 1.16 の画面に戻りますので，「次へ」をクリックすると，図 1.18 の
ダイアログが表示されますので，「インストール」をクリックします．

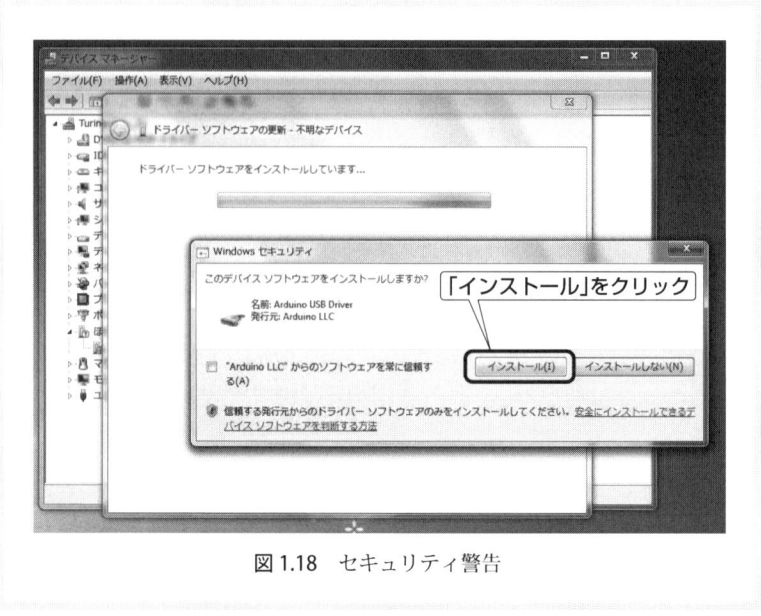

図 1.18　セキュリティ警告

少し時間がかかりますが，インストールが終わると図 1.19 の画面が
現れますので，「閉じる」をクリックします．

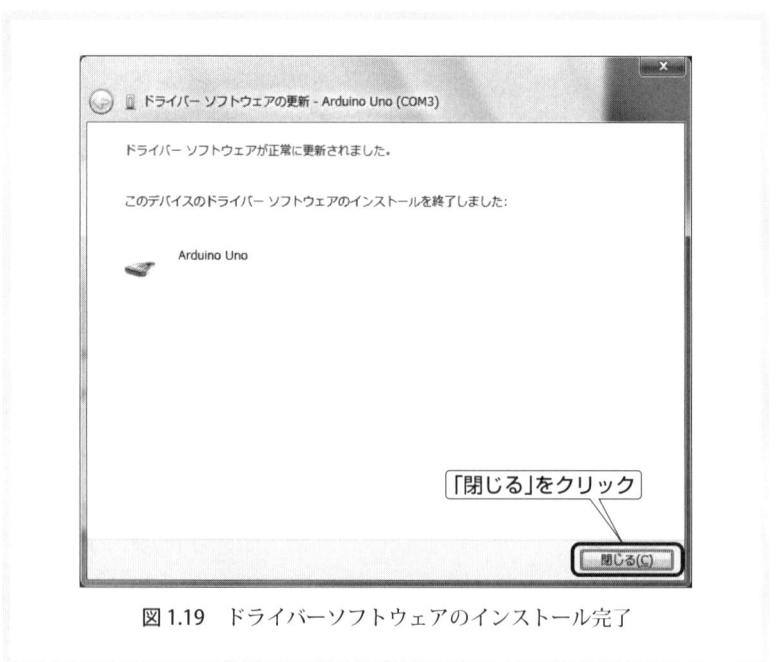

図 1.19　ドライバーソフトウェアのインストール完了

ドライバーが正常にインストールされると図 1.20 のようにデバイスマネージャーの「ポート（COM と LPT）」の左の▷をクリックすると，

Arduino Uno（COM3）

と表示されます。いろいろなデバイスが表示されることがありますが，注目するのは「Arduino Uno」と書いてある部分になります。この例では COM3 となっていますが，パソコンの環境によって異なります。また，この COM3 という番号は Arduino にプログラムを書き込むときや，Processing と通信するときに使いますので，**COM 番号はとても重要です**。COM 番号が分からなくなったらデバイスマネージャーを開いて確認してください。

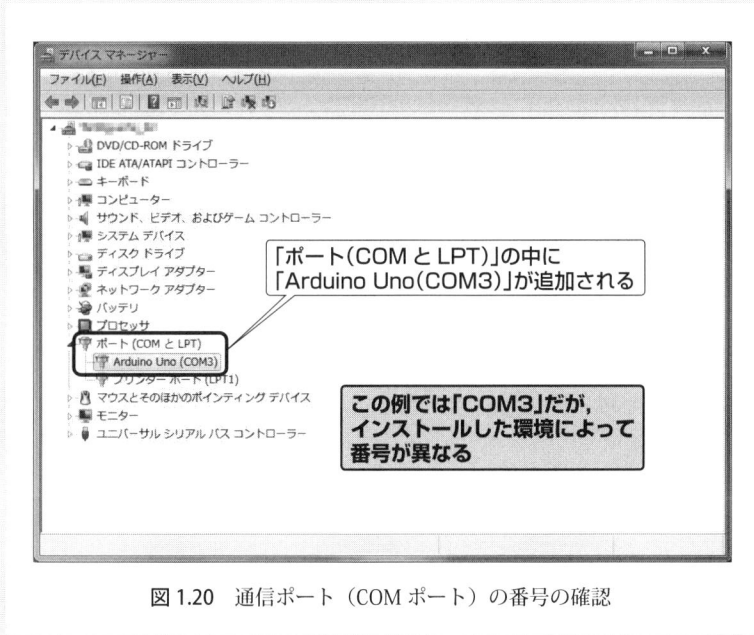

図 1.20　通信ポート（COM ポート）の番号の確認

（4）起動テストと初期設定

まず，起動テストを行います。

エクスプローラーなどで図 1.11 の arduino-1.0.6-windows フォルダーをダブルクリックして，さらに出てきた arduino-1.0.6 フォルダーをダブルクリックすると，図 1.21 の画面になります。その中の，arduino.exe（「フォルダーオプション」でデフォルトのままで拡張子を表示していない場合は，arduino）をダブルクリックすると起動します。

図 1.21　Arduino の開発環境の起動

起動中は図 1.22 が表示されます。

図 1.22　Arduino の開発環境の起動中の画面

少し待つと図1.23が表示されます。このとき，コンソール（下の方の黒い部分）にオレンジ色のメッセージが出ていなければ，たいていの場合，起動は成功です。プログラムは図1.23の真ん中の白い部分に書きます。そして，チェックマークが丸で囲まれているボタンは「検証」（コンパイル）ボタンで，プログラムをコンパイルしてチェックできます。右矢印が丸で囲まれているボタンはプログラムを「マイコンボードに書き込む」ボタン※で，Arduinoでプログラムを実行するときに使います。

※ コンパイルが行われていない場合は，自動的にコンパイルを行ってからプログラムが書き込まれます。

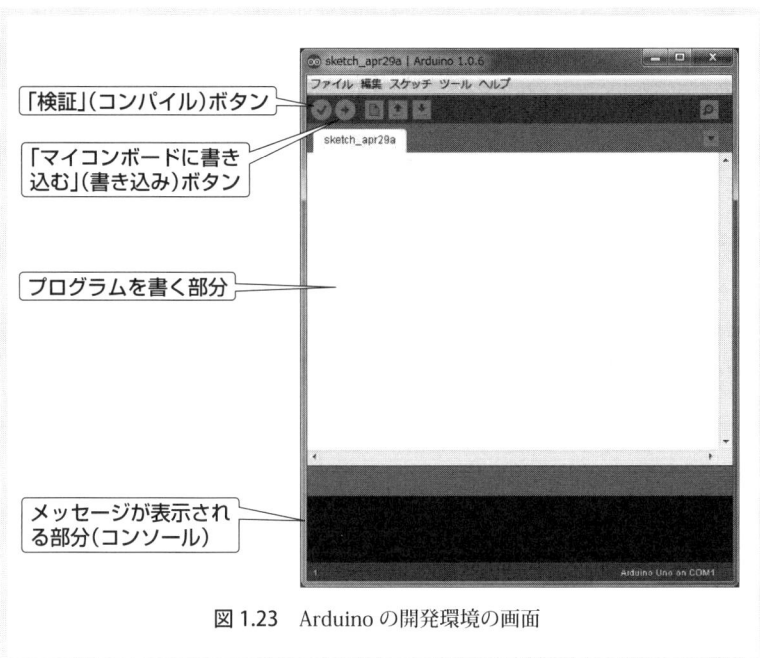

図1.23　Arduinoの開発環境の画面

　次に，マイコンボードの設定をします※。設定は図1.24のように，「ツール」→「マイコンボード」→「Arduino Uno」を選択することで設定できます。

※ 「ツール」メニューを開くまでに1分以上かかる場合があります。

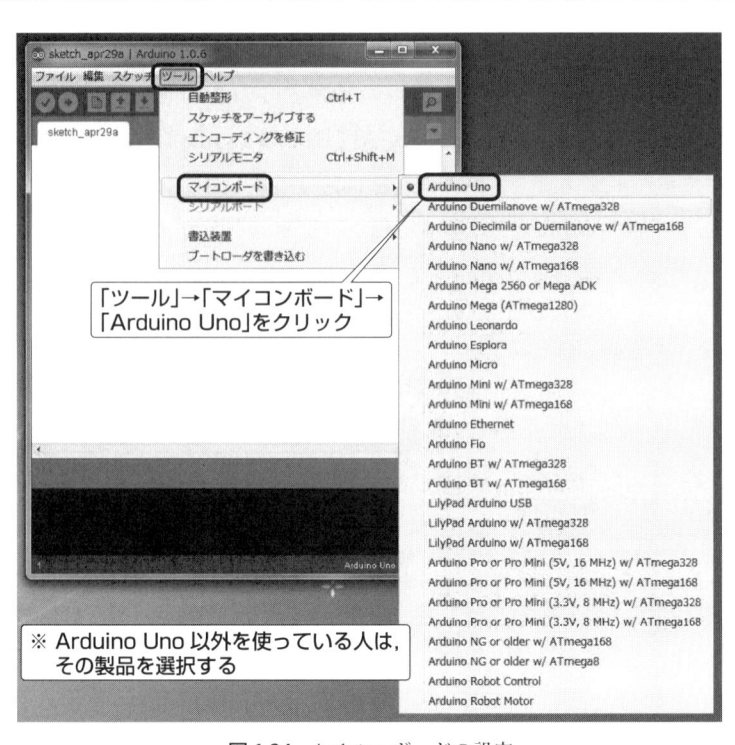

図 1.24 Arduino ボードの設定

最後に，シリアルポートの設定をします。設定は図 1.25 のように，「ツール」→「シリアルポート」→「COM3」※を選択することで設定できます。このとき，COM がたくさん出てくる場合がありますが，図 1.20 で確認した COM 番号を選んでください。

※ COM 番号は人によって異なりますので，それぞれの環境に合わせて選択してください。また，パソコンに Arduino が USB 接続されていないと，シリアルポートの設定ができません。

図 1.25 シリアルポートの設定

(5) サンプルプログラムで動作チェック

ArduinoについているLEDを点滅させるサンプルプログラムを動かすことで，インストールが正常に行われているか確認を行います。まず，ArduinoとパソコンをUSBケーブルでつなぎましょう。

次に，図1.26のように「ファイル」→「スケッチの例」→「01.Basics」→「Blink」を順にクリックします。

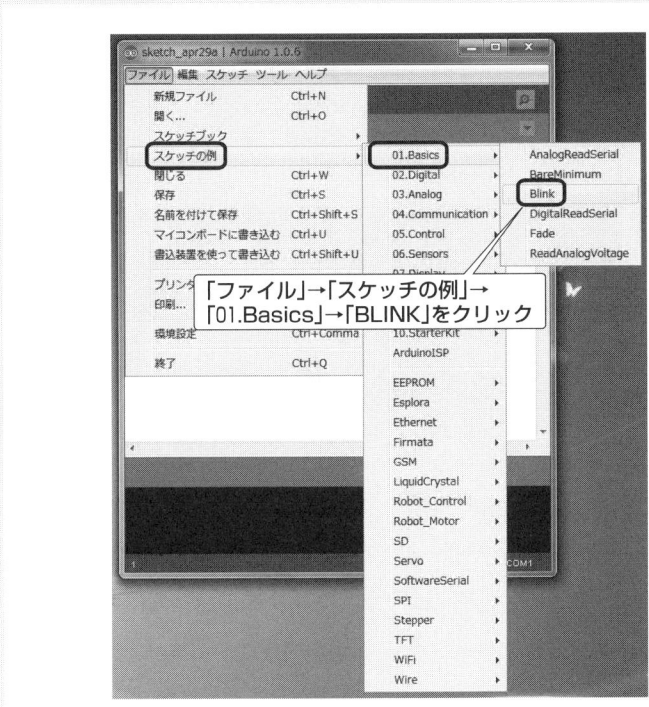

図1.26　サンプルプログラムの開き方

図1.27のようにプログラムが書かれた，新しいArduino開発環境のウィンドウが表示されます。「マイコンボードに書き込む」ボタン（矢印の書かれたボタン）をクリックします。そうすると，プログラムを書く白い部分より下で，コンソールより上の青い帯の表示が，

- スケッチを検査（コンパイル）しています。
- マイコンボードに書き込んでいます。
- マイコンボードへの書き込みが完了しました。

という具合に変われば成功です。COMポート番号が異なっているとのメッセージが表示され，接続されているCOMポート番号に変えますかなどと表示されたら，「OK」ボタンをクリックしてください。

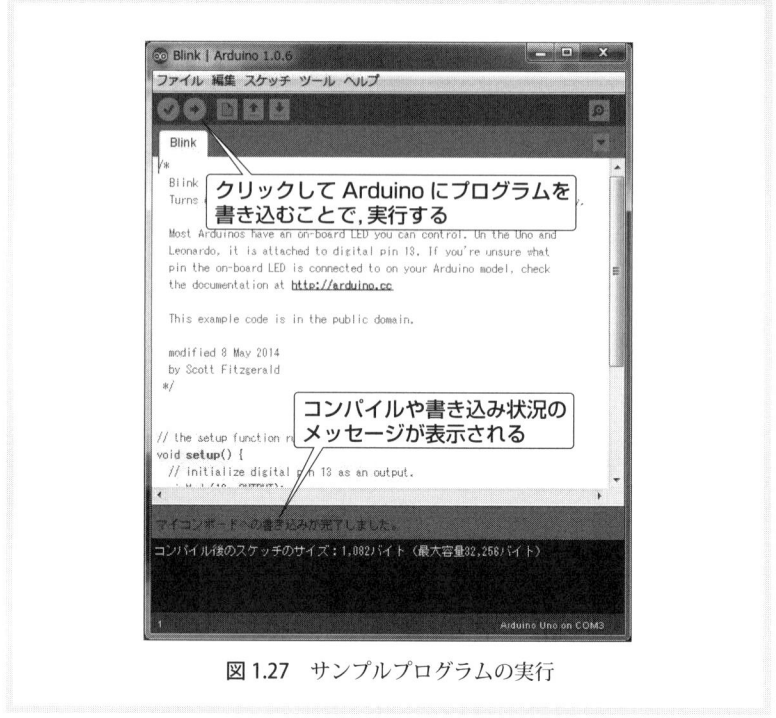

図 1.27　サンプルプログラムの実行

図 1.1 に示す L と書かれたオレンジ色の LED が 1 秒おきに点滅していれば**インストールは成功**です。

(6) 補足

Arduino プログラムでの補足をいくつか挙げておきます。

- **リセットボタンの役割**

    Arduino にはリセットボタンが付いています。これを押すとプログラムを最初から実行できます。プログラムは消えませんので，何かおかしいなどありましたら，押してください。特に，Processing との連携では通信のタイミングによってはうまく動かないことがあります。その場合，リセットボタンを押すことでうまく動くことがあります。

- **プログラムは消えない**

    Arduino の USB ケーブルを抜いてもプログラムは消えません。再度，USB を差し込んだり，電源や電池（6.8 節を参照してください）をつなぐとプログラムが初めから動き始めます。

- **COM 番号**

    Arduino と接続する USB ポートは，同じ位置に差し込むと同じ番号になりますが，違う USB ポートの位置に差し込むと違う番号に

なります。同じ USB ポートを使うことをおすすめします。

1.3　Processing を使うための準備

　パソコンからマウスやキーボードの入力で Arduino に指令を与えたり，Arduino からの情報を画面表示するためのプログラムとして Processing を使います。この節では，以下の5つのことを行います。そして最後に，補足を加えます。

（1）ソフトウェアのダウンロード
（2）ソフトウェアのインストール
（3）起動テスト
（4）サンプルプログラムで動作チェック
（5）文字の大きさと日本語の設定
（6）補足（アプリケーション化）

　この本では執筆時の最新バージョン 2.2.1 の 32 ビット版を使います[※]。

※ Windows が 64 ビット版でも 32 ビット版を使います。

（1）ソフトウェアのダウンロード

　ソフトウェアをダウンロードします。以下のアドレスから公式ホームページを開きましょう。

　　　　https://www.processing.org/

　図 1.28 の画面が出てきます。ホームページのレイアウトや写真はときどき変わることがあります。その中の「Download Processing」をクリックします。

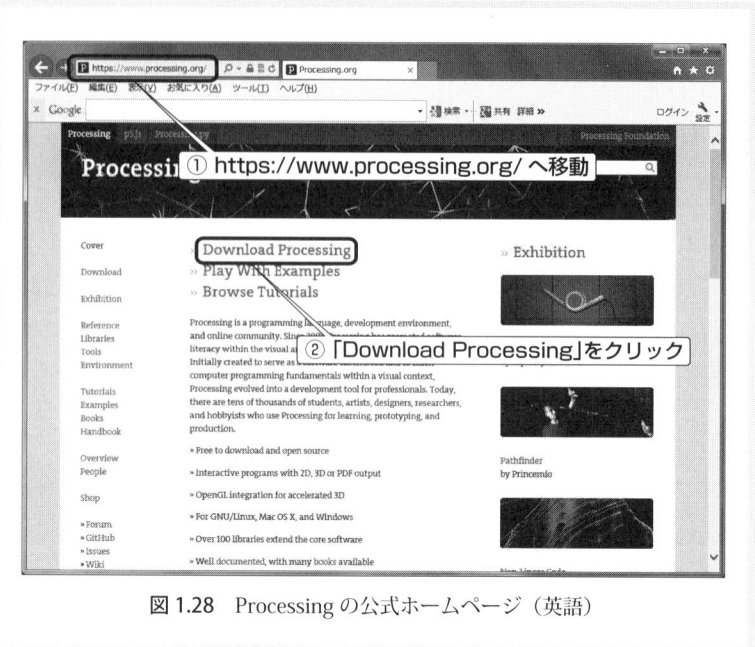

図 1.28　Processing の公式ホームページ（英語）

図 1.29 の画面が出てきます。Processing 開発のための寄付をするかどうか聞かれます。寄付をしない場合は「No Donation」を選択し，その下にある「Download」をクリックします。

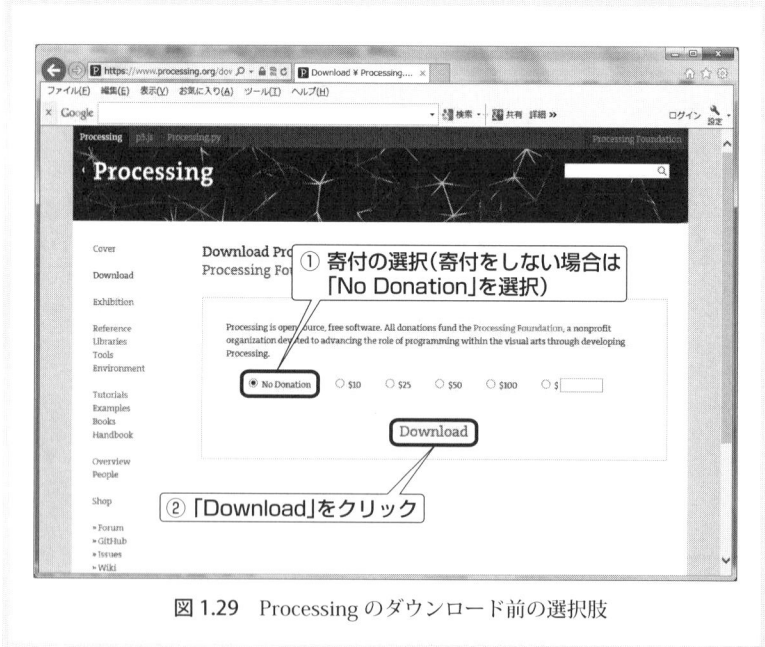

図 1.29　Processing のダウンロード前の選択肢

図 1.30 が現れます。OS を選択しますが，この本ではシリアル通信を行うため，「Windows 32-bit」を選択してください。**Windows が 64 ビット版であっても 32 ビット版をダウンロードします**。図 1.30 の下にあ

るように，ファイルの保存先を聞かれますので，「名前を付けて保存」を選択します。

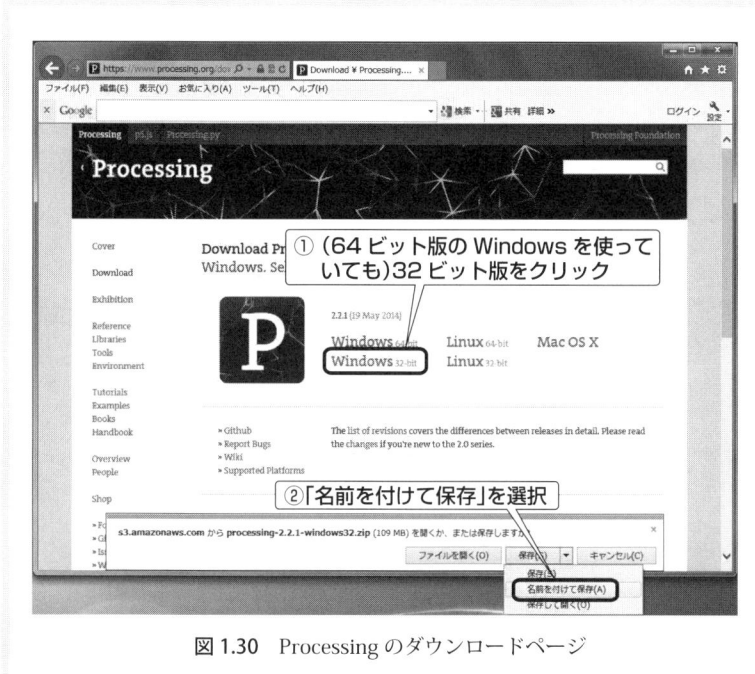

図 1.30　Processing のダウンロードページ

図 1.31 のような保存先を選択するダイアログが現れますので，そのダイアログの左側にある「マイドキュメント」もしくは「ドキュメント」もしくは「Documents」を選択して，「保存」をクリックします。

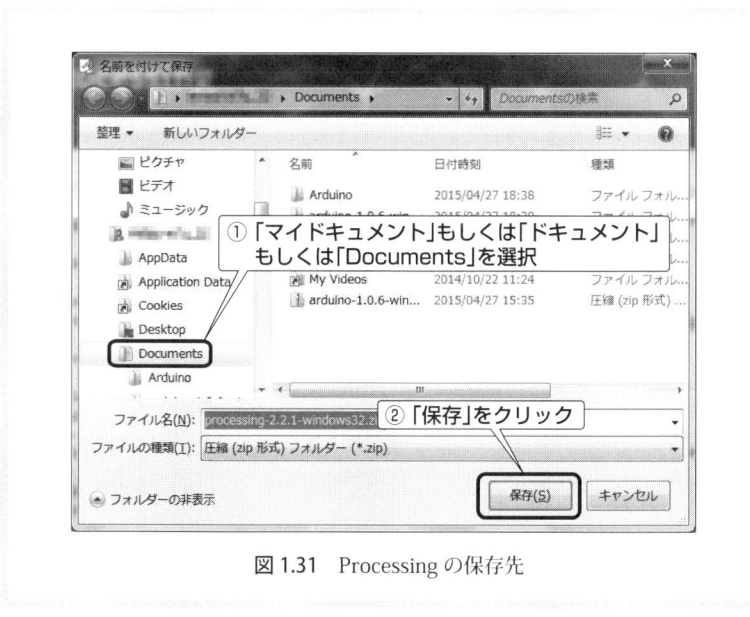

図 1.31　Processing の保存先

(2) ソフトウェアのインストール

　インストールを行います。Arduino のソフトウェアをインストールしたときと同じ手順（図 1.8）で，「スタート」メニューから「コンピューター」をクリックし，「マイドキュメント」または「ドキュメント」フォルダーを開きます。

　図 1.32 に示すように，先ほどダウンロードした processing-2.2.1-windows32.zip が表示されます。それを，右クリックし，「すべて展開」をクリックします。

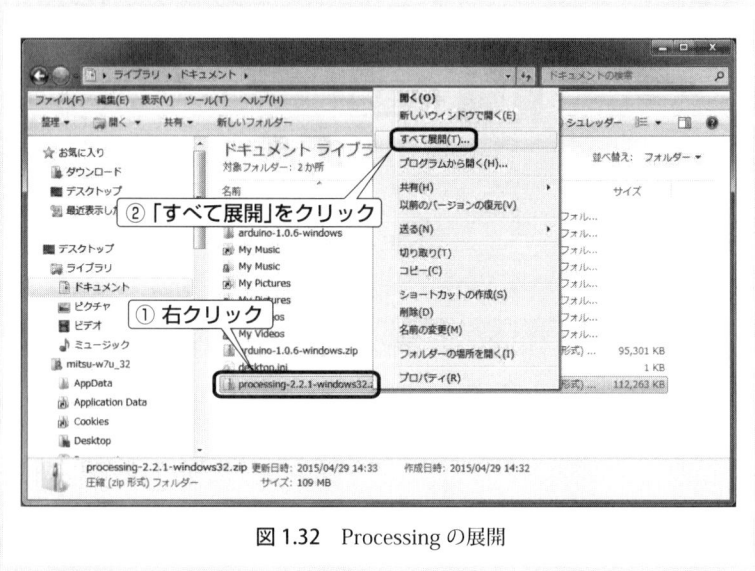

図 1.32　Processing の展開

　図 1.33 に示すダイアログが現れます。そのダイアログの「展開」をクリックすると図 1.33 の中央に進行度合いが表示されたダイアログが現れます。Arduino のときと同じように 10 分くらい待つと展開が終了します※。

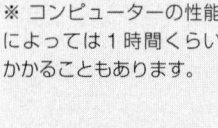

※ コンピューターの性能によっては 1 時間くらいかかることもあります。

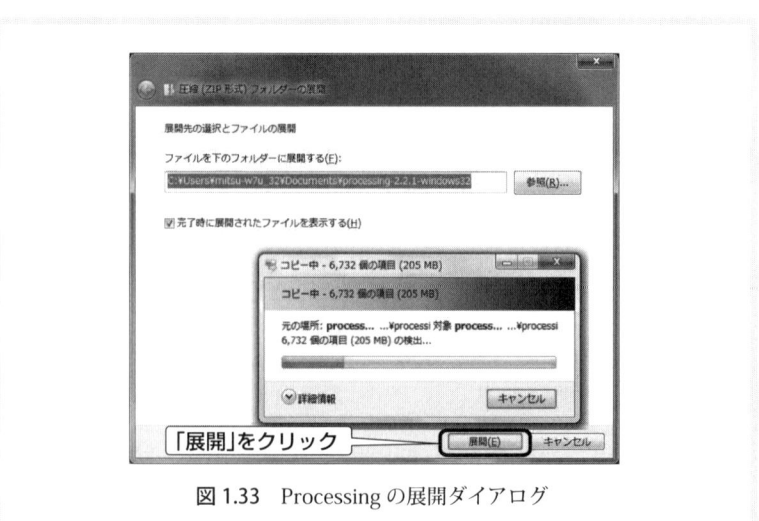

図 1.33　Processing の展開ダイアログ

終了すると，図 1.34 のように processing-2.2.1-windows32 フォルダーができます。Arduino のときと同じように展開するだけでインストールは終わりです。

　なお，processing-2.2.1-windows32 フォルダーは，任意の場所に移動してもかまいません。

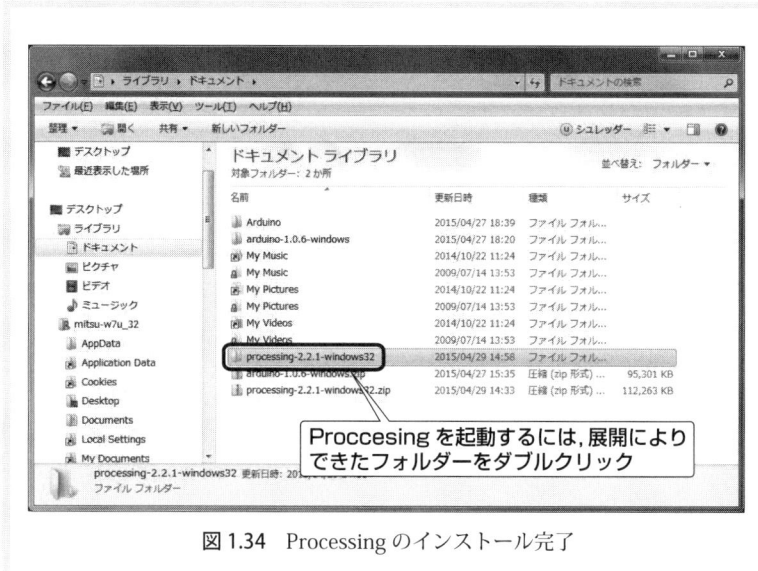

図 1.34　Processing のインストール完了

(3) 起動テスト

　Processing の起動テストを行います。図 1.34 の processing-2.2.1-windows32 フォルダーをダブルクリックして，さらに出てきた processing-2.2.1 フォルダーをダブルクリックします。

　図 1.35 のようになります。その中の，processing.exe（「フォルダーオプション」でデフォルトのままで拡張子を表示していない場合は，processing）をダブルクリックすると起動します。

　実行する際に，「セキュリティの警告」などがでたら，「実行」などをクリックして実行に進みます。毎回，「セキュリティの警告」などがでないようにするチェック項目もあります。

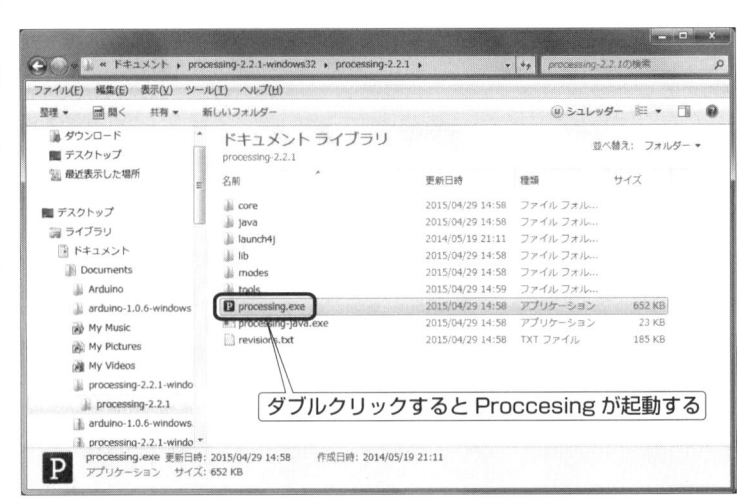

※「proccesing.exe」を選択して，右クリック→「送る」→「デスクトップ(ショートカットを作成)」を選択することで，デスクトップにショートカットを作成でき，次回以降の起動が簡単になる

図 1.35　Processing の起動

起動中は図 1.36 が表示されます。

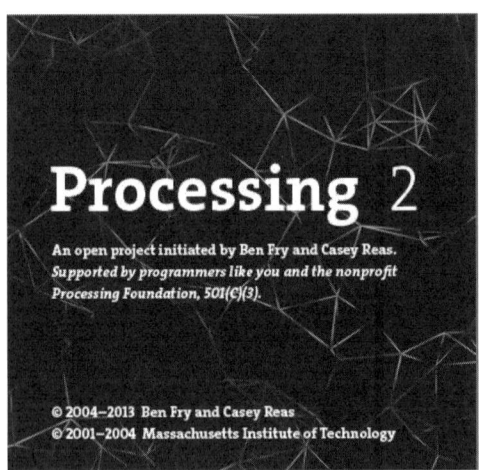

図 1.36　Processing の起動画面

そして少し待つと，図1.37が表示されます。このとき，コンソール（下の方の黒い部分）に赤字のメッセージが出ていなければ，たいていの場合，起動は成功です。プログラムはこの図の中央の白い部分に書きます。そして，そのプログラムを実行するには，再生ボタンのような右に出っ張った三角形が丸で囲まれている「Run」（実行）ボタンをクリックします。プログラムの実行を止めるには，四角形が丸で囲まれている「Stop」（停止）ボタンをクリックします。

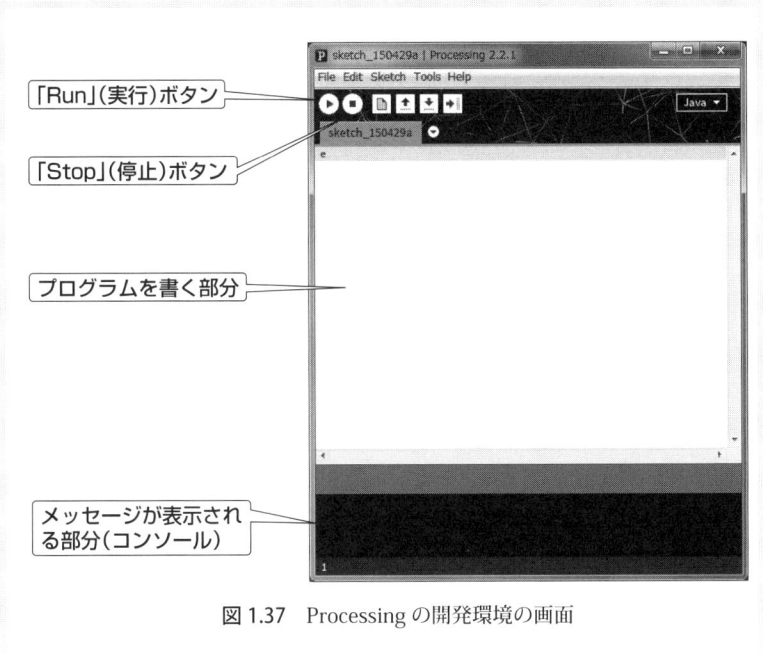

図1.37　Processingの開発環境の画面

(4) サンプルプログラムで動作チェック

サンプルプログラムを実行して，インストールが正常に行われているか確認します。図1.38の右側に書いてある手順のように，「File」→「Examples」を順にクリックします。そうすると，サンプルファイルを選ぶためのダイアログが，図1.38の左側のように現れます。今回はその中の，「Basics」→「Input」→「StoringInput」を選択し，ダブルクリックします。

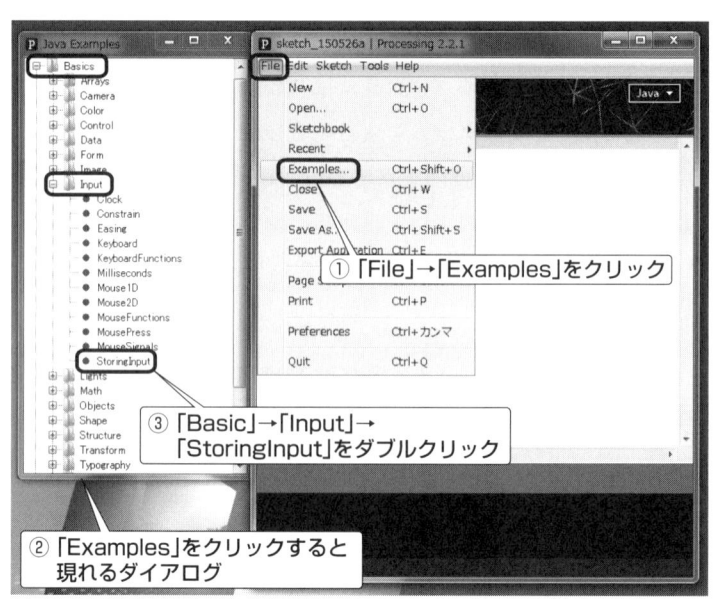

図1.38 サンプルプログラムの開き方

　少し時間をおいて，図1.39の右側の，プログラムが記述された新しいウィンドウが現れます。その左上の「Run」（実行）ボタンをクリックすると，図1.39の左側のウィンドウが現れます。そのウィンドウ上でマウスを移動させると，マウスの移動軌跡がきれいに表示されます。

　「Windowsセキュリティの重要な警告」が表示され，WindowsファイアウォールでブロックされているとのWarningが出る場合があります。その場合，表示されているネットワーク環境を確認して，「アクセスを許可する」をクリックします。

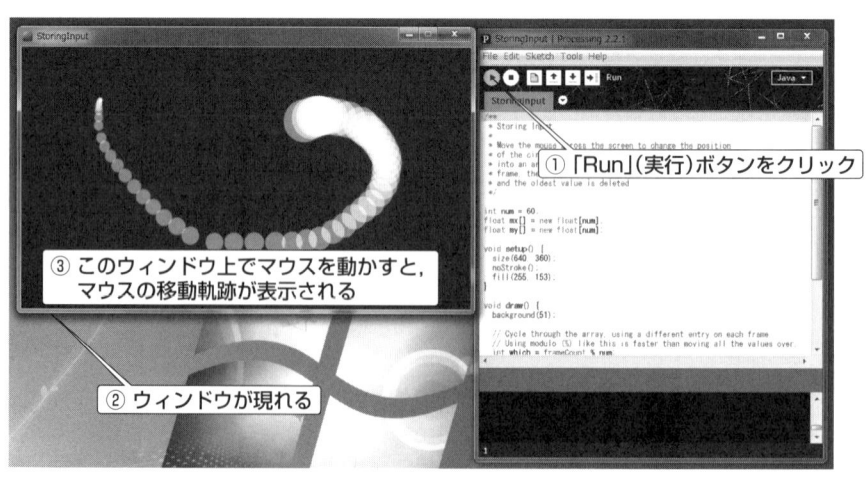

図1.39 サンプルプログラムの実行

終了する場合は，Escキーを押すか，「Stop」（停止）ボタンをクリックするか，図1.39の左側のウィンドウの右上の×印をクリックするかのいずれかをします。ここまでできていれば**インストールは成功**です。

(5) 文字の大きさと日本語の設定

文字が小さくて見にくいときは文字の大きさを変えてみてください。文字の大きさを変えるには，図1.40の左側のように「File」→「Preferences」をクリックすると，右側のダイアログが表示されます。この中の「Editor font size」を大きくするとプログラムを書く部分の文字が大きくなります。「Console font size」を大きくするとコンソール文字のサイズが大きくなります。

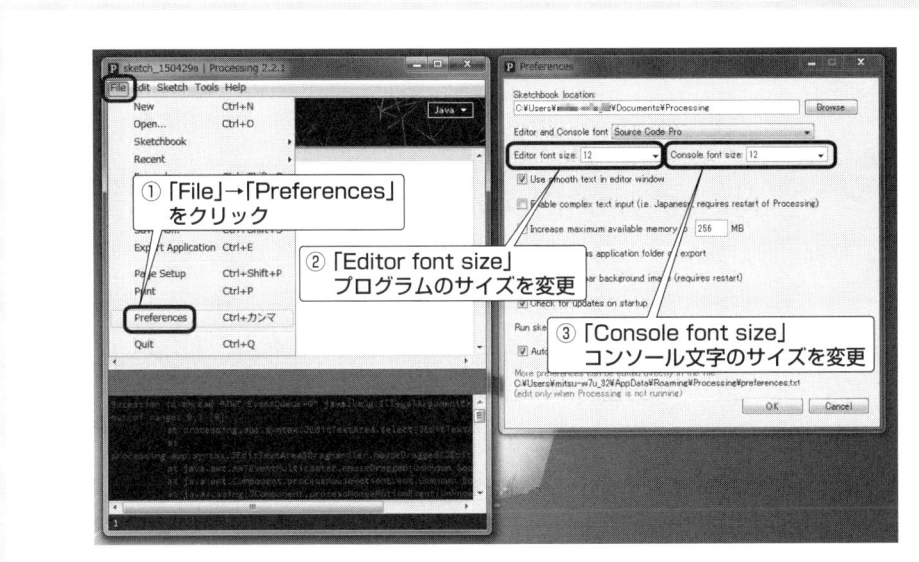

図1.40 文字の大きさの変更方法

最後に，日本語を入力できるようにします。インストールしたままだと，プログラムを書く部分に日本語を書くことができません。まず，文字の大きさを変える場合と同様に図1.41の左側のウィンドウから「File」→「Preferences」をクリックすると，右側のダイアログが現れます。その中の「Enable complex text ...」にチェックを入れます。そして，「Editor and Console font」の右端にある▼をクリックし，選択肢の中から「MSゴシック」を選択します。これで，「OK」をクリックします。こうすることで，プログラムを書く部分やコンソールに日本語が表示できるようになります。

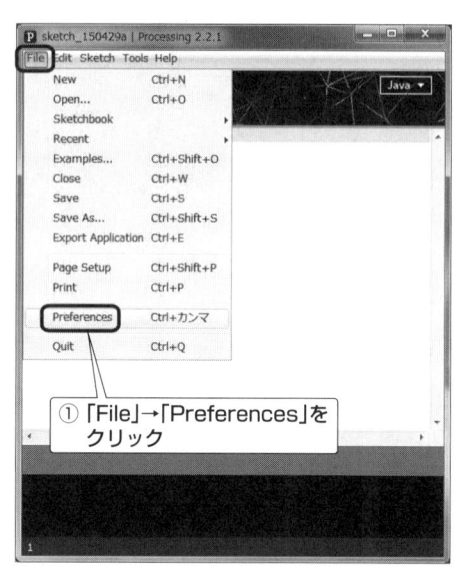

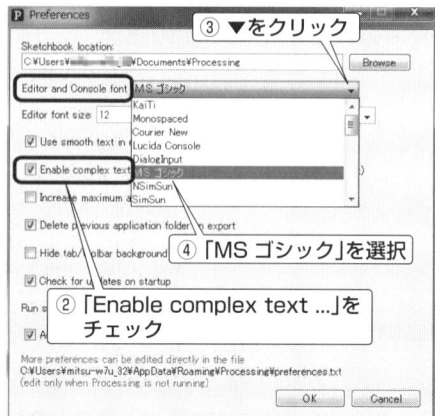

図 1.41　日本語の設定

（6）補足（アプリケーション化）

　Processing にはアプリケーション化という機能があります。これを使うと，実行形式に変換できます。実行形式に変換すると，Processing を起動して実行しなくても，実行できるようになります。

　アプリケーション化は図 1.42 に示すように「File」→「Export Apprication」をクリックします。その後に出てくるダイアログで，「Platforms」で「Windows」にチェックを入れ，「Export」をクリックします。これで，メッセージが「Exporting Application」から「Done Export」に変われば成功です。

図1.42 アプリケーション化の方法

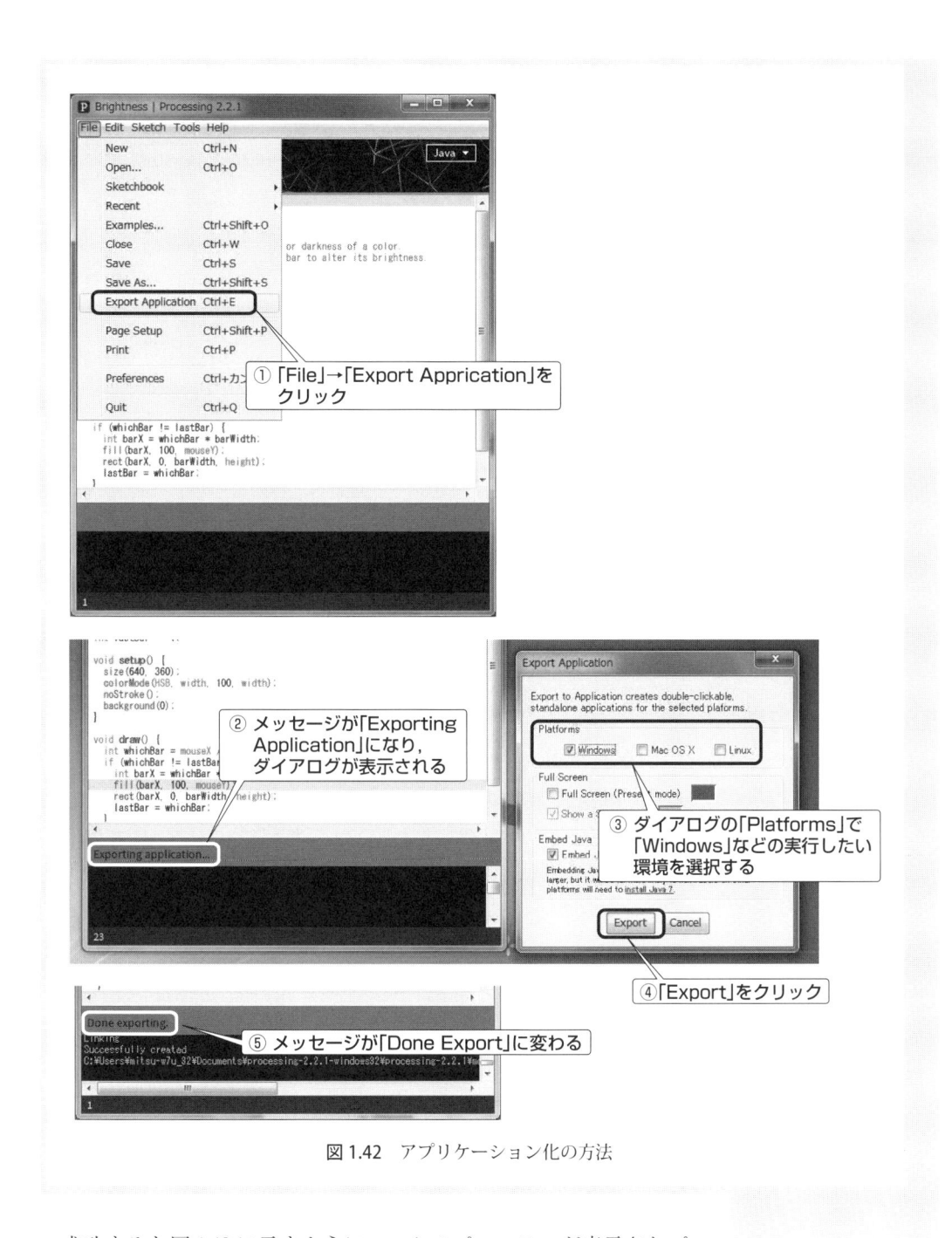

　成功すると図1.43に示すように，エクスプローラーが表示されプログラムのフォルダーに application.windows32 と application.windows64 というフォルダーができます。その中の application.windows32 を開くと実行ファイルがあります。この実行ファイルをダブルクリックして実行すると，Processing で実行したものと同じものが実行できます。

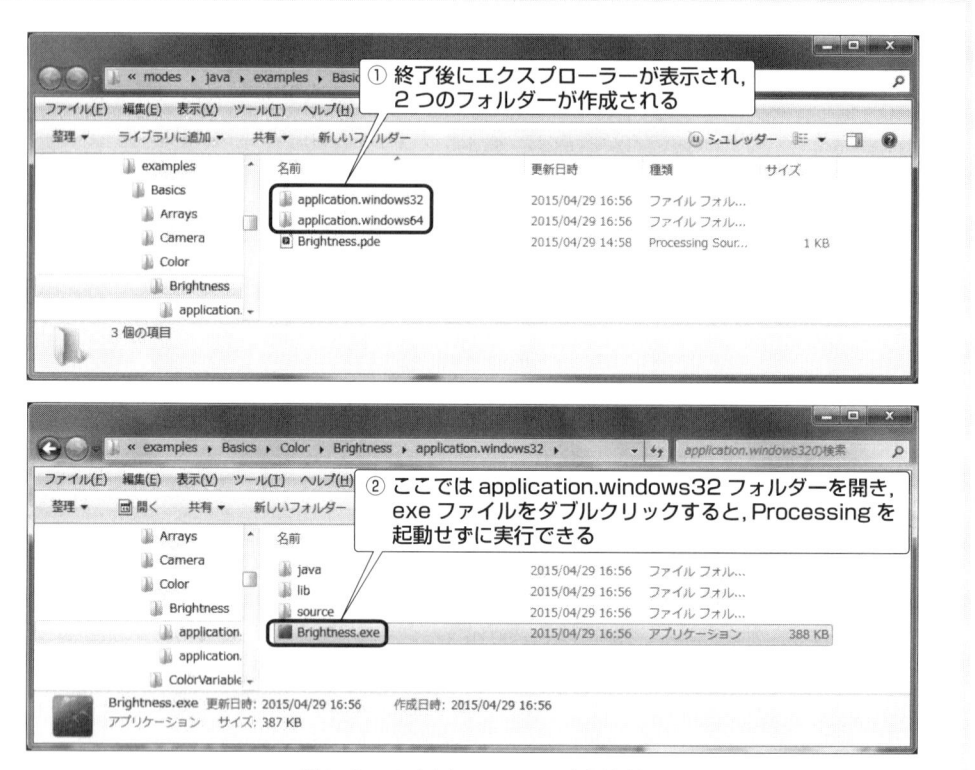

図 1.43　アプリケーションの実行方法

　多くの場合，これで実行できましたが，執筆時のバージョンではうまく動作しないこともありました。Arduinoのリセットボタンを押したり，コンピューターを再起動したりするとうまく動作することがありましたので，試してみてください。

1.4　電子工作の準備

(1) 電子パーツ

　電子工作をするときには電子パーツが必要となります。図1.44に，この本でよく使う電子部品をまとめました。また，各節の電子工作で使用するパーツは，それぞれの節で示してあります。そして，付録Cにすべての節で使用するパーツと購入できる店舗をまとめてあります。

必ず使うもの

パソコン

USB ケーブル(AB タイプ)

Arduino Uno R3

多くの節で使うもの

ブレッドボード

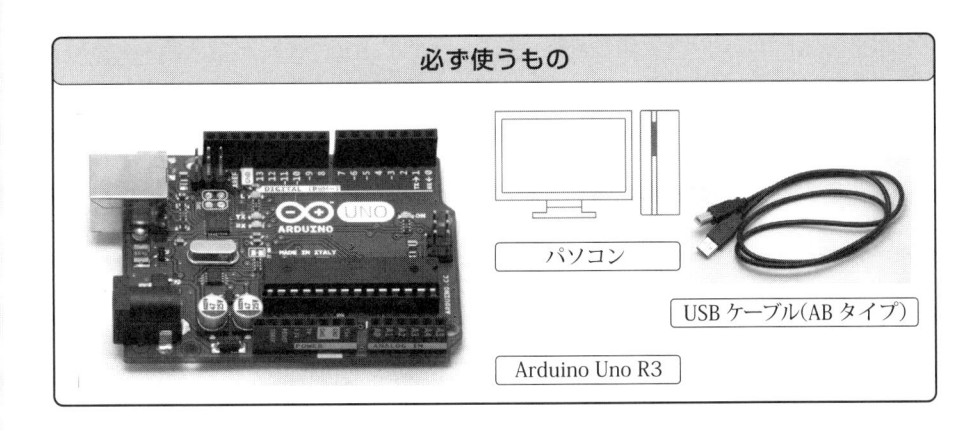

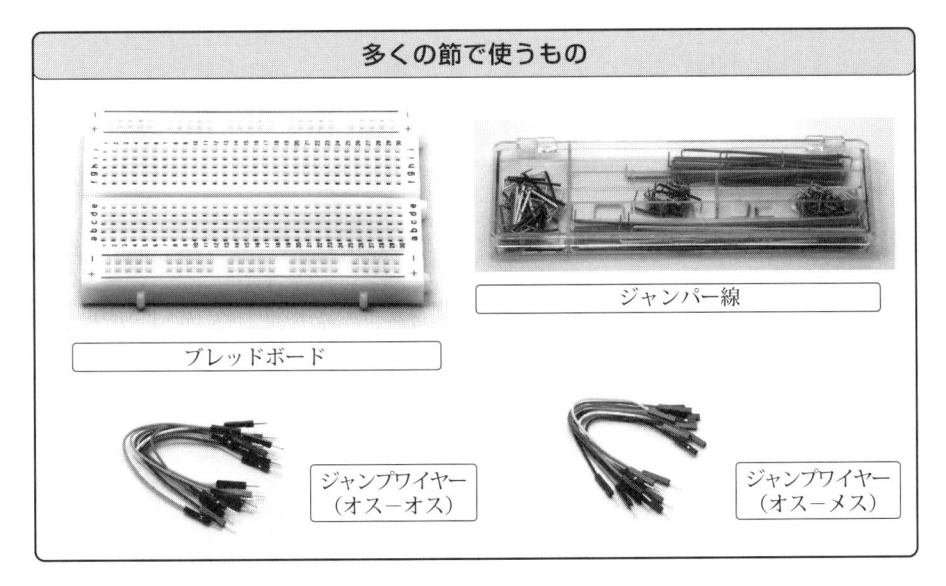

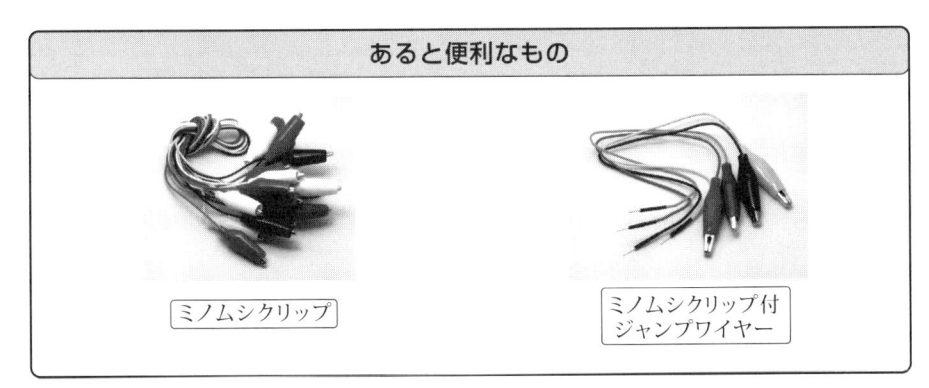

ジャンパー線

ジャンプワイヤー
(オス—オス)

ジャンプワイヤー
(オス—メス)

あると便利なもの

ミノムシクリップ

ミノムシクリップ付
ジャンプワイヤー

図 1.44　本書の電子工作に使用するものの例

(2) 電子回路

この本の便利機能として，ブレッドボードに載せて使える紙がインターネットからダウンロードできます。これを使うにはまず，以下のアドレスの Web ページを開きます。

http://www.tdupress.jp/

トップページから「ダウンロード」をクリックして，「たのしくできる Arduino 電子制御」を探して回路図をダウンロードします。そして，図 1.45 に示すように，回路図を印刷してブレッドボードに載せます。あとはこの紙を貫通させながら部品を載せていくと完成です。「たのしくできる Arduino 電子工作」もこの便利機能がありますので，併せて利用いただけると幸いです。

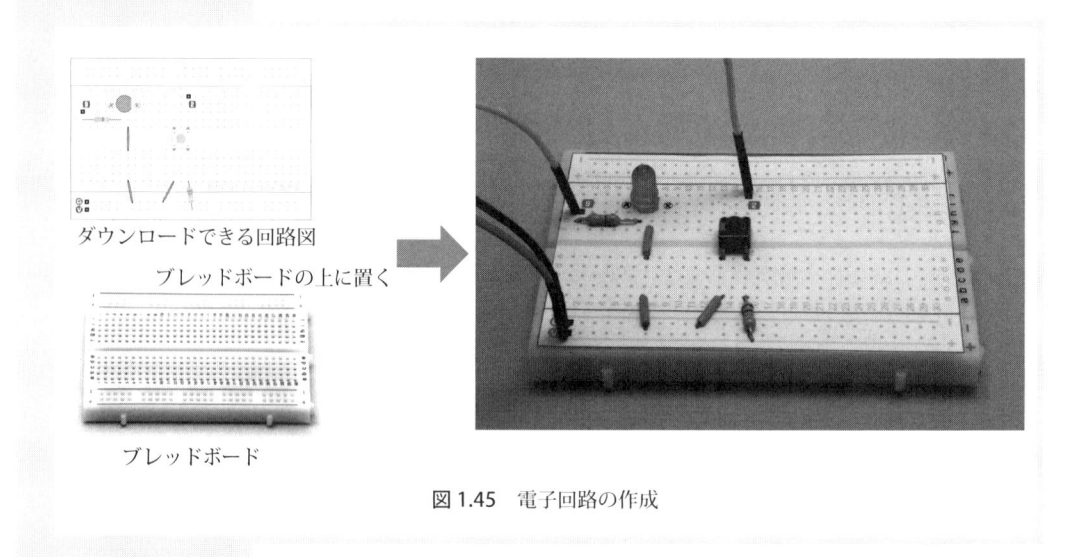

ダウンロードできる回路図
ブレッドボードの上に置く
ブレッドボード

図 1.45　電子回路の作成

(3) プログラム

また，この本で使うプログラムもダウンロードできるようになっています。以下のアドレスの Web ページを開きます。

http://www.tdupress.jp/

トップページから「ダウンロード」をクリックして，「たのしくできる Arduino 電子制御」を探してプログラムをダウンロードします。

プログラムを打ち込むこともプログラムができるようになる近道ですが，打ち込みミスなどで動かない場合もあると思います。それを直すのに時間を取られて，電子工作の興味を失ってしまうことがあります。たのしくできるためにもぜひご利用ください。

第2章 Arduino だけを使う

スイッチやセンサの情報を読み取って，LED を光らせたりモーターを回したりして Arduino の使い方を身につけましょう。

2.1 スイッチで LED を光らせる（デジタル入出力）

スイッチを押している間は LED が光って，離すと消えるものを作りましょう（図 2.1）。これができるとデジタル入力とデジタル出力ができるようになり，ちょっとした電子工作ができるようになります。

●参照する節●
Arduino プログラミング
1.2 節
Processing プログラミング
なし
通信方式
なし

●新しい関数●
∞ pinMode 関数
∞ digitalRead 関数
∞ digitalWrite 関数

∞マークは Arduino の関数などを表しています。

●使用するパーツ●
Arduino × 1
LED × 1
スイッチ × 1
抵抗（330 Ω）× 1
抵抗（10 kΩ）× 1

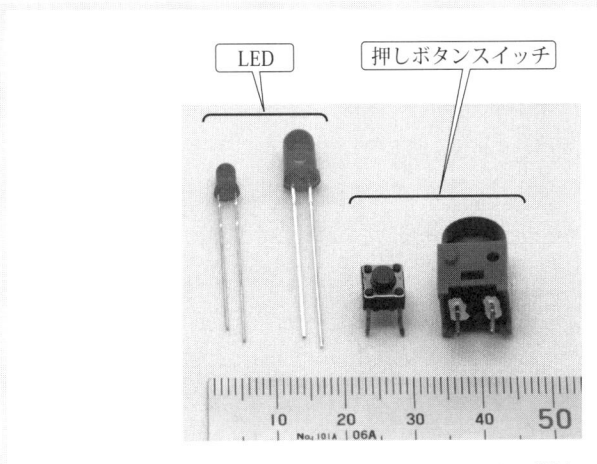

図 2.1　LED と押しボタンスイッチの外観

回路

今回使用する回路を図 2.2 に示します。スイッチは 10 kΩ の抵抗を付けて 2 番ピンに接続します。これにより，スイッチが押されると 2 番ピンの電圧が 0 V（LOW）になり，押されていないと 5 V（HIGH）となります。LED は 330 Ω の抵抗を付けて 9 番ピンで点灯と消灯を切り替えます。

(a) 回路図

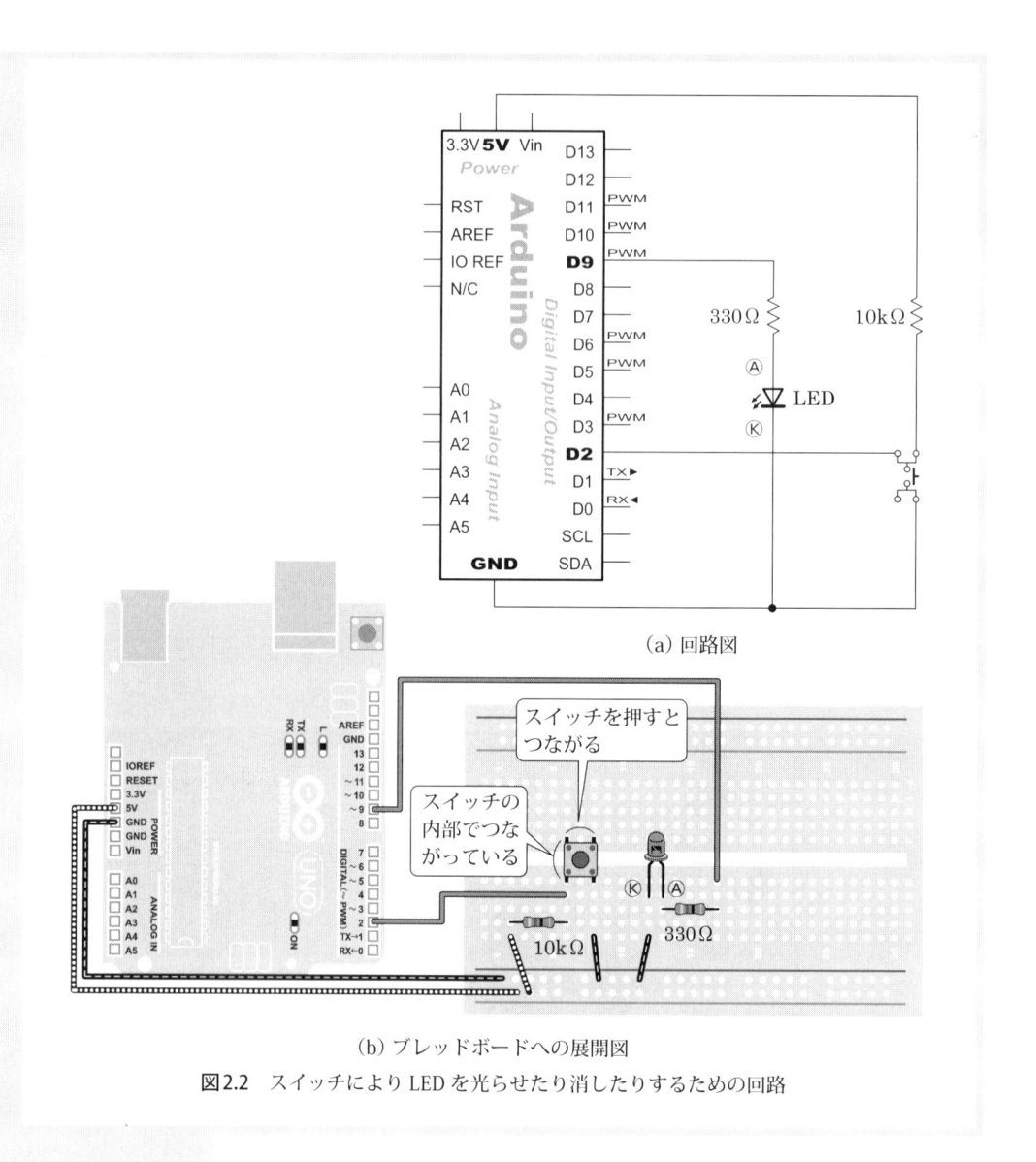

(b) ブレッドボードへの展開図

図2.2 スイッチによりLEDを光らせたり消したりするための回路

Arduinoプログラム【リスト2.1】

setup関数　初めに1回だけ実行されます。

3行目　【pinMode関数】は指定したピンを入力として使うか出力として使うか設定するための関数です。1つ目の引数をデジタルピンの番号とし，2つ目の引数を"INPUT"とすると入力として，"OUTPUT"とすると出力として使うことを設定できます。ここでは，2番ピンを入力に設定しています。

4行目　pinMode関数の2つ目の引数を"OUTPUT"とすることで9番ピンを出力にしています。

loop関数　何度も実行されます。

9行目のif文　【digitalRead関数】は指定したピンにかかる電圧が

LOW（0 V）なのかHIGH（5 V）なのかを読み取る関数です。引数に指定したデジタルピンを読み取り，LOWかHIGHを返します。ここでは，2番ピンがLOWかどうかを調べ，LOWならば（スイッチが押されていれば）10行目を実行します。

10行目【digitalWrite関数】は指定したピンをLOWにするかHIGHにするかを設定する関数です。1つ目の引数をデジタルピンの番号とし，2つ目の引数を"LOW"または"HIGH"とすることで，LOWまたはHIGHを出力します。ここでは，9番ピンをHIGHにしています。これにより9番ピンにつながるLEDを光らせることができます。

12行目のelse文 押されていなければ（電圧がHIGHならば）13行目を実行します

13行目 9番ピンをLOWにすることでLEDを消します。

リスト2.1　スイッチでLEDを光らせる

```
1  void setup()
2  {
3    pinMode(2, INPUT);          //入力として使う
4    pinMode(9, OUTPUT);         //出力として使う
5  }
6
7  void loop()
8  {
9    if(digitalRead(2) == LOW){  //スイッチが押されているか？
10     digitalWrite(9, HIGH);    //押されていればLEDを点灯
11   }
12   else{
13     digitalWrite(9, LOW);     //押されていなければLEDを消灯
14   }
15 }
```

2.2　ボリュームでLEDの明るさを変える（アナログ入出力）

　ボリューム（可変抵抗とも呼びます）を回すことで，LEDの明るさを変えるものを作りましょう（図2.3）。これができるとアナログ電圧を読み取るアナログ入力とアナログ出力※ができるようになり，面白い電子工作ができるようになります。

※ 実際には48 kHzのPWM波形が出力され，デューティー比が変化します。

●参照する節●

Arduino プログラミング
1.2 節
Processing プログラミング
なし
通信方式
なし

●新しい関数●

- analogRead 関数
- analogWrite 関数

●使用するパーツ●

Arduino × 1
LED × 1
ボリューム × 1
抵抗（330 Ω）× 1

図 2.3　ボリュームの外観

回路

　今回使用する回路を図 2.4 に示します。ボリュームの真ん中のピンをアナログ 0 番ピンに接続して，電圧を読み取ります。ボリュームの両端は 5 V と GND（0 V）に接続します。この 2 つを逆につなぐとボリュームを回す方向と電圧の増減の関係が逆になります。LED は 330 Ω の抵抗を付けて 9 番ピンからの出力で明るさを変えます。LED の明るさを変えられるピンは Arduino のボードに〜マークの付いているピンです。Arduino Uno は 3，5，6，9，10，11 番ピンです。Arduino Uno のボードに付いている LED は 13 番ピンは ON/OFF だけしかできません。

Arduino プログラム【リスト 2.2】

setup 関数　初めに 1 回だけ実行されます。

　3 行目　9 番ピンを出力にしています。

loop 関数　何度も実行されます。

　8 行目　【analogRead 関数】は指定したアナログピンにかかる電圧を読み取る関数です。引数に指定したアナログピンにかかる 0 〜 5 V の電圧を 0 〜 1023 の値に変換して読み込みます。ここでは，アナログ 0 番ピンにかかる電圧を読み込んでいます。

　9 行目　【analogWrite 関数】は指定したデジタルピンからアナログ電圧を出力する関数です。1 つ目の引数をデジタルピンの番号とし，2 つ目の引数に 0 〜 255 まで値を設定することで 0 〜 5 V を出力します。ここでは，9 番ピンから 8 行目で読み込んだ値に比例したアナログ電圧を出力します。なお，8 行目で読み込んだ値は 0 〜 1023 ですので，4 で割ることで 0 〜 255 に変えています。

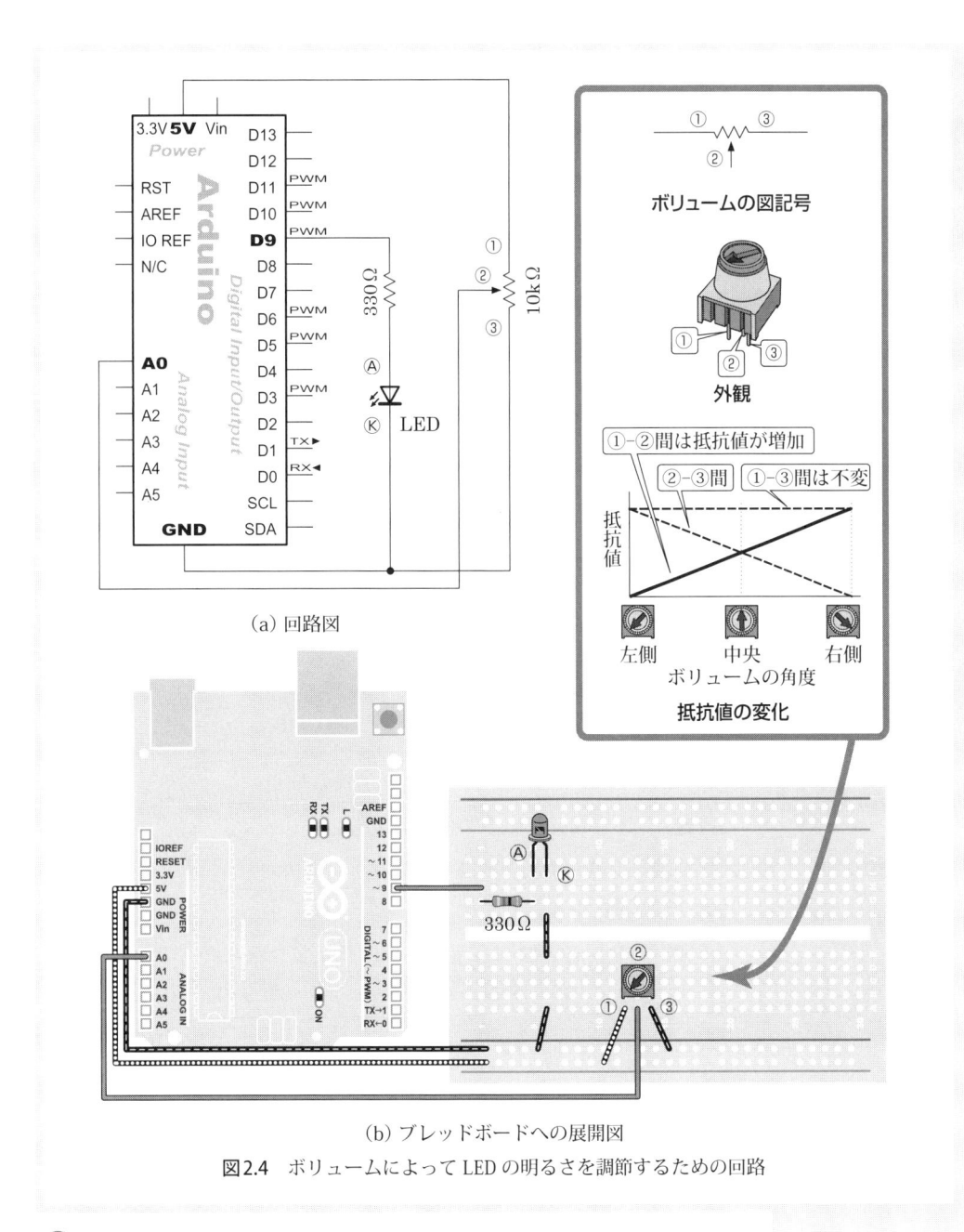

(a) 回路図

ボリュームの図記号

外観

①-②間は抵抗値が増加
②-③間　①-③間は不変

抵抗値

左側　中央　右側
ボリュームの角度

抵抗値の変化

(b) ブレッドボードへの展開図

図2.4　ボリュームによってLEDの明るさを調節するための回路

リスト2.2　ボリュームで LED の明るさを変える

```
void setup()
{
  pinMode(9, OUTPUT);     //出力として使う
}

void loop()
{
  int v = analogRead(0); //ボリュームにかかる電圧を読み込む
  analogWrite(9, v/4);    //その値によってLEDの明るさを変える
}
```

2.3 LEDを点滅させる（時間待ち）

●参照する節●
Arduino プログラミング
2.1節
Processing プログラミング
なし
通信方式
なし

●新しい関数●
- delay 関数
- delayMicroseconds 関数

●使用するパーツ●
Arduino × 1

電子工作ではある時間だけ処理を止めたり，ある時間間隔で処理を行ったりするとうまくいく場合がよくあります。この節では約1秒間LEDを光らせ，約0.5秒間消すことを繰り返すものを作ります。

回路

今回は Arduino についている LED を使いますので，回路は作りません。点滅させる LED は図1.1に示す Arduino に付いている L と書かれたオレンジ色の LED です。なお，このLED は13番ピンにつながっています。

Arduino プログラム【リスト2.3】

setup 関数 初めに1回だけ実行されます。

3行目　13番ピンを出力で使う設定をしています。

loop 関数 何度も実行されます。

8行目　LED を光らせます。

9行目　【delay 関数】はミリ秒単位で指定した時間だけ待つ関数です。
ここでは，LED を光らせたあと，1000ミリ秒（1秒）待っています。

10，11行目　LED を消して500ミリ秒（0.5秒）待ちます。

リスト2.3　LEDを点滅させる

```
1  void setup()
2  {
3    pinMode(13, OUTPUT);     //出力として使う
4  }
5
6  void loop()
7  {
8    digitalWrite(13, HIGH);  //LEDを点灯
9    delay(1000);             //1秒待つ
10   digitalWrite(13, LOW);   //LEDを消灯
11   delay(500);              //0.5秒待つ
12 }
```

> **Tips** 他の時間待ち
>
> delay 関数はミリ秒単位（1000 分の 1 秒）で時間を指定しましたが，マイクロ秒単位（1000000 分の 1 秒）で時間を待つ関数として，【delayMicroseconds 関数】があります。

2.4 シリアルモニタで距離センサの値を表示する

センサの値を読み込めるようになると，いろいろなものを測れるようになります。この節で使う距離センサ（図 2.5）は色や素材にあまり影響されないのが特徴です。そしてさらに，距離センサで読み取った値を，図 2.6 のシリアルモニタボタンを押すと現れるシリアルモニタを使って確認します。実行したら，距離センサに手を近づけたり（10 cm 程度），離したり（50 cm 程度）すると値が変化します。

●参照する節●
Arduino プログラミング
2.2 節，2.3 節
Processing プログラミング
なし
通信方式
なし

●新しい関数●
- Serial.begin 関数
- Serial.println 関数
- Serial.print 関数

●使用するパーツ●
Arduino × 1
距離センサ × 1

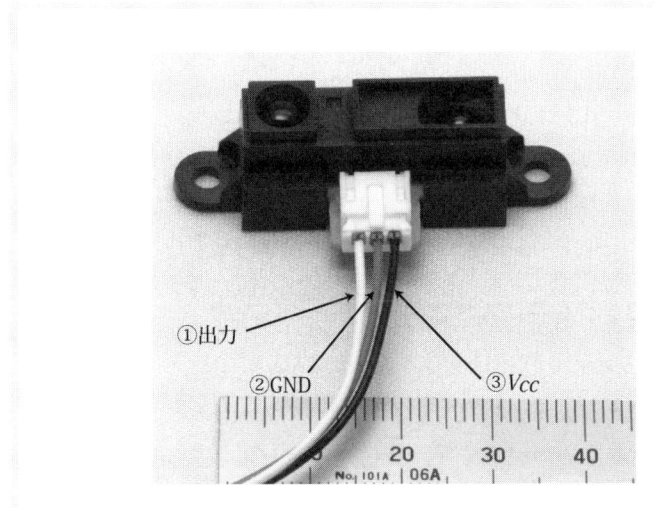

図 2.5 距離センサの外観

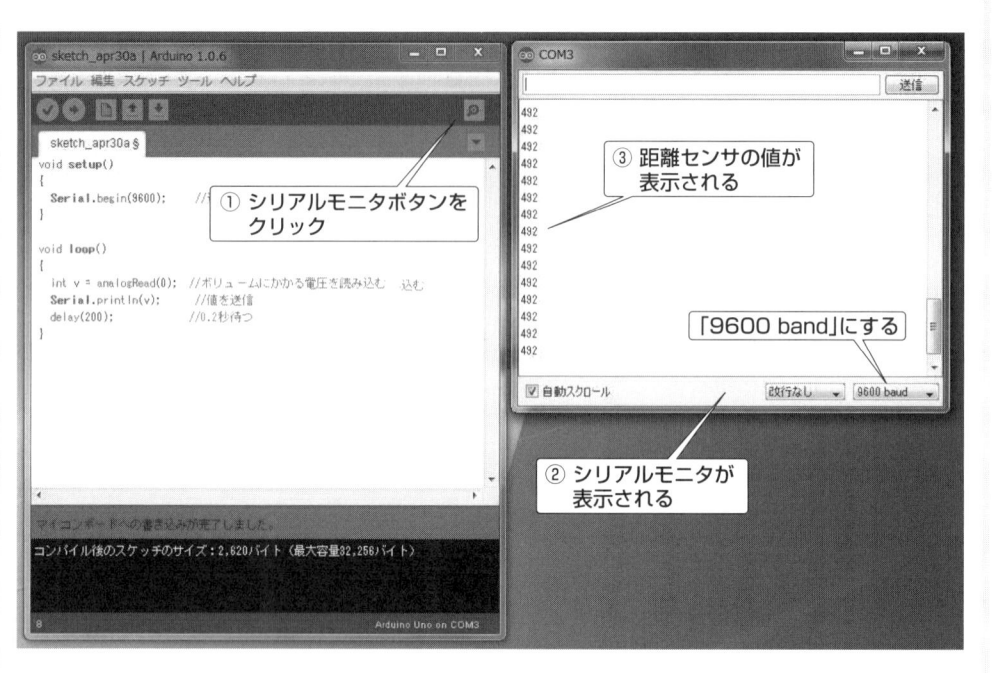

図 2.6　距離センサの値をシリアルモニタで確認

回路

この本で使用する距離センサの 3 本の線の役割は図 2.5 となります。付属のケーブルの色に惑わされずに，確認しながら配線してください。特に，電子工作に慣れている人ほど間違えやすいので注意してください。

距離センサを用いた今回使用する回路を図 2.7 に示します。

Arduino プログラム【リスト 2.4】

setup 関数　初めに 1 回だけ実行されます。

3 行目　【Serial.begin 関数】はシリアル通信をするときの通信速度を設定するための関数です。通信速度としてよく用いられるのは 9600 bps ですが，より早い通信速度として 19200，38400，57600，115200 bps とすることもできます。ここでは，シリアルモニタと通信するための通信速度を 9600 bps に設定をしています[※]。

※ 通信なので，通信相手の通信速度も同じに合わせる必要があります。通信速度を変えたときはシリアルモニタの右下の通信速度も変えてください。

loop 関数　何度も実行されます。

8 行目　電圧を読み込んで v という変数に代入しています。

9 行目　【Serial.println 関数】は引数に指定した値や文字をシリアル通信で送信するための関数です。また，この関数は最後に改行コードを付けて送信します。ここでは，v の値をシリアルモニタに出力しています。

10 行目　200 ミリ秒だけ時間を空けています。

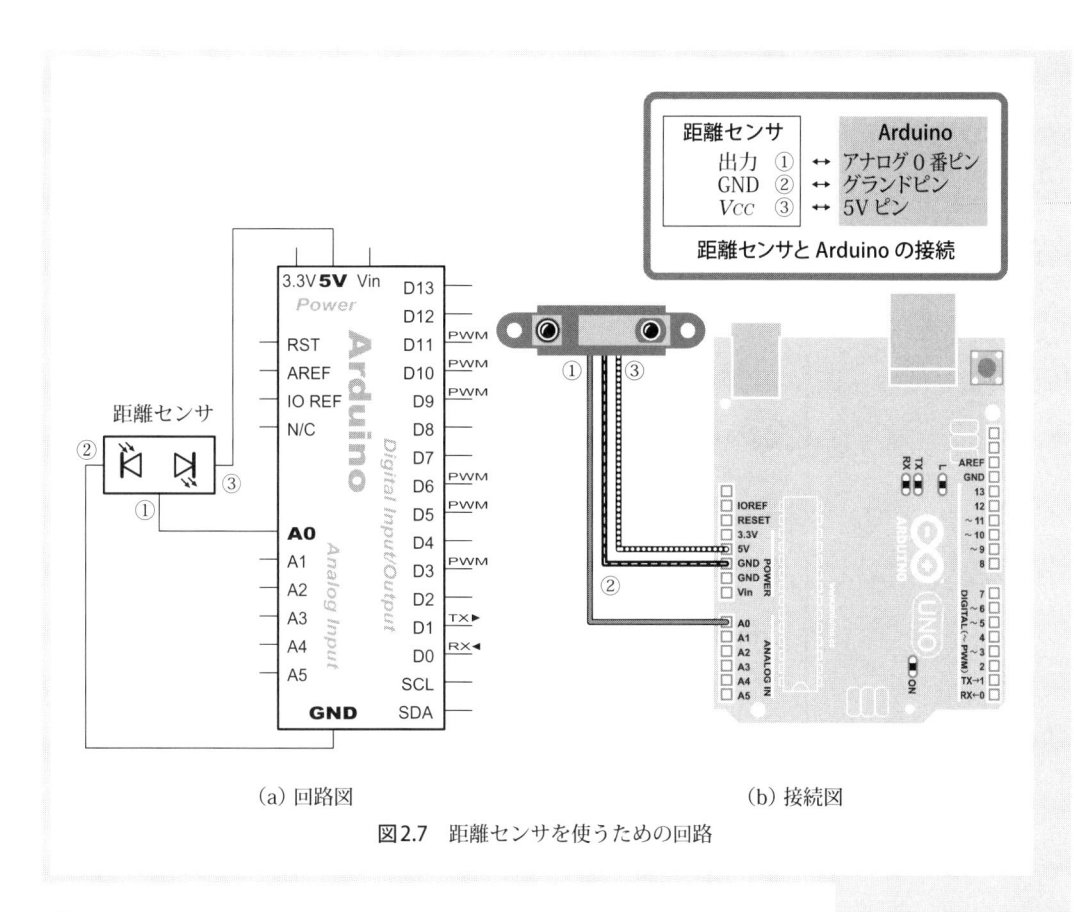

距離センサ		Arduino
出力 ①	↔	アナログ0番ピン
GND ②	↔	グランドピン
Vcc ③	↔	5Vピン

距離センサとArduinoの接続

(a) 回路図　　(b) 接続図

図2.7　距離センサを使うための回路

リスト2.4　シリアルモニタで距離センサの値を表示する

```
void setup()
{
  Serial.begin(9600);        //通信速度を9600bpsに
}

void loop()
{
  int v = analogRead(0);   //ボリュームにかかる電圧を読み込む
  Serial.println(v);       //値を送信
  delay(200);              //0.2秒待つ
}
```

> **Tips** 改行コードのあり・なし（Arduino）
>
> Arduino から文字を送るときには改行コードのあり・なしで異なる関数を使います。
>
> - Serial.println 関数：改行コード付きで送信
> - 【Serial.print 関数】：改行コードなしで送信
>
> 例えば，改行コード付きの場合は，
>
> **リスト　println 関数**
> ```
> 1  Serial.println("Hello");
> 2  Serial.println("World");
> ```
> を実行した場合，コンソールに，
>
> **println 関数の実行結果**
> ```
> Hello
> World
> ```
> と表示されます。一方，改行コードなしの場合は，
>
> **リスト　println 関数**
> ```
> 1  Serial.print("Hello");
> 2  Serial.print("World");
> ```
> を実行した場合，コンソールに，
>
> **println 関数の実行結果**
> ```
> HelloWorld
> ```
> と表示されます。うまく使い分けてください。

2.5　シリアルモニタで LED を光らせる

シリアルモニタの上の方のボックスに文字や値を入れて送信ボタンを押すと，Arduino にそのデータを送ることができます（図 2.8）。ここでは，「a」という文字を送ったら LED が点灯し，「b」という文字を送ったら LED が消灯するようにします。この方法は，4.1 節の Arduino に Processing から指令を与える方法と原理は同じです。

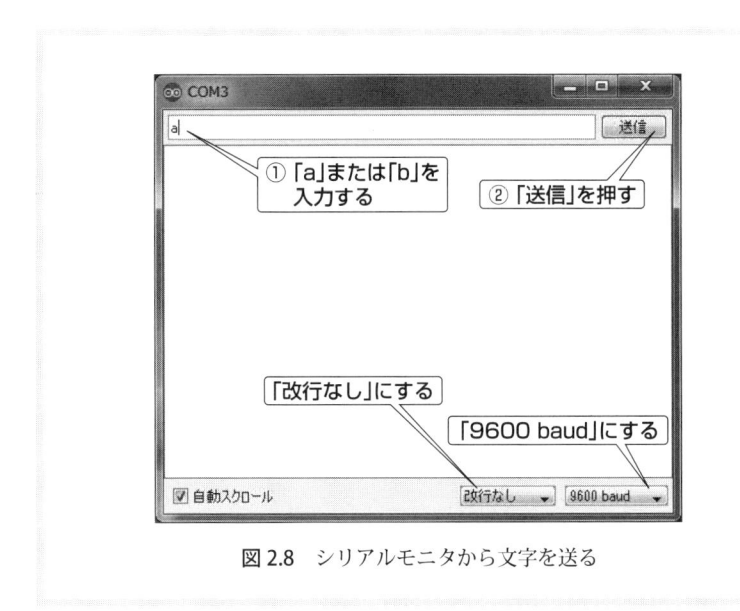

図 2.8 シリアルモニタから文字を送る

●参照する節●
Arduino プログラミング
2.1 節
Processing プログラミング
なし
通信方式
なし

●新しい関数●
∞ Serial.available 関数
∞ Serial.read 関数

●使用するパーツ●
Arduino × 1

回路

今回は Arduino のボードに付いている LED（13 番ピンで ON/OFF）を使いますので，回路は作りません。

Arduino プログラム【リスト 2.5】

setup 関数　初めに 1 回だけ実行されます。

　3, 4 行目　通信速度と出力ピンの設定をしています。

loop 関数　何度も実行されます。

　9 行目の if 文　【Serial.available 関数】は読み込むことのできるデータのバイト数を返す関数です。これを使うことで，何かデータが送られてきているか判別することができます。ここでは，0 より大きいかどうかを調べることで，何かデータが送られてきてたかを判断します。そして，何かデータが送られてきていたら 10 〜 16 行目を実行します。

　10 行目　【Serial.read 関数】は送られてきたデータを 1 文字 (1 バイト) だけ読み込むための関数です。1 バイトなので，0 〜 255 までの数になります。ここでは，データを読み込んで c という変数に代入します。

　11 行目の if 文，12 行目　読み込んだ値が「a」ならば，LED を光らせます。

　14 行目の else if 文，15 行目　その値が「b」ならば，LED を消します。

リスト2.5　シリアルモニタでLEDを光らせる

```
1  void setup()
2  {
3    Serial.begin(9600);           //通信速度を9600bpsに
4    pinMode(13, OUTPUT);          //出力として使う
5  }
6
7  void loop()
8  {
9    if(Serial.available() > 0){
                                   //データが1つ以上送られてきたか？
10     char c = Serial.read();     //データを読み込む
11     if(c == 'a'){               //「a」ならば
12       digitalWrite(13, HIGH);   //LEDを点灯
13     }
14     else if(c == 'b'){          //「b」ならば
15       digitalWrite(13, LOW);    //LEDを消灯
16     }
17   }
18 }
```

第3章 Processing だけを使う

パソコンと Arduino を連携させるときには Processing を使います。この章では，Processing だけを使って画面に絵や文字を描いたり，マウスやキーボードの入力を処理する方法を紹介します。

3.1 絵や文字を描く

画面に線，図形（四角形，三角形，円やポリゴン）や文字を表示させてみましょう。

(1) 線を引く

図 3.1 のように背景を白，線の太さが 2 ポイントの黒い線を描きます。

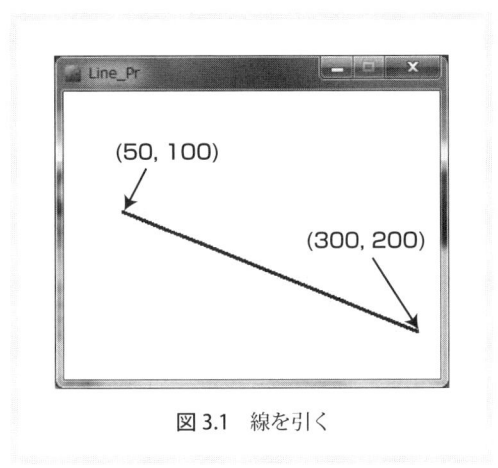

図 3.1 線を引く

●参照する節●

Arduino プログラミング
なし
Processing プログラミング
1.3 節
通信方式
なし

●新しい関数●

- size 関数
- background 関数
- strokeWeight 関数
- stroke 関数
- line 関数

Pマークは Processing の関数などを表しています。

●使用するパーツ●

なし

Processing プログラム【リスト 3.1】

setup 関数 初めに 1 回だけ実行されます。

3 行目 【size 関数】はウィンドウの大きさを設定する関数です。2 つの引数で x 方向と y 方向の大きさをドット単位で設定します。ここでは，320 × 240 ドットの画面を作成します。なお，この関数で設定しない場合は 100 × 100 ドットの画面となります。

4 行目 【background 関数】は背景の色を設定する関数です※。そして，この関数が呼び出されると，画面が指定した色ですべて塗りつぶされます。ここでは，背景を白にします。なお，この関数で設定しない場合は明るい灰色となります。

5 行目 【strokeWeight 関数】は線の太さを設定する関数です。ここ

※ この関数に限らず色を設定する場合は，引数を 1 つにした場合はグレースケールとなりますが，引数を 3 つにして RGB の値で指定することができます。また，4 つにして 4 つ目の引数にアルファチャンネルを設定することもできます。特に設定していない場合は 0 〜 255 の値を引数として用います。

では，線の太さを 2 ポイントにします。なお，この関数で設定しない場合は 1 ポイントの線になります。

6 行目　【stroke 関数】は線の色を設定する関数です。ここでは，線の色を黒にします。なお，この関数で設定しない場合は黒い線になります。

draw 関数　何度も実行されます。

11 行目　【line 関数】は引数で指定した始点と終点を結ぶ線分を描く関数です。ここでは，(50, 100) から (300, 200) に向かって線を引きます。

リスト 3.1　線を引く

```
1  void setup()
2  {
3    size(320, 240);       //320x240ドットの画面を作成
4    background(255);      //背景を白
5    strokeWeight(2);      //線の太さを2pt
6    stroke(0);            //線の色を黒
7  }
8
9  void draw()
10 {
11   line(50, 100, 300, 200);   //線を引く
12 }
```

●新しい関数●
- fill 関数
- rectMode 関数
- rect 関数

(2) 四角を描く

図 3.2 のように背景を白，黒色の 1 ポイントの枠線の四角形を灰色で塗りつぶします。

Processing プログラム【リスト 3.2】

setup 関数　初めに 1 回だけ実行されます。

3〜6 行目　作成するウィンドウの大きさ (320 × 240)，背景の色 (白)，線の太さ (1 ポイント) と色 (黒) を設定しています。

7 行目　【fill 関数】は図形の塗りつぶしの色や文字の色を設定するための関数です。ここでは，塗りつぶしの色を灰色に設定します。なお，この関数で設定しない場合は白となります。

draw 関数　何度も実行されます。

12 行目　【rectMode 関数】は四角形を描くときの基準位置を設定する関数です。引数を "CORNER" とすると四角を描くときの基準点が左上となり，"CENTER" とすると基準点が中心となります。ここでは，基準点を左上としています。なお，この関数で設定しない場合は基準点は左上となります。

図3.2　四角を描く

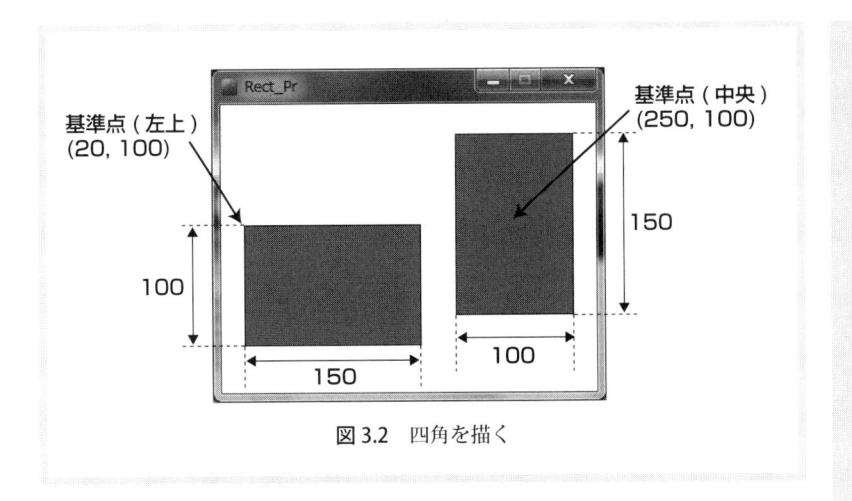

13行目　【rect関数】は四角形を描く関数です。引数として，基準点の位置と x 方向（横方向）と y 方向（縦方向）の幅を設定します。ここでは，(20, 100) を基準点として，x 方向の幅を150，y 方向の幅を100とした四角形を描きます。

14, 15行目　rectMode 関数の引数を "CENTER" として，四角を描くときの基準点を中心とします。そして，(250, 100) を中心として x 方向の幅を100，y 方向の幅を150とした四角形を描きます。

リスト3.2　四角を描く

```
void setup()
{
  size(320, 240);      //320x240ドットの画面を作成
  background(255);     //背景を白
  strokeWeight(1);     //線の太さを1pt
  stroke(0);           //線の色を黒
  fill(128);           //塗りつぶしの色を灰色
}

void draw()
{
  rectMode(CORNER);           //基準点を左上に
  rect(20, 100, 150, 100);
       //基準位置を(20, 100)として幅(150, 100)の四角形
  rectMode(CENTER);           //基準点を中心に
  rect(250, 100, 100, 150);
       //基準位置を(250, 100)として幅(100, 150)の四角形
}
```

●新しい関数●
- P noFill 関数
- P triangle 関数

(3) 三角を描く

図 3.3 のように背景を明るい灰色，線色を黒色で塗りつぶしをしない三角形を 2 つ描きます。

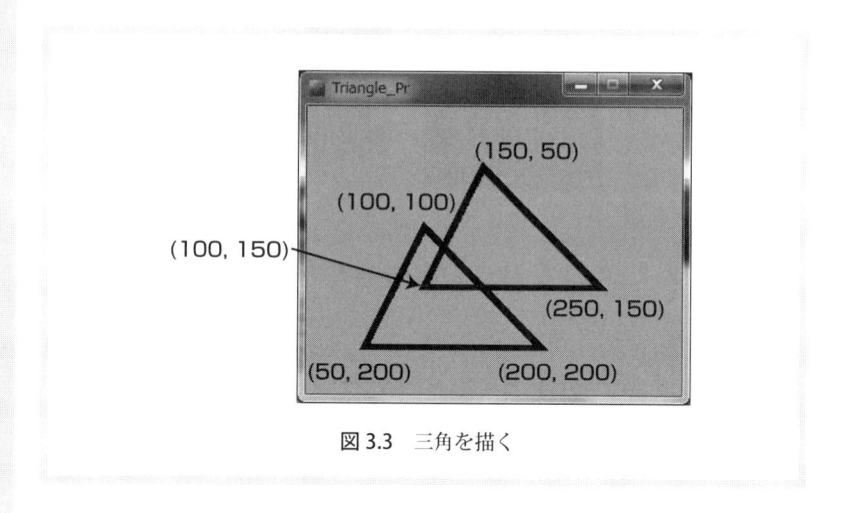

図 3.3　三角を描く

Processing プログラム【リスト 3.3】

setup 関数　初めに 1 回だけ実行されます。

3～6 行目　作成するウィンドウの大きさ（320 × 240），背景の色（明るい灰色）※，線の太さ（5 ポイント）と色（黒）を設定しています。

7 行目　【noFill 関数】は塗りつぶしを行わないことを設定する関数です。

draw 関数　何度も実行されます。

12 行目　【triangle 関数】は三角形を描く関数です。引数に頂点の 3 つの位置を設定します。ここでは，(100, 100)，(50, 200) と (200, 200) を頂点とした三角形を描きます。

13 行目　(150, 50)，(100, 150) と (250, 150) を頂点とした三角形を描きます。

※ 色は引数を 3 つにすることもできます。

P リスト 3.3　三角を描く

```
1   void setup()
2   {
3     size(320, 240);              //320x240ドットの画面を作成
4     background(192, 192, 192);   //背景を明るい灰色
5     strokeWeight(5);             //線の太さを5pt
6     stroke(0, 0, 0);             //線の色を黒
7     noFill();                    //塗りつぶしをしない
8   }
9
10  void draw()
11  {
```

12	`triangle(100, 100, 50, 200, 200, 200);`
	//設定した3つの位置を頂点とした三角形
13	`triangle(150, 50, 100, 150, 250, 150);`
	//設定した3つの位置を頂点とした三角形
14	`}`

(4) 円と楕円を描く

図 3.4 のように円と楕円を書きます。背景は明るい灰色とし，どちらも枠線の太さを 2 ポイントとします。円の枠線の色は黒で，塗りつぶしの色は水色とします。楕円の枠線の色は赤で，塗りつぶしの色は黄色とします。

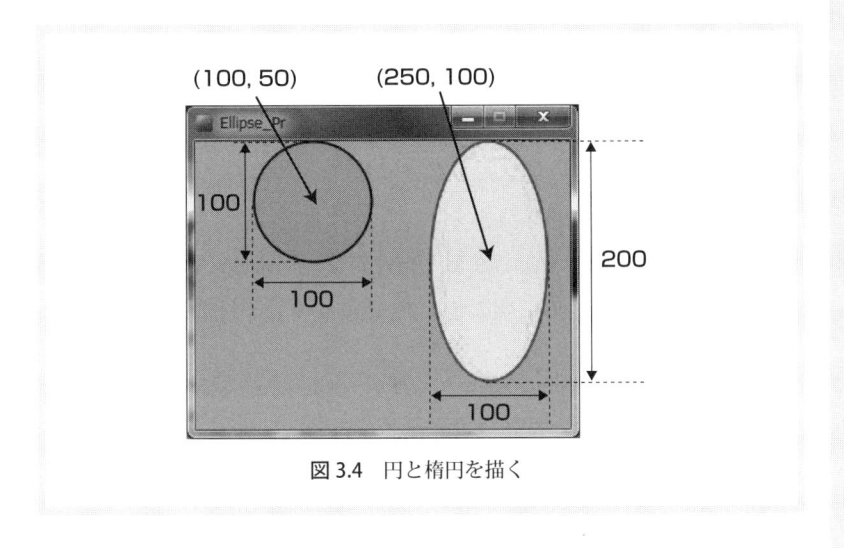

●新しい関数●

P ellipse 関数

図 3.4 円と楕円を描く

Processing プログラム【リスト 3.4】

setup 関数　初めに 1 回だけ実行されます。

　3 行目　作成するウィンドウの大きさ (320 × 240) を設定しています。

draw 関数　何度も実行されます。

　8, 9 行目　背景を明るい灰色，線の太さを 2 ポイントとします※。

　10, 11 行目　円の線の色を黒，塗りつぶしの色を水色としています。

　12 行目　【ellipse 関数】は円を描く関数です。引数として，基準点の位置と x 方向と y 方向の幅を設定します。なお，x 方向と y 方向の幅を同じ値にすることで円が描けます。ここでは，中心位置を (100, 50) として直径 100 の円を描きます。

　13, 14 行目　楕円の線の色を赤，塗りつぶしの色を黄色とします。

　15 行目　中心位置を (250, 100)，x 方向の幅を 100，y 方向の幅を 200 とした楕円を描きます。

※ ウィンドウの大きさ以外の設定は draw 関数内に書いても OK です。

リスト3.4 円と楕円を描く

```
1   void setup()
2   {
3     size(320, 240);      //320x240ドットの画面を作成
4   }
5   
6   void draw()
7   {
8     background(192, 192, 192);   //背景を明るい灰色
9     strokeWeight(2);             //線の太さを2pt
10    stroke(0, 0, 0);             //線の色を黒
11    fill(0, 255, 255);           //塗りつぶしの色を水色
12    ellipse(100, 50, 100, 100);  //円を表示
13    stroke(255, 0, 0);           //線の色を赤
14    fill(255, 255, 0);           //塗りつぶしの色を黄色
15    ellipse(250, 100, 100, 200); //楕円を表示
16  }
```

（5）多角形を描く

図3.5のように多角形を描きます。今回は背景，線の太さと色，塗りつぶしの色は指定しません。なお，指定がない場合は，背景は明るい灰色，線の太さは1ポイント，線の色は黒，塗りつぶしの色は白となります。

●新しい関数●
- beginShape 関数
- vertex 関数
- endShape 関数

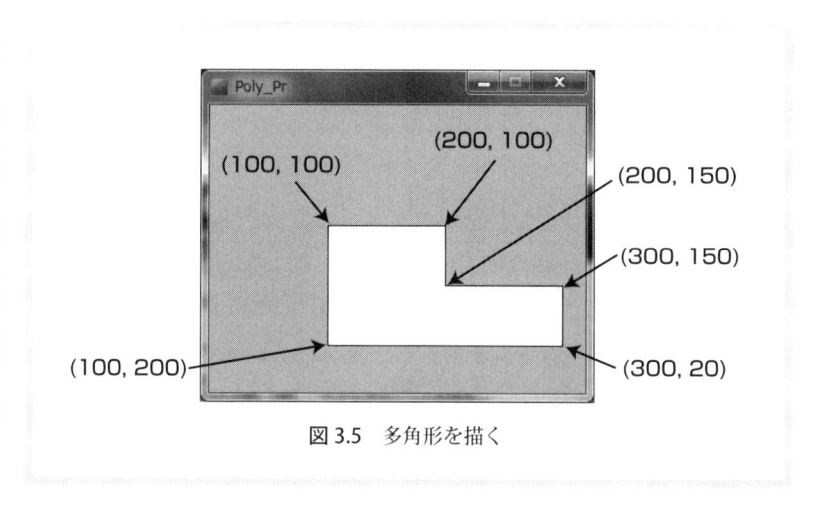

図3.5　多角形を描く

Processing プログラム【リスト3.5】

setup 関数　初めに1回だけ実行されます。

3行目　作成するウィンドウの大きさ（320 × 240）を設定しています。

draw 関数　何度も実行されます。

8行目　【beginShape 関数】は多角形の始まりを宣言するための関数です。

9～14行目　【vertex 関数】は多角形の頂点を設定するための関数です。

15 行目 【endShape 関数】は多角形の終わりを宣言するための関数です。これらを組み合わせることで，各点を頂点とした多角形を描くことができます。

リスト 3.5　多角形を描く

```
void setup()
{
  size(320, 240);    //320x240ドットの画面を作成
}

void draw()
{
  beginShape();       //多角形の始まりを宣言
  vertex(100, 100);   //各点を頂点とした多角形
  vertex(200, 100);
  vertex(200, 150);
  vertex(300, 150);
  vertex(300, 200);
  vertex(100, 200);
  endShape(CLOSE);    //多角形の終わりを宣言
}
```

(6) 画面に文字を表示する

図 3.6 のように文字を画面に表示します。ここでは「Hello, World!」と「はじめまして！」の 2 つを表示します。なお，日本語は 1.3 節の設定をしないと打ち込むことも表示することもできません。

●新しい関数●
- text 関数
- textSize 関数
- createFont 関数
- textFont 関数

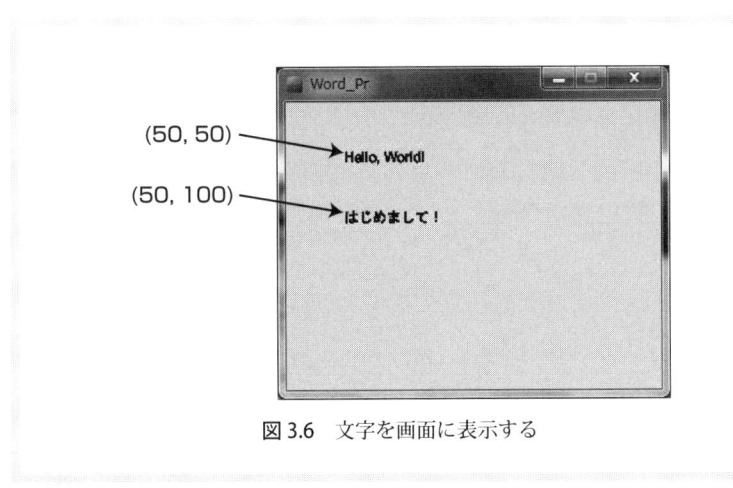

図 3.6　文字を画面に表示する

Processing プログラム【リスト 3.6】

setup 関数　初めに 1 回だけ実行されます。

3, 4 行目　作成するウィンドウの大きさ（320 × 240），背景の色（かなり明るい灰色）を設定しています。

5行目　fill関数で文字の色を黒にしています。

draw関数　何度も実行されます。

10行目　【text関数】は画面の設定した位置に文字を表示するための関数です。ここでは，「Hello World!」を表示します。

11行目　「はじめまして！」を表示します。

P リスト3.6　画面に文字を表示する

```
1   void setup()
2   {
3     size(320, 240);     //320x240ドットの画面を作成
4     background(224);    //背景をかなり明るい灰色
5     fill(0);            //文字の色を黒
6   }
7
8   void draw()
9   {
10    text("Hello, World!", 50, 50);
        //文字の左上を(50, 50)として「Hello World!」と表示
11    text("はじめまして！", 50, 100);
        //文字の左上を(50, 100)として「はじめまして！」と表示
12  }
```

Tips　文字のサイズ

英語だけしか表示しない場合はリスト3.7の10行目のように【textSize関数】でサイズを指定すれば簡単に大きさを変えることができます。

P リスト3.7　英語だけの表示

```
1   void setup()
2   {
3     size(320, 240);     //320x240ドットの画面を作成
4     background(224);    //背景をかなり明るい灰色
5     fill(0);            //文字の色を黒
6   }
7
8   void draw()
9   {
10    textSize(36);       //文字の大きさを36pt
11    text("Hello, World!", 50, 50);
        //文字の左上を(50, 50)として「Hello World!」と表示
12  }
```

日本語のサイズを変更する場合は，リスト3.8のように11行目の【createFont関数】で使いたいフォントとサイズを指定し，12行目の【textFont関数】で設定する必要があります。

リスト3.8　日本語のサイズを変更

```
1   void setup()
2   {
3     size(320, 240);  //320x240ドットの画面を作成
4     background(224);//背景をかなり明るい灰色
5     fill(0);         //文字の色を黒
6   }
7
8   void draw()
9   {
10    PFont myFont;
11    myFont = createFont("MSゴシック", 24);
        //使用するフォントを設定（24ptのMSゴシック）
12    textFont(myFont);
13    text("Hello, World!", 50, 50);
      //文字の左上を(50, 50)として「Hello World!」と表示
14    text("はじめまして！", 50, 100);
      //文字の左上を(50, 100)として「はじめまして！」と表示
15  }
```

（7）コンソールに文字を表示する

プログラムを作っているときには確認のため，値や文字を表示させたくなることがよくあります。ここでは，図3.7のように，プログラムをコンソール（ウィンドウの下の黒い部分）にマウスの位置を表示します。

●新しい関数●
- println 関数
- print 関数

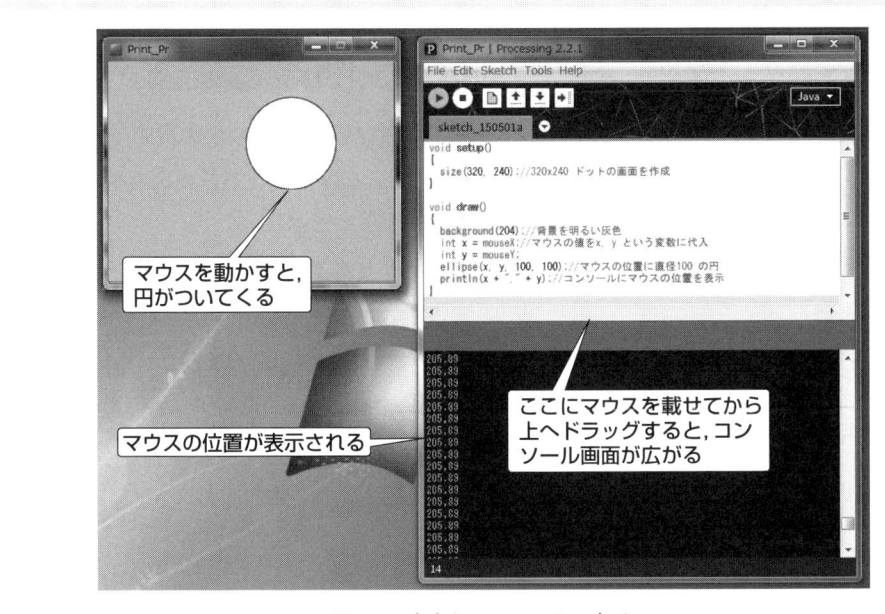

図3.7　文字をコンソールに表示

Processing プログラム【リスト 3.9】

setup 関数　初めに 1 回だけ実行されます。

3 行目　作成するウィンドウの大きさ (320 × 240) を設定しています。

draw 関数　何度も実行されます。

8～11 行目　マウスの位置に直径 100 の円を描きます。アニメーションは 3.2 節で，マウスは 3.4 節で説明します。

12 行目　【println 関数】はコンソールに文字や値を表示する関数です。Arduino の println 関数に似ていますが，Arduino の関数とは異なり，文字や数字を + 記号でつなげて出力することができます。ここでは，コンソールにマウスの位置を表示します。表示は x の値,「カンマ」, y の値の順となっています。

リスト 3.9　コンソールに文字を表示する

```
1  void setup()
2  {
3    size(320, 240);     //320x240ドットの画面を作成
4  }
5
6  void draw()
7  {
8    background(204);   //背景を明るい灰色
9    int x = mouseX;    //マウスの値をx，yという変数に代入
10   int y = mouseY;
11   ellipse(x, y, 100, 100);//マウスの位置に直径100の円
12   println(x + "," + y);    //コンソールにマウスの位置を表示
13 }
```

Tips　改行コードのあり・なし (Processing)

Processing にも Arduino と同様に，コンソールに文字を表示する関数には改行コードのあり・なしの 2 つの関数があります。

- println 関数：改行コード付きで表示
- 【print 関数】：改行コードなしで表示

3.2 アニメーション

アニメーションを作ります。ここでは，図3.8のように白い円を表示して，図の矢印のようにボールが壁に反射するものを作ります。そして，反射するたびに動きが速くなるようにします。

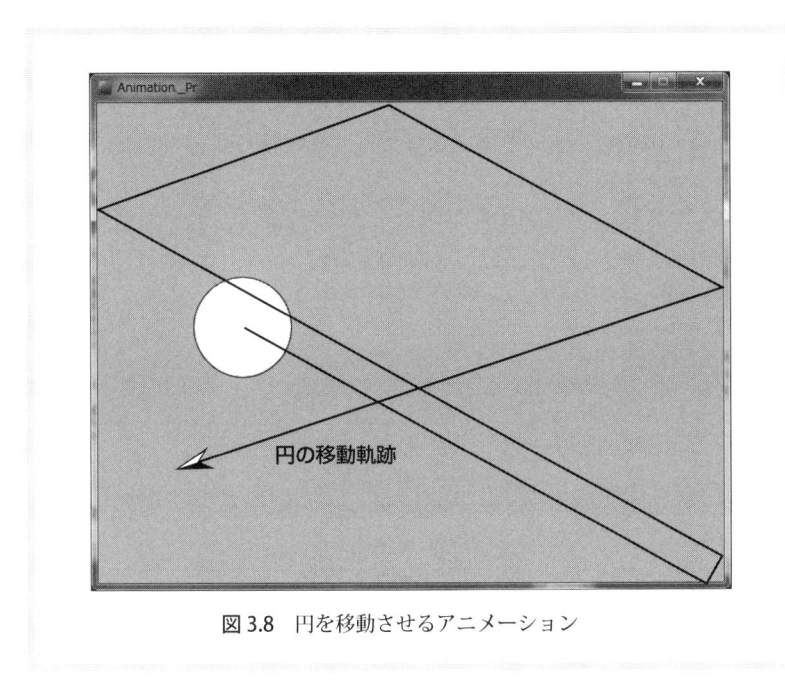

●参照する節●
Arduino プログラミング
なし
Processing プログラミング
3.1 節
通信方式
なし

●新しい関数●
P frameRate 関数

●使用するパーツ●
なし

図 3.8　円を移動させるアニメーション

Processing プログラム【リスト 3.10】

グローバル変数　setup 関数でも draw 関数でも使用する変数を定義します。

1，2 行目　円の位置 (x, y) と速度 (vx, vy) を保存する変数を定義します。

setup 関数　初めに 1 回だけ実行されます。

6 行目　640 × 480 ドットの画面を作成します。

7 行目　【frameRate 関数】は画面の更新頻度を設定するための関数です。引数にはフレームレートを指定します。ここでは，画面の更新頻度を 30 fps（1 秒間に 30 回）とします。この値を小さくするとゆっくり動きます。なお，この関数で設定しない場合は 60 fps となります。ただし，フレームレートを設定してもパソコンの性能などにより必ずしもそのフレームレートで更新できるとは限りません。

8～11行目　円の初期位置（x, y）と初期速度（vx, vy）を設定しています。

draw関数　何度も実行されます。

16行目　背景を明るい灰色に塗りつぶすことで画面を更新します。この行がアニメーションのポイントとなります。背景色で画面を塗りつぶして次の絵を表示することを何度も繰り返すことで絵が動いているようになります。

17，18行目　円の位置を更新して動かしています。

19～22行目　円が壁に到達したら速度を反転させてさらに1.5倍することで反射するたびに速度が上がるようにしています。

24行目　円を表示しています。

リスト3.10　アニメーション

```
1   float x, y;     //円の位置を表す変数
2   float vx, vy;   //円の速度を表す変数
3
4   void setup()
5   {
6     size(640, 480); //640x480ドットの画面を作成
7     frameRate(30);  //画面の更新頻度を30fps
8     x = 100;        //円の初期位置
9     y = 200;        //円の初期位置
10    vx = 2;         //円の初期速度
11    vy = 1;         //円の初期速度
12  }
13
14  void draw()
15  {
16    background(204);  //背景を明るい灰色で塗りつぶすことで画面を更新
17    x = x + vx;       //円の位置を更新
18    y = y + vy;
19    if (x<50)vx=-vx*1.5;   //壁にぶつかると方向を変えて
20    if (y<50)vy=-vy*1.5;   //かつ，速度を早くする
21    if (x>590)vx=-vx*1.5;
22    if (y>430)vy=-vy*1.5;
23
24    ellipse(x, y, 100, 100);   //円を表示
25  }
```

Tips 前のものが残るアニメーション

リスト 3.10 の 16 行目の背景で塗りつぶす部分をコメントアウトすると，図 3.9 のように前に書いたものが消えずに，上書きされていきます。これを見ると移動軌跡が分かるだけでなく，隣との間隔が広がっていることから，だんだん速くなっていくようすも分かります。うまく使うと面白い機能かもしれません。

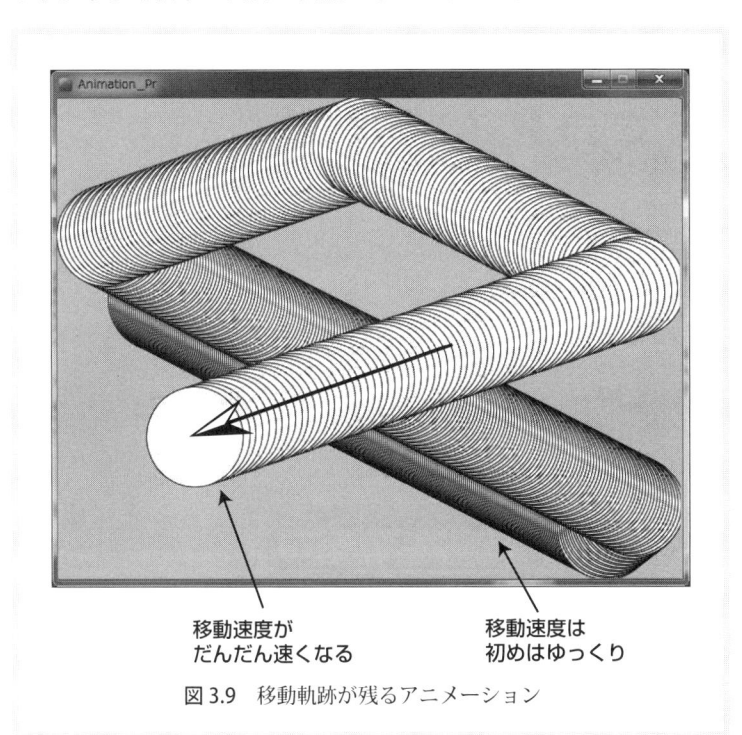

図 3.9 移動軌跡が残るアニメーション

プログラムの変更点

リスト 3.10 の 16 行目：更新前

```
background(204);
```

リスト 3.10 の 16 行目：更新後

```
//   background(204);     この行をコメントアウト
```

3.3 キーボードを使う

●参照する節●
Arduino プログラミング
なし
Processing プログラミング
3.1 節
通信方式
なし

●新しい変数・関数●
- P key 変数
- P keyCode 変数
- P keyPressed 変数
- P keyPressed 関数
- P keyReleased 関数

●使用するパーツ●
なし

図 3.10 のようにキーボードからの入力を画面とコンソールに表示してみましょう。

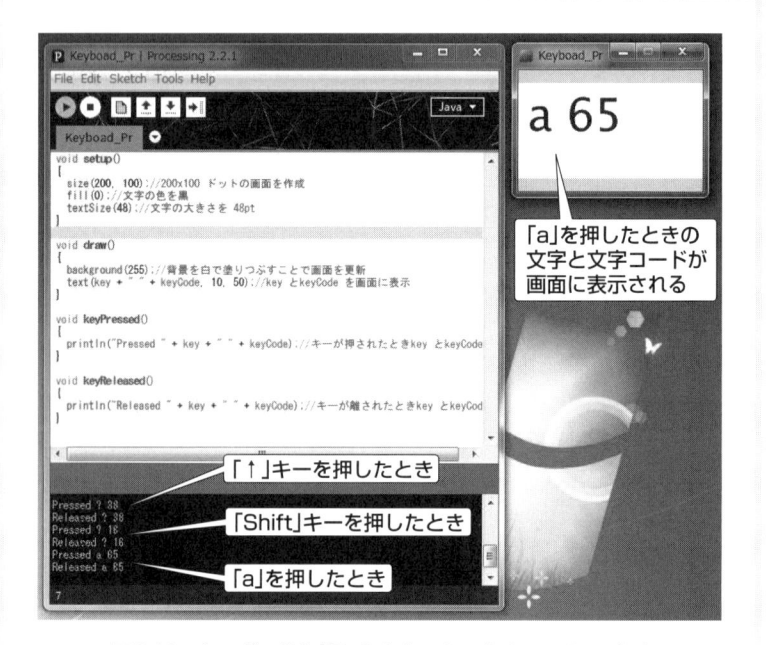

図 3.10 キーボードを押したときの key と keycode の表示

Processing プログラム【リスト 3.11】

setup 関数　初めに 1 回だけ実行されます。
　3～5 行目　作成するウィンドウの大きさ（200 × 100），文字の色（黒）と大きさ（48 ポイント）を設定しています。

draw 関数　何度も実行されます。
　10 行目　背景を白に塗りつぶすことで画面を更新します。
　11 行目　押されている【key】と【keyCode】※を画面に表示します。

【keyPressed 関数】　キーが押されたとき（押している間ではないことに注意）に自動的に呼び出される関数です。
　16 行目　コンソールに key と keyCode を表示します。

【keyReleased 関数】　キーが離されたとき（離している間ではないことに注意）に自動的に呼び出される関数です。
　21 行目　コンソールに key と keyCode を表示します。

※ この変数は Tips で説明します。

リスト3.11 キーボードを使う

```
void setup()
{
  size(200, 100); //200x100ドットの画面を作成
  fill(0);        //文字の色を黒
  textSize(48);   //文字の大きさを48pt
}

void draw()
{
  background(255);   //背景を白で塗りつぶすことで画面を更新
  text(key + " " + keyCode, 10, 50);
    //keyとkeyCodeを画面に表示
}

void keyPressed()
{
  println("Pressed " + key + " " + keyCode);
    //キーが押されたときkeyとkeyCodeをコンソールに表示
}

void keyReleased()
{
  println("Released " + key + " " + keyCode);
    //キーが離されたときkeyとkeyCodeをコンソールに表示
}
```

Tips　keyとkeyCodeの違い

　keyというのはキーボードを押したときの文字です。そして，keyCodeというのは文字を数字で表したものや，カーソルキーや「Shift」キーなど文字で表せないものを数字で表しています。例えば，「a」を押すと画面には図3.10のように「a 65」が表示されます。また，「b」を押すと「b 66」，「c」を押すと「c 67」といった具合に表示されます。これらは文字なので表示できます。一方，カーソルキーは文字ではないので画面に表示できず，例えば，「↑」を押すと「□ 38」，「←」「→」「↓」をそれぞれ押すと「□ 37」「□ 39」「□ 40」が表示されます。カーソルキーのような文字で表せないものはkeyCodeを使ってプログラムを書く必要があります。

Tips キーボードに関する変数・関数

キーボードに関する変数や関数には表3.1のようなものがあります。

表3.1 キーボードに関する変数・関数

変数	値の意味
key	押されているキー
keyCode	押されているキーのキーコード
【keyPressed】	キーボードのキーが押されているかどうか 押されている間は true 離されている間は false

関数	呼び出される条件
keyPressed	キーボードのキーが押されたとき
keyReleased	キーボードのキーが離されたとき

3.4 マウスを使う

●参照する節●
Arduino プログラミング
なし
Processing プログラミング
3.1 節
通信方式
なし

●新しい変数・関数●
- P mouseX, mouseY 変数
- P pmouseX, pmouseY 変数
- P mousePressed 変数
- P mouseButton 変数
- P mousePressed 関数
- P mouseReleased 関数
- P mouseClicked 関数
- P mouseMoved 関数
- P mouseDragged 関数
- P mouseWheel 関数

●使用するパーツ●
なし

マウスをクリックすると図3.11のように円や四角が現れるものを作ります。左ボタンだと円，右ボタンだと四角が表示されるものとします。これには変数を使う方法（リスト3.12）と関数を使う方法（リスト3.13）があり，それぞれ紹介します。この2つの大きな違いは，押している間ずっと実行される（リスト3.12）か，押した瞬間だけ実行される（リスト3.13）かです。

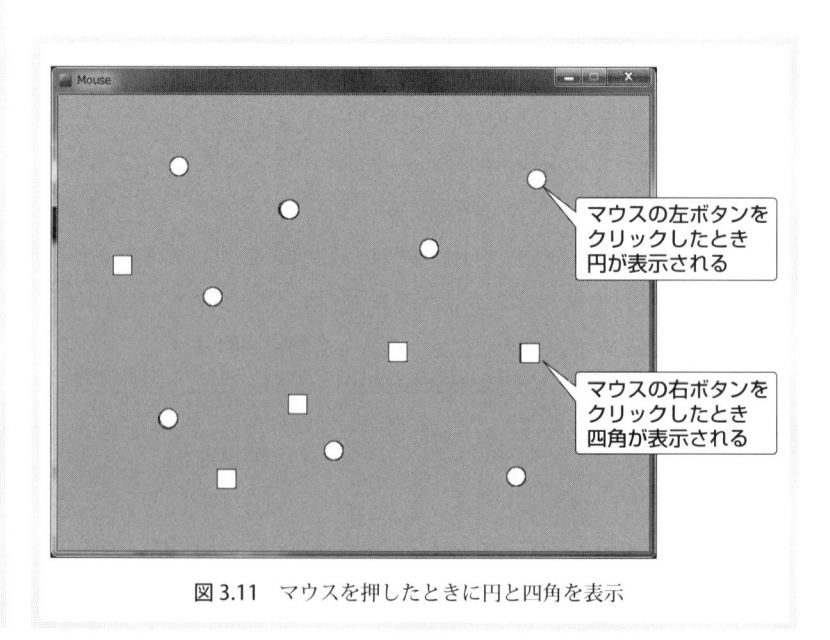

図3.11 マウスを押したときに円と四角を表示

Processing プログラム【リスト 3.12】

この方法は押している間ずっと押されているという判断となるため，マウスをドラッグすると円や四角がたくさん表示されます。

setup 関数 初めに 1 回だけ実行されます。

- 3〜7 行目 作成するウィンドウの大きさ（640 × 480），背景の色（明るい灰色），塗りつぶしの色（白），線の色（黒），四角を書くときの基準点（中心）を設定しています。

draw 関数 何度も実行されます。

- 12 行目の if 文 【mousePressed 変数】はマウスが押されていれば true となり，離されていれば false となる変数です。ここでは，true と比較することでマウスが押されているかどうか判定しています。

- 13 行目の if 文 【mouseButton 変数】はマウスは左ボタンが押されていれば LEFT となり，中央ボタンが押されていれば CENTER となり，右ボタンが押されていたら RIGHT となる変数です[※]。ここでは，LEFT 定数を比較することで，押されているのが左ボタンかどうかを判定します。左ボタンならば次の行を実行します。

- 14 行目 【mouseX 変数】と【mouseY 変数】で得られるマウスの位置に直径 20 の円を書きます。

- 15 行目の else if 文，16 行目 mouseButton 変数と RIGHT 定数を比較し，押されているのが右ボタンならばマウスの位置に一辺 20 の正方形を書きます。

※ mouseButton 変数はマウスのボタンが押されていないときには，その直前に押されていた値が入ります。なお，初期値は 0 となっています。これは LEFT でも CENTER でも RIGHT でもない値です。

リスト 3.12 マウスを使う①

```
1   void setup()
2   {
3     size(640, 480);       //640x480ドットの画面を作成
4     background(192);      //背景を明るい灰色
5     fill(255);            //塗りつぶしの色を白
6     stroke(0);            //線の色を黒
7     rectMode(CENTER);     //四角を書くときの基準位置を中心に
8   }
9
10  void draw()
11  {
12    if (mousePressed == true) {  //マウスが押されているか
13      if (mouseButton == LEFT)   //左ボタンが押されているか
14        ellipse(mouseX, mouseY, 20, 20);
                                   //マウスの位置に円を描く
15      else if (mouseButton == RIGHT)
                                   //右ボタンが押されているか
16        rect(mouseX, mouseY, 20, 20);
                                   //マウスの位置に四角を描く
17    }
18  }
```

Processing プログラム【リスト 3.13】

この方法は押したときのみ実行されるので，マウスをドラッグしても円や四角がたくさん表示されることはありません。

setup 関数　初めに 1 回だけ実行されます。

　3 〜 7 行目　作成するウィンドウの大きさ（640 × 480），背景の色（明るい灰色），塗りつぶしの色（白），線の色（黒），四角を書くときの基準点を中心に設定しています。

draw関数　このプログラムでは何も行っていませんが書いておきます※。

【**mousePressed 関数**】　マウスが押されたとき（押している間ではないことに注意）に自動的に呼び出される関数です。

　17 行目の if 文, 18 行目　mouseButton 変数と LEFT 定数を比較して，押されているのが左ボタンならばマウスの位置に直径 20 の円を書きます。

　19 行目の else if 文，20 行目　mouseButton 変数と RIGHT 定数を比較し，押されているのが右ボタンならばマウスの位置に一辺 20 の正方形を書きます。

※ なくても実行できますが，このように書いておくと「Esc」キーで終了できるようになります。

リスト 3.13　マウスを使う②

```
1   void setup()
2   {
3     size(640, 480);        //640x480ドットの画面を作成
4     background(192);       //背景を明るい灰色
5     fill(255);             //塗りつぶしの色を白
6     stroke(0);             //線の色を黒
7     rectMode(CENTER);      //四角を書くときの基準位置を中心に
8   }
9
10  void draw()
11  {
12    //何もしない
13  }
14
15  void mousePressed()
16  {
17    if (mouseButton == LEFT)
                //左ボタンが押されているか
18      ellipse(mouseX, mouseY, 20, 20);
                //マウスの位置に円を描く
19    else if (mouseButton == RIGHT)
                //右ボタンが押されているか
20      rect(mouseX, mouseY, 20, 20);
                //マウスの位置に四角を描く
21  }
```

Tips マウスに関する変数・関数

マウスの動作を取得する変数や関数には表3.2のようなものがあります。

表3.2 マウスに関する変数・関数

変　数	値の意味
mouseX, mouseY	現在のマウスの位置
【pmouseX】, 【pmouseY】	過去のマウスの位置
mousePressed	マウスが押されているかどうか（true/false）
mouseButton	どのボタンが押されているか（LEFT/CENTER/RIGHT）

関　数	呼び出される条件
mousePressed	マウスのボタンが押されたとき
【mouseReleased】	マウスのボタンが離されたとき
【mouseClicked】	マウスのボタンがクリックされた（押されて離された）とき
【mouseMoved】	マウスを動かしているとき
【mouseDragged】	マウスをドラッグしているとき
【mouseWheel】	ホイールを動かしたとき

3.5　ファイルの入出力

マウスの左ボタンを押しながら移動させたときの移動軌跡をファイルに保存し，右ボタンを押すとファイルに保存した移動軌跡が画面に表示されるようにしましょう。例えば，図3.12の左側のように左ボタンを押しながらひらがなの「る」を書くように移動させたとします。このとき，丸印はマウスの位置を示しています。その後，右ボタンをクリックすると図3.12の右側のように，移動軌跡を四角で描いています。このプログラムを使ってファイルを読み込む方法とファイルに書き出す方法を紹介します。

●参照する節●
Arduino プログラミング
なし
Processing プログラミング
3.1節，3.4節
通信方式
なし

Processing プログラム【リスト3.14】

グローバル変数

　1行目　ファイル出力するための変数（writer）を定義しています。

setup関数　初めに1回だけ実行されます。

　5～9行目　作成するウィンドウの大きさ（640×480），背景の色（明るい灰色），塗りつぶしの色（白），線の色（黒），四角を書くときの基準点（中心）を設定しています。

draw関数　何度も実行されます。

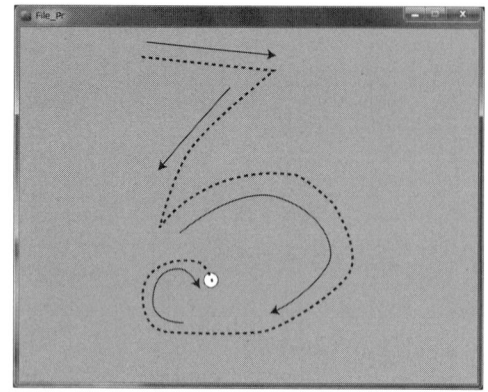

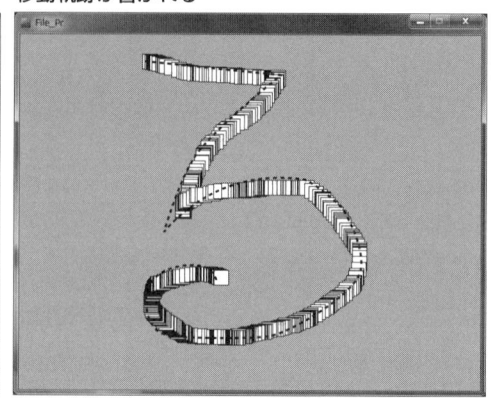

マウスの左ボタンを押しながら　　　　　　　マウスの右ボタンをクリックすると
破線のように動かす　　　　　　　　　　　　移動軌跡が書かれる

図3.12　マウスの左ボタンを押して動かすことで移動軌跡をファイルに書き出し（左），
右ボタンを押したときその軌跡をファイルから読み込む（右）

●新しい変数・関数●

- ㋐ createReader 関数
- ㋐ reader.readLine 関数
- ㋐ createWriter 関数
- ㋐ writer.println 関数
- ㋐ writer.print 関数
- ㋐ writer.flush 関数
- ㋐ writer.close 関数
- ㋐ split 関数
- ㋐ int 関数

●使用するパーツ●

なし

14行目のif文　マウスが押されていれば15〜19行目を実行します。

15行目のif文　押されているのが左ボタンならばマウスの位置をファイルに保存するために16〜18行目を実行します。

16，17行目　背景を塗りつぶして画面を更新した後，マウスの位置に直径20の円を書きます。

18行目　【writer.println関数】は改行コード付きでファイルに書き出すための関数です。使い方は3.1節の（7）項に書かれているprintln関数と同じです。改行のない【writer.print関数】もあります。これを使うためには，26行目にあるようにcreateWriter関数でファイルを開いておく必要があります。ここでは，マウスのx座標とy座標をカンマで区切ってファイルに出力します。

mousePressed関数　マウスが押されたとき（押している間ではないことに注意）実行されます。

25行目のif文　押されたのが左ボタンならば，26行目を実行します。

26行目　【createWriter関数】は書き出しファイルを指定するための関数です。ここでは，書き出しファイルとしてdata.txtを使うことを宣言します。

27行目のelse if文　押されているのが右ボタンならば，保存したマウスの位置を読み出して表示するために，28〜46行目を実行します。

28行目　背景を塗りつぶして画面を更新します。

29〜32行目　ファイル読み込みの処理をしています。まず，ファイルを読み込むための変数（reader）とファイルから1行読み込んだときの文字を保存するための変数(line)を定義しています。そして，

【createReader 関数】は読み込みファイルを指定するための関数です。ここでは，data.txt ファイルを読み込みファイルとして使うことを宣言します。最後に，ファイル読み込みを繰り返すことを表す変数（z）を宣言します。

33 行目の while 文　ファイルの読み込みが終わるまで，34 〜 45 行目を繰り返します。

34 行目の try と 37 行目の catch　【reader.readLine 関数】はファイルから 1 行読み込み，line という変数にその文字列を入れる関数です。もし，ファイル読み込みに失敗した場合，もしくは最後まで読み込んだ場合は line に null が入ります。

40 行目の if 文と 42 行目の else 文　ファイルから読み込んだ文字列がなければ（null だったら），z を false にすることで while 文から抜けるようにします。逆に，ファイルから読み込んだ文字列があれば（null でなければ），【sprit 関数】を使って読み込んだ文字列をカンマで分けて，それを【int 関数】で文字列を整数に変換し，それぞれの配列要素に代入します。そして，その位置に四角を描きます。

mouseReleased 関数　マウスが離されたとき（離している間ではないことに注意）実行されます。

52 行目の if 文　離されたのが左ボタンならば，53，54 行目を実行します。

53 行目　【writer.flush 関数】は，バッファにたまっているデータを強制的にファイルに書き出すための関数です。このプログラムは毎回ファイルに書き出すプログラムになっているのですが，毎回ファイルに書いていたらとても処理が遅くなってしまいます。そこで自動的に，ある程度データがたまったらファイルに書き出すようになっています。そのため，ファイルを閉じる前に，バッファにたまっているデータを強制的にファイルに書き出してておかないと，データが欠落してしまいます。

54 行目　【writer.close 関数】はファイルを閉じるための関数です。

リスト3.14　ファイルの入出力

```
1  PrintWriter writer;  //ファイルに書き出すための変数を定義
2
3  void setup()
4  {
5    size(640, 480);  //640x480ドットの画面を作成
6    background(192);//背景を明るい灰色
7    fill(255);       //塗りつぶしの色を白
8    stroke(0);       //線の色を黒
```

```
 9      rectMode(CENTER);  //四角を書くときの基準位置を中心に
10    }
11
12    void draw()
13    {
14      if (mousePressed == true) {  //マウスが押されているならば
15        if (mouseButton == LEFT) {
              //マウスの左ボタンが押されていれば
16          background(192);  //明るい灰色で塗りつぶして画面を更新
17          ellipse(mouseX, mouseY, 20, 20);
              //マウスの位置に円を表示
18          writer.println(mouseX+","+mouseY);
              //ファイルにマウスの位置をカンマ区切りで書き出す
19        }
20      }
21    }
22
23    void mousePressed()
24    {
25      if (mouseButton == LEFT) {
26        writer = createWriter("data.txt");
              //マウス位置を保存するためのファイルを設定
27      } else if (mouseButton == RIGHT) {
              //マウスの右ボタンが押されていれば
28        background(192);  //明るい灰色で塗りつぶして画面を更新
29        BufferedReader reader;
              //ファイルを読み出すための変数を定義
30        String line;
              //ファイルから読み込んだ文字を保存する変数を定義
31        reader = createReader("data.txt");
              //読み込みファイルを設定
32        boolean z = true;
              //ファイルからデータを読み込めなかったときにfalseにする
33        while (z) {
              //ファイルからデータが読み込めていればループ
34          try {
35            line = reader.readLine();
              //ファイルから文字列として1行読み込む
36          }
37          catch (IOException e) {  //読み込めなかったら
38            line = null;           //nullという値にする
39          }
40          if (line == null) {
                //もし，読み込めなかったら（ファイルの
                  終わりまで読み込んでいたら）
41            z = false;
                //ファイル読み込みを終了するためにfalseにする
42          } else {
43            int pos[] = int(split(line, ','));
                //読み込んだ文字列をカンマで分割してposという配列へ
44            rect(pos[0], pos[1], 20, 20);
                //保存したマウス位置を読み出し，四角を描く
```

```
45           }
46         }
47       }
48     }
49
50     void mouseReleased()
51     {
52       if (mouseButton == LEFT) {
53         writer.flush();
              //バッファに残っているデータをファイルに書き込む
54         writer.close();     //ファイルを閉じる
55       }
56     }
```

書き出されたデータ【ファイル3.1】

このプログラムを実行すると，プログラムを保存しているフォルダーに，「data.txt」という名前のフォルダーができます。その中身はファイル3.1のようになっていて，マウスのx座標とy座標がカンマで区切られて保存されています。

ファイル3.1　マウスの移動軌跡データ

```
198,98
193,99
189,103
186,107
179,116
173,124
162,148
152,173
140,213
140,213
138,224
136,257
136,278
136,278
142,304
149,319
```

3.5　ファイルの入出力

67

> **Tips** タブ区切りテキスト形式の保存と読み込み

ファイルの保存形式をカンマ区切りではなくタブ区切りにしたい場合は次のように変更します。なお，\（バックスラッシュ）マークはキーボードの￥（円記号）を押すと出てきます。

プログラムの変更点

リスト 3.14 の 18 行目：更新前

```
writer.println(mouseX + "," + mouseY);
    // ファイルにマウスの位置をカンマ区切りで書き出す
```

リスト 3.14 の 18 行目：更新後

```
writer.println(mouseX + "\t" + mouseY);
    // ファイルにマウスの位置をタブ区切りで書き出す
```

タブ区切りで保存されているファイルを読み込む場合は次のように変更します。

プログラムの変更点

リスト 3.14 の 43 行目：更新前

```
int pos[] = int(split(line, ','));
    // 読み込んだ文字列をカンマで分割してpos という配列へ
```

リスト 3.14 の 43 行目：更新後

```
int pos[] = int(split(line, '\t'));
    // 読み込んだ文字列をタブで分割してpos という配列へ
```

第4章 Arduino を Processing で動かす

　この章ではパソコンから指令を送り，Arduino を動かして LED を光らせたりモーターを回したりします。そのためこの章からは，Processing のプログラムと Arduino のプログラムを両方作ることとなります[※]。

※ 重要：
Processing と Arduino の通信中には，Arduino のシリアルモニタは使えません。

4.1 LED を光らせたり消したり（1 文字送る）

　図 4.1 に示すように，マウスのボタンを押したり離したりすることで次の動作をするものを作ります。

- 押しているとき：
  - 画面に円を表示
  - Arduino に付いている LED を点灯
- 離しているとき：
  - 画面に四角を表示
  - Arduino に付いている LED を消灯

●参照する節●
Arduino プログラミング
2.1 節，2.5 節
Processing プログラミング
3.4 節
通信方式
なし

●新しい関数●
P Serial インスタンス
P port.write 関数

●使用するパーツ●
Arduino × 1

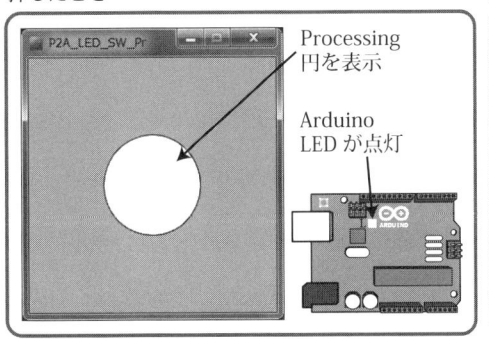

マウスのボタンを・・・
押したとき　　　　　　　　　離したとき

Processing 円を表示　　　　Processing 四角を表示
Arduino LED が点灯　　　　Arduino LED が消灯

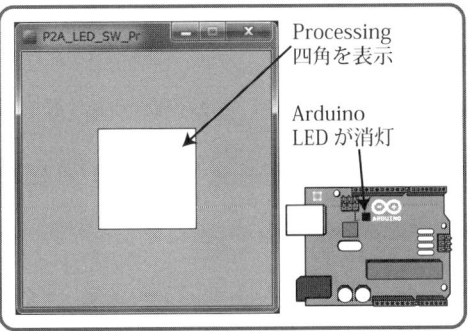

図 4.1　マウスをクリックして Arduino の LED を点灯・消灯

方針

この節で行う通信のデータの流れを図 4.2 に示します。マウスのボタンを押しているときには Processing から Arduino に「a」という文字を送り，離しているときには「b」という文字を送ります。そして，Arduino は「a」を受け取ると LED を光らせて，「b」を受け取ると LED を消すようにします。この Arduino の動作は 2.5 節と同じです。

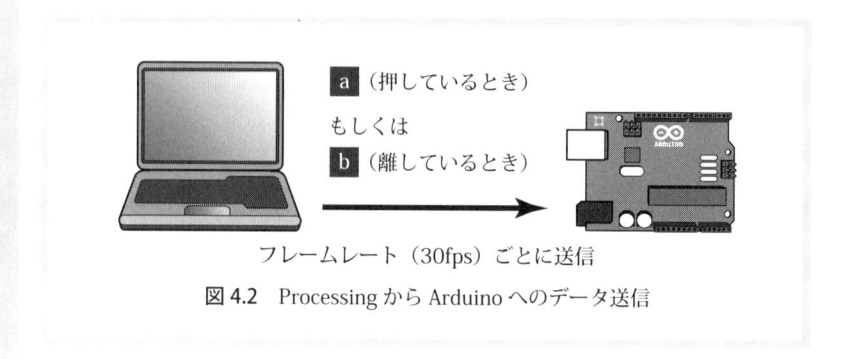

図 4.2　Processing から Arduino へのデータ送信

回路

今回は LED の点滅だけですので，Arduino に付いている LED を使います。この LED を光らせたり消したりするには 13 番ピンを使います。

Arduino プログラム【リスト 4.1】

setup 関数　初めに 1 回だけ実行されます。

　3, 4 行目　通信速度（9600 bps）と出力ピン（13 番ピン）の設定をしています。

loop 関数　何度も実行されます。

　9 行目の if 文　受信データ数が 1 つ以上あれば以下の行を実行します。

　10 行目　Serial.read 関数で 1 文字読み取ります。

　11 行目の if 文，12 行目　その文字が「a」ならば，13 番ピンを HIGH（5 V）にすることで LED を光らせます。

　14 行目の else if 文，15 行目　その文字が「b」ならば，13 番ピンを LOW（0 V）にすることで LED を消します。

リスト 4.1　LED を光らせたり消したり

```
1  void setup()
2  {
3    Serial.begin(9600);    //通信速度を9600bpsに
4    pinMode(13, OUTPUT);   //出力として使う
5  }
6
7  void loop()
```

```
 8    {
 9      if(Serial.available() > 0){
                 //データが1つ以上送られてきたか？
10        char c = Serial.read();    //データを読み込む
11        if(c == 'a'){              // 「a」ならば
12          digitalWrite(13, HIGH);  //LEDを点灯
13        }
14        else if(c == 'b'){         // 「b」ならば
15          digitalWrite(13, LOW);   //LEDを消灯
16        }
17      }
18    }
```

Processing プログラム【リスト 4.2】

ライブラリとグローバル変数

1 行目　Arduino と通信するためのライブラリを読み込んでいます。

3 行目　Arduino と通信するための変数（port）を定義しています。

setup 関数　初めに 1 回だけ実行されます。

7 行目　作成するウィンドウの大きさ（255 × 255）を設定しています。

8 行目　【Serial インスタンス】により通信速度を 9600 bps とし，COM ポートを 3 に設定しています。この COM ポートの番号は Arduino がつながっている番号で，デバイスマネージャーから確認できます。**各自の環境に合わせて修正してください。**

9 〜 12 行目　画面の更新頻度（30 fps），線の色（黒），塗りつぶしの色（白），四角を書くときの基準点（中心）を設定しています。

draw 関数　何度も実行されます。

17 行目　背景を明るい灰色で塗りつぶして画面を更新します。

18 行目の if 文　マウスが押されていれば 19，20 行目を実行します。

19 行目　【port.write 関数】は 1 バイトの値（0 〜 255 までの値）をシリアル通信で送る関数です。文字はコードで表すと 0 〜 255 までの値ですので，1 文字送ることができます。ここでは「a」という文字を送っています。なお，文字を送るときはシングルクオテーションで文字を囲みます。

20 行目　画面中央に直径 100 の円を表示します。

21 行目の else 文〜 23 行目　押されてなかったら（離していれば）「b」という文字を送り，画面に一辺 100 の正方形を表示します。

リスト4.2　LEDを光らせたり消したり

```
1   import processing.serial.*;
        //Arduinoと通信するためのライブラリを読み込む
2
3   Serial port;            //シリアル通信を行うための変数の定義
4
5   void setup()
6   {
7     size(255, 255);     //255x255ドットの画面を作成
8     port = new Serial(this, "COM3", 9600);
                            //通信ポートと速度の設定
9     frameRate(30);      //フレームレートを30fps
10    stroke(0);          //線の色を黒
11    fill(255);          //塗りつぶしの色を白
12    rectMode(CENTER);   //四角を書くときの基準位置を中心
13  }
14
15  void draw()
16  {
17    background(192);    //背景を明るい灰色で塗りつぶして更新
18    if (mousePressed == true) {  //マウスが押されていれば
19      port.write('a');                //「a」を送信
20      ellipse(127, 127, 100, 100);    //円を表示
21    } else {                          //押されていなければ
22      port.write('b');                //「b」を送信
23      rect(127, 127, 100, 100);       //四角を表示
24    }
25  }
```

4.2　LEDの明るさを変える（値を送る）

●参照する節●
Arduino プログラミング
2.1節，2.5節
Processing プログラミング
3.4節，4.1節
通信方式
なし

●使用するパーツ●
Arduino × 1
LED × 1
抵抗（330 Ω）× 1

　パソコンのマウスを使ってLEDの明るさを変えてみましょう。今回は図4.3のようにウィンドウの上の方に黒から白に変わるグラデーションを表示し，左の方を押したときは暗く光り，右の方を押したときには明るく光るようにします。そして，押した位置によってウィンドウの左下の色を変え，右下にその値を表示させます。

方針

　この節で行う通信のデータの流れを図4.4に示します。Processingでマウスのクリックした位置を読み取り，0〜255までの値を送信します。Arduinoはその値に従ってLEDの明るさを変えます。

回路

　今回はLEDの明るさを変えるので，9番ピンにLEDと抵抗を付けた図4.5に示す回路を作成します。

図 4.3　LED の明るさを変えるための画面

図 4.4　Processing から Arduino へのデータ送信

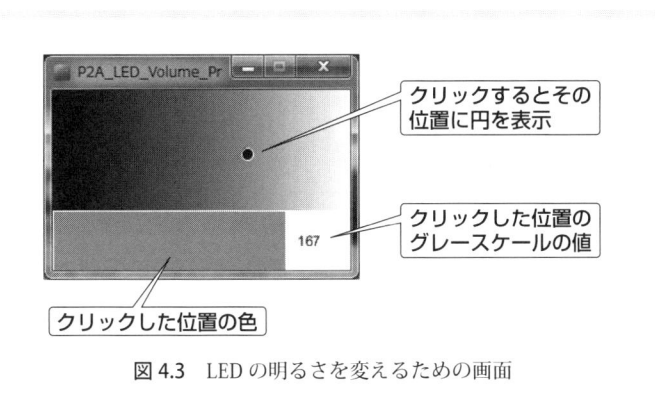

Arduino プログラム【リスト 4.3】

setup 関数　初めに 1 回だけ実行されます。

　3 行目　通信速度を 9600 bps に設定しています。

loop 関数　何度も実行されます。

　8 行目の if 文〜10 行目　受信データ数が 1 つ以上あれば，データを受信します。送られてくるデータは 0 〜 255 までの値ですので，その値をそのまま使って LED の明るさを変えます。

リスト 4.3　LED の明るさを変える

```
1  void setup()
2  {
3    Serial.begin(9600);           //通信速度を9600bpsに
4  }
5
6  void loop()
7  {
8    if(Serial.available() > 0){
                                   //データを受信したら以下の処理を行う
9      char v = Serial.read();  //送られてきた値を読み込む
10     analogWrite(9, v);         //その値でLEDの明るさを変える
11   }
12 }
```

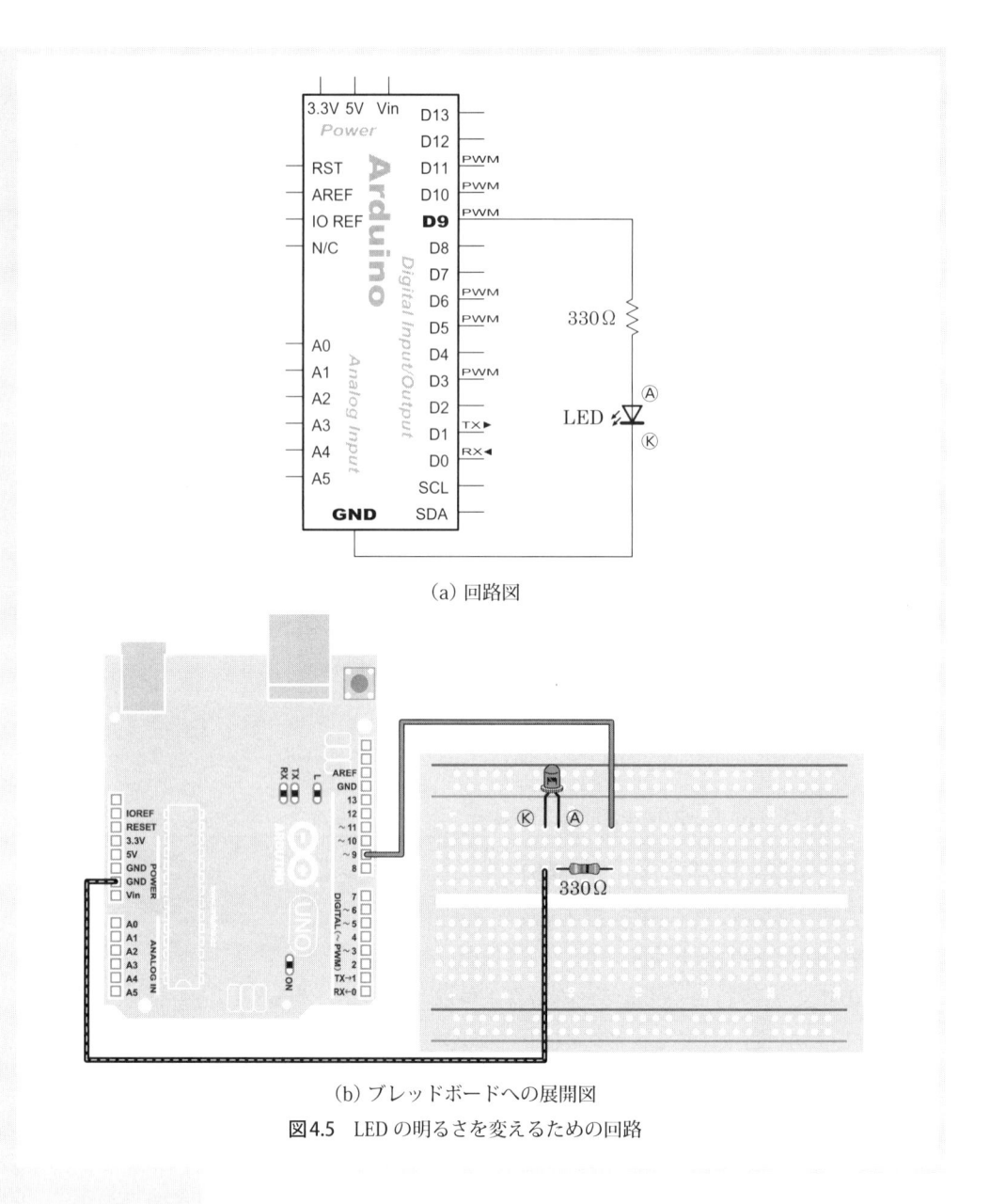

(a) 回路図

(b) ブレッドボードへの展開図

図4.5　LED の明るさを変えるための回路

Processing プログラム【リスト 4.4】

ライブラリとグローバル変数

1，3 行目　Arduino と通信するためのライブラリを読み込み，通信のための変数（port）を定義しています。

4 行目　クリックしたときのマウスの位置を保存する変数（mx, my）を定義しています。

setup 関数　初めに 1 回だけ実行されます。

8，9 行目　作成するウィンドウの大きさ（255 × 150），通信ポート（COM3）と速度（9600 bps）を設定しています。

10行目　初期状態でLEDを消えた状態にするために明るさとして0を送っています。

11行目　mxとmyの初期値を0としています。

draw関数　何度も実行されます。

17行目のfor文〜19行目　図4.3の上の部分のグラデーションを描きます。ここでは線の色を0〜255まで1ずつ増やして変えながら，太さ1の線を255本引くことでグラデーションとしています。

21，22行目　図4.3の左下の部分の色をマウスでクリックした位置の色に変えています。

23〜26行目　図4.3の右下にクリックした位置の色の値を数値で表示しています。

27行目　マウスがクリックされた位置（mx, my）に円を描きます。

mousePressed関数　マウスが押されたとき（押している間ではないことに注意）実行されます。

32行目　マウスの座標を送っています。なお，ウィンドウの大きさが255なので，送信する値は0〜255になっています。

33，34行目　クリックしたときのマウスの位置をmxとmyに代入して保存しています。

▣ リスト4.4　LEDの明るさを変える

```
1   import processing.serial.*;
            //Arduinoと通信するためのライブラリを読み込む
2
3   Serial port; //シリアル通信を行うための変数の定義
4   int mx, my;
        //クリックしたときのマウスの位置を保存する変数の定義
5
6   void setup()
7   {
8     size(255, 150); //255x150ドットの画面を作成
9     port = new Serial(this, "COM3", 9600);
                    //通信ポートと速度の設定
10    port.write(0);
      //0を送ることでArduinoに付いているLEDの明るさを最低（消えた状態）に
11    mx = my = 0;
          //クリックしたときのマウスの位置の初期値を0に
12  }
13
14  void draw()
15  {
16    int i;
17    for (i=0; i<255; i++) { //グラデーションの表示
18      stroke(i);
            //線の色を0から1ずつ増やして255まで変えながら
```

```
19      line(i, 0, i, 100);
            //太さ1の線を255本書くことでグラデーションを描く
20    }
21    fill(mx);                    //塗りつぶしの色を変える
22    rect(0, 100, 200, 50);       //左下の色を変える
23    fill(255);                   //白で塗りつぶすことで
24    rect(200, 100, 55, 50);      //右下の文字を更新
25    fill(0);                     //文字の色を黒に
26    text(mx, 210, 130);          //マウスの位置を右下に数字で表示
27    ellipse(mx, my, 10, 10);     //クリックした位置に円を描く
28 }
29
30 void mousePressed()
31 {
32    port.write(mouseX);
         //クリックした位置を送信し，Arduinoに付いているLEDの明るさを変える
33    mx = mouseX;        //クリックした位置を保存
34    my = mouseY;
35 }
```

4.3　3色LEDの色を変える（開始合図を付けて複数の値を送る）

●参照する節●
Arduino プログラミング
2.2 節
Processing プログラミング
3.4 節，4.1 節
通信方式
なし

●使用するパーツ●
Arduino × 1
3色LED（カソードコモン）× 1
抵抗（330 Ω）× 3

　4.2 節を応用して 3 色 LED の色を Processing から変えてみましょう（図 4.6）。これによってたくさんの変数を送る方法を学びます。この節では図 4.7 のように画面上に直線状のカラーチャートを表示します。その位置をクリックすることで色を選択し，その RGB の値を送信します。Arduino は受け取った 3 つの値に従って LED の色を変えます。

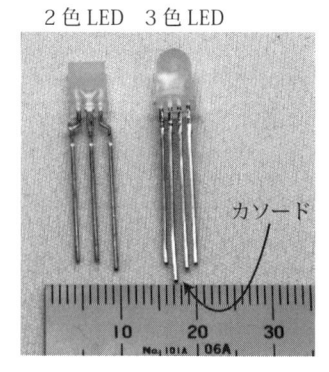

図 4.6　2 色 LED と 3 色 LED の外観

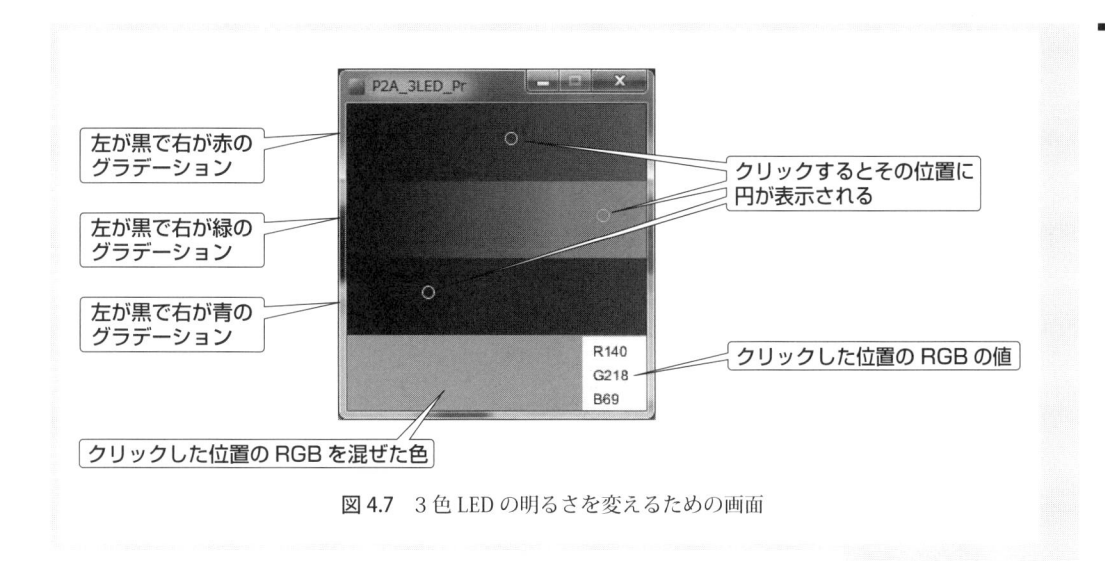

図4.7 のキャプション周辺：

- 左が黒で右が赤のグラデーション
- 左が黒で右が緑のグラデーション
- 左が黒で右が青のグラデーション
- クリックするとその位置に円が表示される
- クリックした位置のRGBの値（R140, G218, B69）
- クリックした位置のRGBを混ぜた色

図 4.7　3色LEDの明るさを変えるための画面

方針

この節で行う通信のデータの流れを図4.8に示します。複数の値を送るときには，どのデータが送られてきているか区別をする必要があります。そこで，開始合図として「a」という文字を送ってから，各色のデータを3つ送るようにします。Arduinoは文字「a」を受け取ると，赤，緑，青の色のデータが送られてくると判断し受信します。そして，その数値で出力電圧を決めます。この開始合図を付けないと，受け取った値が赤の値なのか緑の値なのか分からなくなってしまいます。

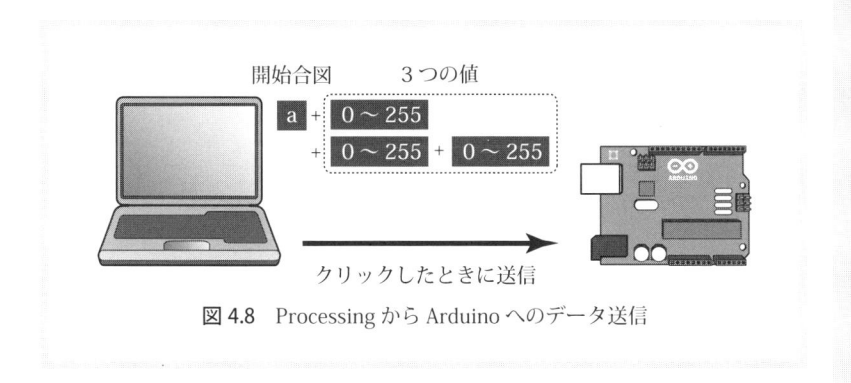

開始合図　　3つの値
a ＋ 0〜255
　＋ 0〜255 ＋ 0〜255

クリックしたときに送信

図 4.8　ProcessingからArduinoへのデータ送信

回路

今回は3色LEDの明るさを変えるので，9，10，11番ピンにLEDと抵抗を付けた図4.9に示す回路を使います。

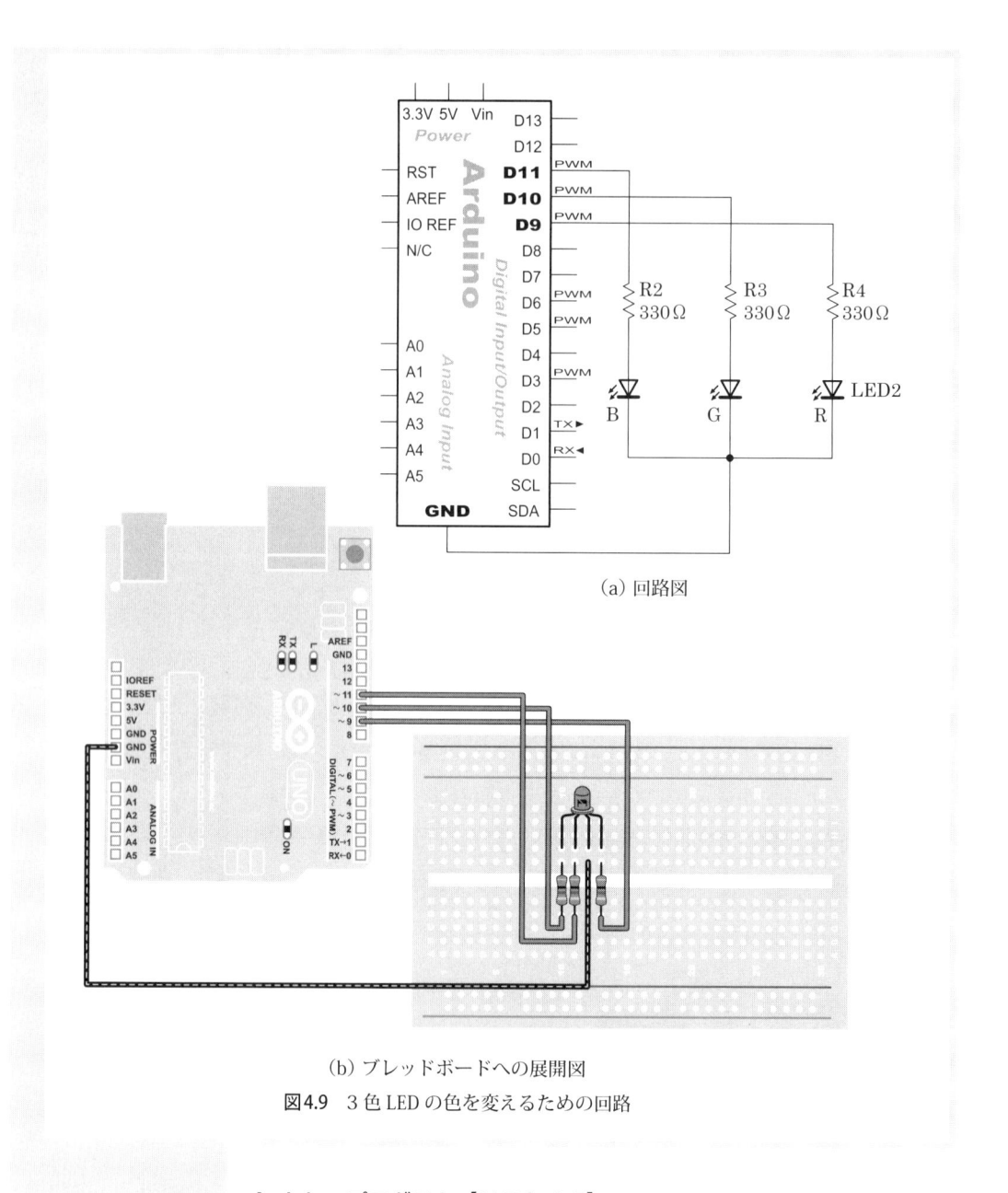

(a) 回路図

(b) ブレッドボードへの展開図

図4.9　3色LEDの色を変えるための回路

Arduinoプログラム【リスト4.5】

setup関数　初めに1回だけ実行されます。

　3〜6行目　通信速度（9600 bps）と出力ピン（9, 10, 11番ピン）の設定をしています。

loop関数　何度も実行されます。

　12行目のif文　受信データ数が3より多ければ（4以上あれば）13〜21行を実行します。

　13行目　受信データをcという変数に入れます。

　14行目のif文　送られてきた文字が「a」ならば，その後に送られて

きた3つの値を読み込みます。

15, 16行目　送られてきた値（2番目の値）で9番ピンにつながった赤色のLEDの明るさを変えます。

17, 18行目　送られてきた値（3番目の値）で10番ピンにつながった緑色LEDの明るさを変えます。

19, 20行目　送られてきた値（4番目の値）で11番ピンにつながった青色のLEDの明るさを変えます。

リスト4.5　3色LEDの色を変える

```
1   void setup()
2   {
3     Serial.begin(9600);    //通信速度を9600bpsに
4     pinMode(9, OUTPUT);    //出力として使う
5     pinMode(10, OUTPUT);   //出力として使う
6     pinMode(11, OUTPUT);   //出力として使う
7   }
8
9   void loop()
10  {
11    char c, v;
12    if(Serial.available() > 3){
          //4つ以上のデータを受信したならば
13      c = Serial.read();    //1つ目のデータを読み込む
14      if(c == 'a'){         //「a」ならば
15        v = Serial.read();  //2つ目の値を読み込む
16        analogWrite(9, v);
          //その値で9番ピンにつながるLEDの明るさを変える
17        v = Serial.read();  //3つ目の値を読み込む
18        analogWrite(10, v);
          //その値で10番ピンにつながるLEDの明るさを変える
19        v = Serial.read();  //4つ目の値を読み込む
20        analogWrite(11, v);
          //その値で11番ピンにつながるLEDの明るさを変える
21      }
22    }
23  }
```

Processingプログラム【リスト4.6】

ライブラリとグローバル変数

1, 3行目　Arduinoと通信するためのライブラリを読み込み、通信のための変数（port）を定義しています。

4行目　マウスでクリックした位置を保存しておく変数（rv, gv, bv）を定義しています。このプログラムではx方向の値だけを保存します。

setup関数　初めに1回だけ実行されます。

8, 9行目　作成するウィンドウの大きさ（255 × 255）、通信ポート

（COM3）と速度（9600 bps）を設定しています。

draw 関数　何度も実行されます。

14 行目の for 文〜20 行目　図 4.7 の上の赤，緑，青のグラデーションを描きます。描き方の仕組みは 4.2 節のリスト 4.4 と同じです。

22〜26 行目　図 4.7 のグラデーション上をクリックしたマウスの位置に線色を白，塗りつぶしなしの半径 10 の円を赤，緑，青のそれぞれに描いています。

28〜30 行目　図 4.7 の左下の部分をクリックした位置の RGB 色を混ぜた色に変えています。

32〜37 行目　図 4.7 の右下にクリックした位置の色の RGB 値を表示しています。

mousePressed 関数　マウスが押されたときに呼び出される関数です。

42 行目の if 文，43 行目　マウスの y 座標が 64 未満ならば（赤いグラデーション部分をクリックしたなら），マウスの x 座標を rv という変数に代入しています。

44 行目の else if 文，45 行目　マウスの y 座標が 128 未満ならば（緑のグラデーション部分をクリックしたなら），マウスの x 座標を gv という変数に代入しています。

46 行目の else if 文，47 行目　マウスの y 座標が 192 未満ならば（青いグラデーション部分をクリックしたなら），マウスの x 座標を bv という変数に代入しています。

49〜52 行目　通信の開始合図の「a」という文字を送信して，続けて赤の明るさを設定する rv の値，緑の明るさを設定する gv の値，青の明るさを設定する bv の値を送信しています。

■P■ リスト 4.6　3 色 LED の色を変える

```
1   import processing.serial.*;
                //Arduinoと通信するためのライブラリを読み込む
2
3   Serial port;      //シリアル通信を行うための変数の定義
4   int rv, gv, bv;   //クリックした位置を保存しておく変数の定義
5
6   void setup()
7   {
8     size(255, 255); //255x255ドットの画面を作成
9     port = new Serial(this, "COM3", 9600);
                //通信ポートと速度の設定
10  }
11
12  void draw()
13  {
```

```
14    for (int i=0; i<255; i++) {
                       //赤，緑，青のグラデーションを作成
15      stroke(i, 0, 0);        //赤
16      line(i, 0, i, 63);
17      stroke(0, i, 0);        //緑
18      line(i, 64, i, 127);
19      stroke(0, 0, i);        //青
20      line(i, 128, i, 191);
21    }
22    stroke(255);    //線の色を白
23    noFill();         //塗りつぶしなし
24    ellipse(rv, 28, 10, 10);   //クリックした位置に円を描く
25    ellipse(gv, 28+64, 10, 10);
26    ellipse(bv, 28+128, 10, 10);
27
28    stroke(rv, gv, bv); //線の色をクリックした位置の3つの色に
29    fill(rv, gv, bv);    //塗りつぶしの色を変える
30    rect(0, 192, 200, 64);   //左下の色を変える
31
32    fill(255);              //白で塗りつぶすことで
33    rect(200, 192, 55, 64); //右下の文字を更新
34    fill(0);                //文字の色を黒に
35    text("R"+rv, 210, 210); //マウスの位置を右下に数字で表示
36    text("G"+gv, 210, 230);
37    text("B"+bv, 210, 250);
38  }
39
40  void mousePressed()
41  {
42    if (mouseY < 64) {
              //クリックした位置が赤のグラデーション範囲なら
43      rv = mouseX;      //マウスの位置を保存
44    } else if (mouseY < 128) {
              //クリックした位置が緑のグラデーション範囲なら
45      gv = mouseX;
46    } else if (mouseY < 192) {
              //クリックした位置が青のグラデーション範囲なら
47      bv = mouseX;
48    }
49    port.write('a');   //「a」を送信
50    port.write(rv);    //赤の明るさを送信
51    port.write(gv);    //緑の明るさを送信
52    port.write(bv);    //青の明るさを送信
53  }
```

4.3 3色LEDの色を変える（開始合図を付けて複数の値を送る）

4.4 3色LEDの色を変える（文字列として複数の値を送る）

●参照する節●
Arduino プログラミング
2.2節
Processing プログラミング
3.4節，4.3節
通信方式
なし

●新しい関数●
∞ Serial.findUntil 関数
∞ Serial.parseInt 関数
P str 関数

●使用するパーツ●
Arduino × 1
3色LED（カソードコモン）× 1
抵抗（330 Ω）× 3

4.3節でも複数の値を送っていましたが，この節では Processing から文字列として送る方法を紹介します。この節でも 4.3 節と同様に図 4.7 の画面に直線状のカラーチャートを表示し，その位置をクリックすることで色を選択して RGB の値を送信します。Arduino は受け取った 3 つの値に従って LED の色を変えます。

方針

この節で行う通信のデータの流れを図 4.10 に示します。Processing から赤，緑，青色のデータをカンマで区切って最後に「\n」という文字（改行コード）を送ります。Arduino は「\n」までの文字列を一気に受信し，カンマまでの文字列を数値として認識する関数を使うことで3 つの値を受け取ります。なお，Processing 上では「\」バックスラッシュは「¥」マークを押すと入力できます。

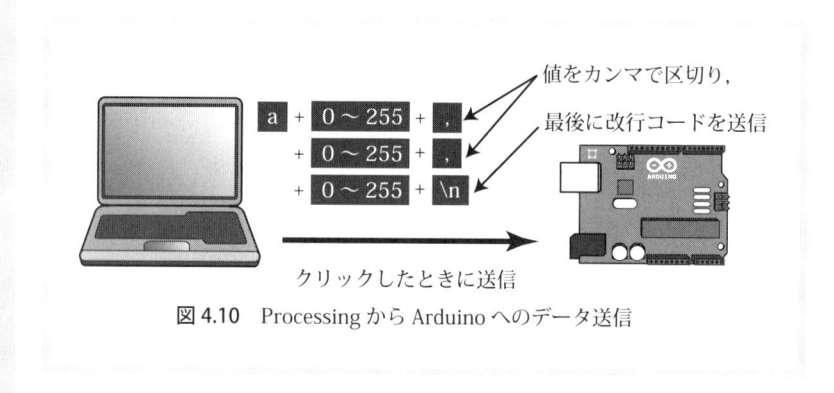

図 4.10　Processing から Arduino へのデータ送信

回路

今回も 4.3 節と同様に 3 色 LED の明るさを変えるので，9，10，11 番ピンに LED と抵抗を付けた図 4.9 に示す回路を使います。

Arduino プログラム【リスト 4.7】

setup 関数　初めに 1 回だけ実行されます。
　3～6 行目　通信速度（9600 bps）と出力ピン（9，10，11 番ピン）の設定をしています。

loop 関数　何度も実行されます。
　12 行目の if 文　【Serial.findUntil 関数】は指定した文字を受信したかどうかを調べることのできる関数です。ここでは，「a」という文字から始まって「\n」という文字を受信したかどうかを調べ，受信

したら13〜18行目を実行します。

13, 14行目 【Serial.perseInt関数】は文字列として送られてきた値をint型の値に変えるための関数です。ここでは，初めからカンマまでの文字列を数値に変換し，vという変数に入れます。その値で9番ピンにつながった赤色のLEDの明るさを変えます。

15, 16行目 Serial.perseInt関数でカンマから次のカンマまでの文字列を数値に変換し，vという変数に入れます。その値で10番ピンにつながった緑色のLEDの明るさを変えます。

17, 18行目 Serial.perseInt関数でカンマから「\n」までの文字列を数値に変換し，vという変数に入れます。その値で11番ピンにつながった青色のLEDの明るさ変えます。

リスト4.7 3色LEDの色を変える

```
 1  void setup()
 2  {
 3    Serial.begin(9600);    //通信速度を9600bpsに
 4    pinMode(9, OUTPUT);    //出力として使う
 5    pinMode(10 ,OUTPUT);   //出力として使う
 6    pinMode(11, OUTPUT);   //出力として使う
 7  }
 8
 9  void loop()
10  {
11    int v;
12    if(Serial.findUntil("a", "\n") == true){
              //「\n」を受信したならば
13      v = Serial.parseInt();  //1つ目のデータを読み込む
14      analogWrite(9, v);
              //その値で9番ピンにつながるLEDの明るさを変える
15      v = Serial.parseInt();  //2つ目のデータを読み込む
16      analogWrite(10, v);
              //その値で10番ピンにつながるLEDの明るさを変える
17      v = Serial.parseInt();  //3つ目のデータを読み込む
18      analogWrite(11, v);
              //その値で11番ピンにつながるLEDの明るさを変える
19    }
20  }
```

Processingプログラム【リスト4.8】

プログラムはmousePressed関数の中の送信部分以外はリスト4.6と同じです。

mousePressed関数 マウスが押されたときに呼び出される関数です。

42〜48行目 リスト4.6と同じ。

49行目 まず，「a」を送信します。次に，赤の明るさを設定するrvの

値を【str関数】で文字列に変換して送信し，その後カンマを送信しています。続けて，緑の明るさを設定するgvの値，青の明るさを設定するbvの値も文字列に変換してカンマで区切って送信し，最後に「\n」を送信しています。これらは+記号でつないで書くことができます。

リスト4.8　3色LEDの色を変える

```
1   import processing.serial.*;
            //Arduinoと通信するためのライブラリを読み込む
2
3   Serial port;      //シリアル通信を行うための変数の定義
4   int rv, gv, bv;  //クリックした位置を保存しておく変数の定義
5
6   void setup()
7   {
8     size(255, 255); //255x255ドットの画面を作成
9     port = new Serial(this, "COM3", 9600);
                        //通信ポートと速度の設定
10  }
11
12  void draw()
13  {
14    for (int i=0; i<255; i++) {
                        //赤，緑，青のグラデーションを作成
15      stroke(i, 0, 0);       //赤
16      line(i, 0, i, 63);
17      stroke(0, i, 0);       //緑
18      line(i, 64, i, 127);
19      stroke(0, 0, i);       //青
20      line(i, 128, i, 191);
21    }
22    stroke(255, 255, 255);  //線の色を白
23    noFill();               //塗りつぶしなし
24    ellipse(rv, 28, 10, 10);//クリックした位置に円を描く
25    ellipse(gv, 28+64, 10, 10);
26    ellipse(bv, 28+128, 10, 10);
27
28    stroke(rv, gv, bv); //線の色をクリックした位置の3つの色に
29    fill(rv, gv, bv);   //塗りつぶして色を変える
30    rect(0, 192, 200, 64);  //左下の色を変える
31
32    fill(255);              //白で塗りつぶすことで
33    rect(200, 192, 55, 64); //右下の文字を更新
34    fill(0);                //文字の色を黒に
35    text("R"+rv, 210, 210); //マウスの位置を右下に数字で表示
36    text("G"+gv, 210, 230);
37    text("B"+bv, 210, 250);
38  }
39
40  void mousePressed()
41  {
```

```
42      if (mouseY < 64) {
            //クリックした位置が赤のグラデーション範囲なら
43        rv = mouseX;      //マウスの位置を保存
44      } else if (mouseY < 128) {
            //クリックした位置が緑のグラデーション範囲なら
45        gv = mouseX;
46      } else if (mouseY < 192) {
            //クリックした位置が青のグラデーション範囲なら
47        bv = mouseX;
48      }
49      port.write("a" + str(rv) + "," + str(gv) + "," +
            str(bv) + "\n");     //カンマ区切りテキストとして送信
50    }
```

4.5 モーターを回す（識別子を付けて複数の値を送る）

Processingからの指令でDCモーターを回してみましょう（図4.11）。DCモーターとはミニ四駆やタミヤのたのしい工作でよく使われるモーターです。普通の使い方では一定の速さでしか回転しませんが，マイコンを使うことで速さを変えたり回転方向を変えたりできます。これができるようになると，6.4節のようなリモコンカーが作れるようになります。

●参照する節●

Arduino プログラミング
2.1節, 2.2節
Processing プログラミング
3.4節, 4.1節
通信方式
なし

●新しい変数●

P width 変数
P height 変数

●使用するパーツ●

Arduino × 1
DCモーター × 1
電池ボックス × 1
電池 × 4
モータードライバー
（TA7291P）× 1

図 4.11　モーターの外観

この節では図4.12のような画面を表示し，マウスを左の方に持ってくると速く正転し，中央付近にするとゆっくり回転し，右の方にすると逆転するものを作ります。このとき，左上に正転か逆転かを表示し，モーターを回すパワーを0〜255で表示します。さらに，マウスの左ボタンを押したときはストップモードで停止させ，右ボタンを押したときブレーキモードで停止させます。

図4.12 DCモーターの速さを変えるための画面

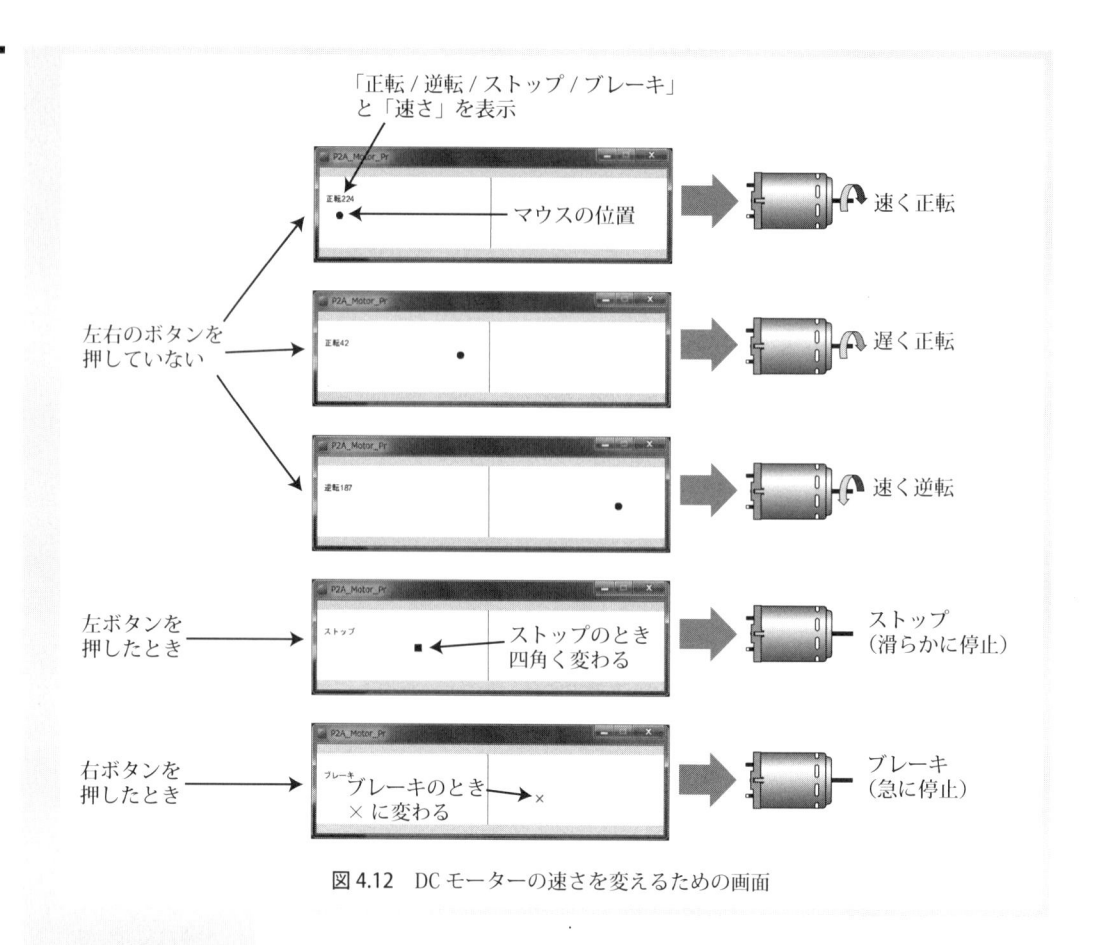

方針

この節で行う通信のデータの流れを図4.13に示します。Processingはマウスの位置が画面中央の線より左にあれば「f」をArduinoに送り，右にあれば「r」をArduinoに送ります。この「f」と「r」が識別子となります。この後続けて，画面の中央の線からどれだけ離れているかを計算し0〜255までの値を送ります。Arduinoは「f」を受け取ればモーターを正転とし，「r」を受け取れば逆転とし，それに続く値によって速さを変えます。さらに，Processingからマウスの左ボタンを押しているときは「s」を，右ボタンを押しているときは「b」を送ります。なお，「s」と「b」は停止なので，その後に値を付けていません。

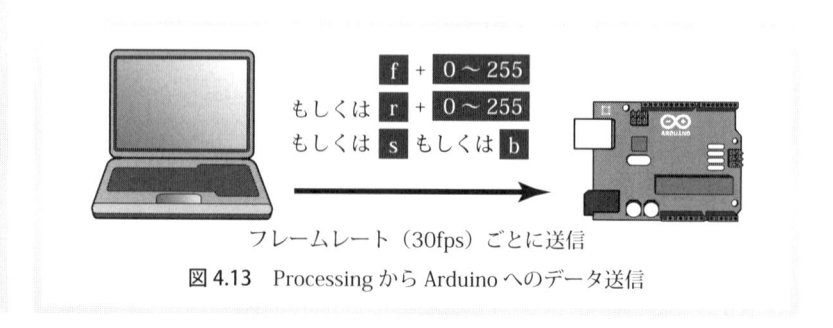

図4.13 ProcessingからArduinoへのデータ送信

回路

今回使用する回路を図 4.14 に示します。Arduino では DC モーターを直接回せないため、モータードライバー（TA7291P）を使って電池で回します。

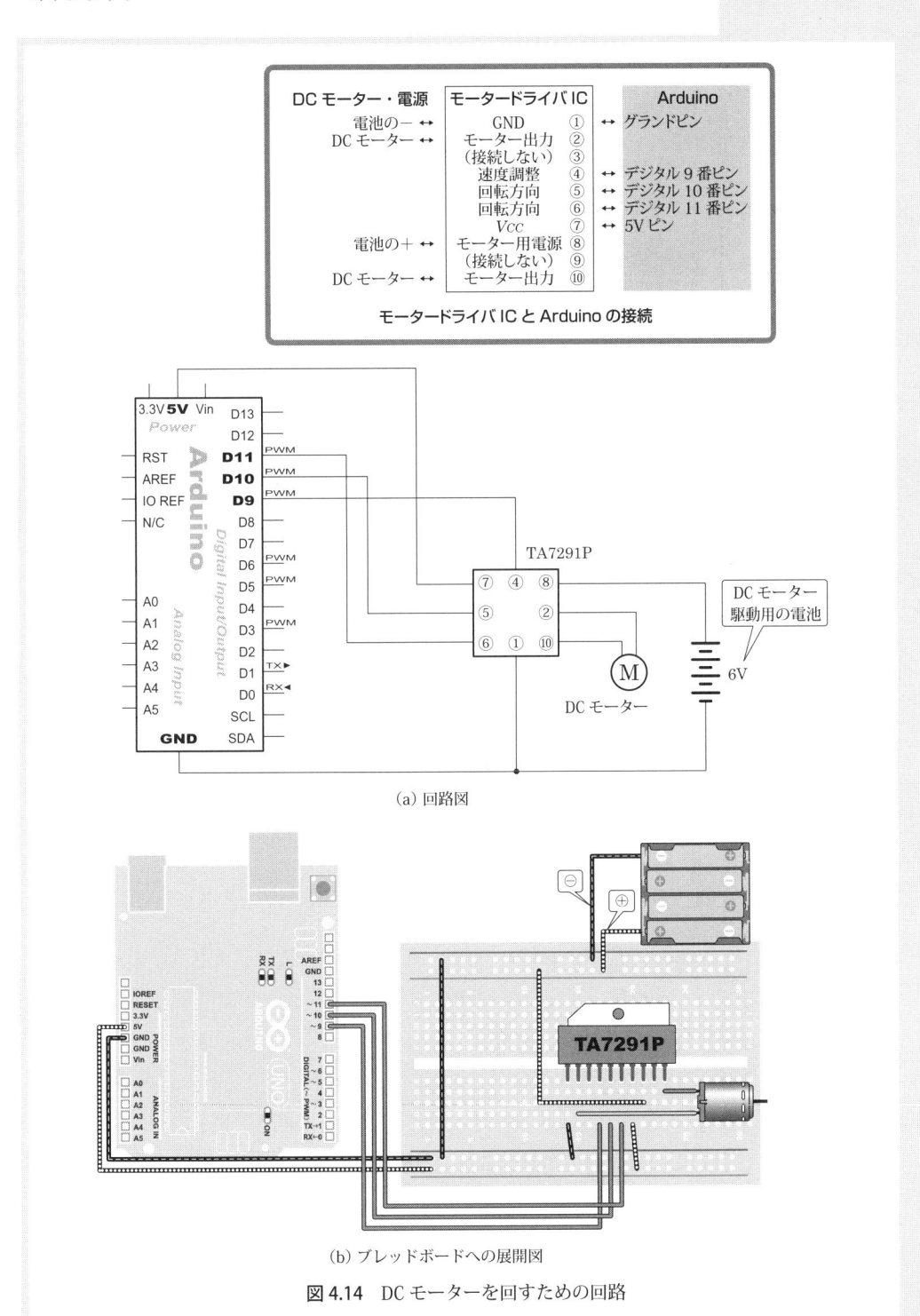

DC モーター・電源	モータードライバ IC		Arduino
電池の− ↔	GND	① ↔	グランドピン
DC モーター ↔	モーター出力	②	
	（接続しない）	③	
	速度調整	④ ↔	デジタル 9 番ピン
	回転方向	⑤ ↔	デジタル 10 番ピン
	回転方向	⑥ ↔	デジタル 11 番ピン
	V_{CC}	⑦ ↔	5V ピン
電池の＋ ↔	モーター用電源	⑧	
	（接続しない）	⑨	
DC モーター ↔	モーター出力	⑩	

モータードライバ IC と Arduino の接続

(a) 回路図

(b) ブレッドボードへの展開図

図 4.14　DC モーターを回すための回路

使用するTA7291Pの概要を図4.15に示します。モータードライバーICの5番ピンと6番ピンに与える電圧の組み合わせによって，「正転」「逆転」「ストップ」「ブレーキ」の4つのモードが選べます。ストップとブレーキはどちらもDCモーターを停止させますが，ストップは滑らかに止まり，ブレーキは急に止まるという違いがあります[※]。また，モーターの速度はモータードライバーICの4番ピンに加えるアナログ電圧によって決めることができます。

※ 長時間停止するときにはストップにしておいた方がよいです。

5～6番ピンへの入力とモーターの関係

DCモーターの状態	5番ピン	6番ピン
正転	HIGH	LOW
逆転	LOW	HIGH
ストップ	LOW	LOW
ブレーキ	HIGH	HIGH

ピン	説明
①	GND
②	モーター出力
③	(接続しない)
④	速度調整
⑤	回転方向
⑥	回転方向
⑦	V_{CC} (4.5～20V)
⑧	モーター用電源の＋
⑨	(接続しない)
⑩	モーター出力

図4.15　モータードライバーIC

Arduinoプログラム【リスト4.9】

setup関数　初めに1回だけ実行されます。

3～5行目　通信速度（9600 bps）と出力ピン（10, 11番ピン）の設定をしています。

loop関数　何度も実行されます。

11行目のif文　受信データ数が1つでもあれば12～37行目を実行します。

12行目　1つ目の受信データをcという変数に入れます。

13行目のif文～18行目　それが「f」という文字ならば，モーターをある速さで正転させるために次の処理を行います。次のデータが送られてくるまで10ミリ秒だけ待ってから，2つ目の受信データをvという変数に入れて，その値のアナログ値を出力します。そして，正転させるために，10番ピンをHIGHに，11番ピンをLOWにします。

20行目のelse if文～25行目　送られてきたデータが「r」という文字ならば，モーターをある速さで逆転させるために次の処理を行います。次のデータが送られてくるまで10ミリ秒だけ待ってから，

2つ目の受信データをvという変数に入れて，その値のアナログ値を出力します。そして，逆転させるために，10番ピンをLOWに，11番ピンをHIGHにします。

27行目のelse if文～30行目　送られてきたデータが「s」という文字ならば，モーターをストップで停止させるために次の処理を行います。アナログ値は0とし，ストップで停止させるために，10番ピンと11番ピンをともにLOWにします。

32行目のelse if文～35行目　送られてきたデータが「b」という文字ならば，モーターをブレーキで停止させるために次の処理を行います。アナログ値は0とし，ブレーキで停止させるために，10番ピンと11番ピンをともにHIGHにします。

リスト4.9　モーターを回す

```
1   void setup()
2   {
3     Serial.begin(9600);     //通信速度を9600bpsに
4     pinMode(10, OUTPUT);    //出力として使う
5     pinMode(11, OUTPUT);    //出力として使う
6   }
7
8   void loop()
9   {
10    char c, v;
11    if(Serial.available() > 0){
              //データが1つ以上送られてきたか？
12      c = Serial.read();     //データを読み込む
13      if(c == 'f'){          //「f」ならばモーターを正転
14        delay(10);
15        v = Serial.read();   //2つ目の値を読み込む
16        analogWrite(9, v);   //その値で9番ピンの出力を変える
17        digitalWrite(10, HIGH);
              //モーターを正転させるためにHIGHと
18        digitalWrite(11, LOW);   //LOWにする
19      }
20      else if(c == 'r'){     //「r」ならばモーターを逆転
21        delay(10);
22        v = Serial.read();   //2つ目の値を読み込む
23        analogWrite(9, v);   //その値で9番ピンの出力を変える
24        digitalWrite(10, LOW);
              //モーターを逆転させるためにLOWと
25        digitalWrite(11, HIGH); //HIGHにする
26      }
27      else if(c == 's'){
              //「s」ならばモーターをストップで停止
28        analogWrite(9, 0);   //9番ピンの出力を0にする
29        digitalWrite(10, LOW);
              //モーターをストップさせるためにLOWと
```

```
30          digitalWrite(11, LOW);   //LOWにする
31        }
32        else if(c == 'b'){
                //「s」ならばモーターをブレーキで停止
33          analogWrite(9, 0);   //9番ピンの出力0にする
34          digitalWrite(10, HIGH);
                //モーターをブレーキさせるためにHIGHと
35          digitalWrite(11, HIGH); //HIGHにする
36        }
37      }
38    }
```

Processing プログラム【リスト 4.10】

ライブラリとグローバル変数

1, 3 行目　Arduino と通信するためのライブラリを読み込み，通信のための変数（port）を定義しています。

setup 関数　初めに 1 回だけ実行されます。

7～11 行目　作成するウィンドウの大きさ（511 × 100），通信ポート（COM3）と速度（9600 bps），文字の色（黒），四角形の基準位置（中心），フレームレート（30 fps）を設定しています。

draw 関数　何度も実行されます。

17 行目　背景を白で塗りつぶして画面を更新しています。

18, 19 行目　画面の中心に線を引き，マウスの x 位置を v という変数に代入します。なお，【width 変数】,【height 変数】はウィンドウの横と縦のサイズとなっています。

20 行目の if 文　マウスが押されていなかったら，21～32 行目を実行します。

21 行目　マウス位置に円を描きます。

22 行目の if 文～26 行目　マウスの位置が 256 より小さければ正転動作をさせます。まず，マウスの位置から得られる 0～255 の値を 255～0 に変えて v に代入しています。そして，1 つ目のデータとして，正転させるために Arduino に「f」という文字を送っています。2 つ目のデータとして Arduino にモーターの速さとして v の値を送っています。さらに，Processing の画面上に「正転 ***」という文字を表示しています。*** には Arduino に送った値が表示されます。

27 行目の else 文～31 行目　マウスの位置が 256 以上ならば逆転動作をさせます。まず，マウスの位置から得られる 256～511 の値を 0～255 に変えて v に代入しています。そして，1 つ目のデータとして，逆転させるために Arduino に「r」という文字を送っています。2 つ目のデータとして Arduino にモーターの速さをとして v の値

を送っています。さらに，Processingの画面上に「逆転＊＊＊」という文字を表示しています。

33行目のelse文　マウスが押されていたら34～43行目を実行します。

34行目のif文～37行目　マウスの左ボタンが押されていたらモーターをストップモードで停止させます。まず，ストップモードにするために「s」という文字を送ります。この場合は，停止なので速度の値は送りません。次に，Processingの画面上に「ストップ」という文字を表示し，マウス位置を表す形状を四角にしています。

38行目のelse if文～42行目　マウスの右ボタンが押されていたらモーターをブレーキモードで停止させます。まず，ブレーキモードにするために「b」という文字を送ります。この場合も，停止なので速度の値は送りません。次に，Processingの画面上に「ブレーキ」という文字を表示し，マウス位置を表す形状を×印にしています。

リスト4.10　モーターを回す

```
1   import processing.serial.*;
            //Arduinoと通信するためのライブラリを読み込む
2
3   Serial port;   //シリアル通信を行うための変数の定義
4
5   void setup()
6   {
7     size(511, 100);    //511x100ドットの画面を作成
8     port = new Serial(this, "COM3", 9600);
                        //通信ポートと速度の設定
9     fill(0);               //文字の色を黒
10    rectMode(CENTER);  //四角を書くときの基準位置を中心
11    frameRate(30);       //フレームレートを30fps
12  }
13
14  void draw()
15  {
16    int v;
17    background(255);    //画面を白で塗りつぶして更新
18    line(width/2, 0, width/2, height);
                        //画面の中央に線を引く
19    v = mouseX;         //マウスの位置をvに代入しておく
20    if (mousePressed == false) {  //マウスが押されていなければ
21      ellipse(mouseX, mouseY, 10, 10);
                        //マウスの位置に黒い円を描く
22      if (v < 256) {   //その位置が左の方にあれば
23        v = 255-v;     //0～255の値を255～0に変える
24        port.write('f');          //正転の指令を送信する
25        port.write(v);            //モーターの速さを送信する
26        text("正転" + v, 10, 35); //左上にその値を表示する
27      } else {                     //その位置が右の方にあれば
```

```
28        v = v-256;            //256～511の値を0～255に変える
29        port.write('r');      //逆転の指令を送信する
30        port.write(v);        //モーターの速さを送信する
31        text("逆転" + v, 10, 35); //左上にその値を表示する
32      }
33    } else {    //マウスが押されていれば
34      if (mouseButton == LEFT) {  //左ボタンが押されているか
35        port.write('s');            //ストップの指令を送信する
36        text("ストップ", 10, 35);    //左上にその値を表示する
37        rect(mouseX, mouseY, 10, 10);
                                    //マウスの位置に四角を描く
38      } else if (mouseButton == RIGHT) {
                                    //右ボタンが押されているか
39        port.write('b');            //ブレーキの指令を送信する
40        text("ブレーキ", 10, 35);    //左上にその値を表示する。
41        line(mouseX-5, mouseY-5, mouseX+5, mouseY+5);
                                    //マウスの位置に×印を描く
42        line(mouseX-5, mouseY+5, mouseX+5, mouseY-5);
43      }
44    }
45  }
```

4.6 サーボモーターを回す（一定間隔で値を送る）

※1 RCサーボともいいます。

Processingからの指令でサーボモーター[1]を回してみましょう（図4.16）。サーボモーターとはDCモーターのように回転し続けることはできませんが，指定した角度まで回転させることのできるモーターです。この節では，図4.17のように直線を表示し，マウスをウィンドウ上に持ってくることでその向きを変えるようにします。そのときの角度を計算し，Arduinoに送ることでサーボモーターを動かします。また，計算した角度を左上に表示するようにします。ただし，サーボモーターは0～120度までの角度しか動けませんので，マウスをその範囲に制限しています[2]。

※2 サーボモーターはメーカーや型番によって回転方向が異なります。実行して回転方向が逆ならばTipsを参考にしてください。

図 4.16　サーボモーターの外観

●参照する節●

Arduino プログラミング
4.2 節
Processing プログラミング
3.4 節，4.2 節
通信方式
なし

●新しい関数●

- mServo.attach 関数
- mServo.write 関数
- atan2 関数
- sin 関数
- cos 関数

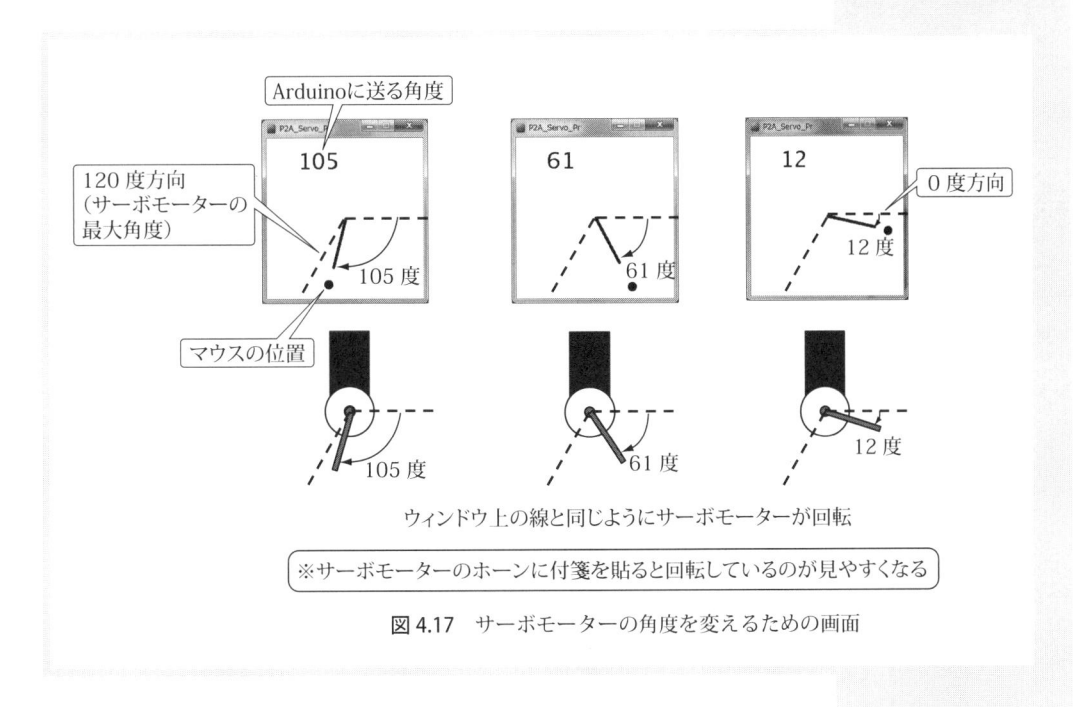

図 4.17　サーボモーターの角度を変えるための画面

方針

　この節で行う通信のデータの流れを図 4.18 に示します。Processing はマウス位置を角度に変換して 0 ～ 120 までの値を送ります。ここでは 0 度方向を図 4.17 の左側の点線方向とし，時計回りに角度を取っています。Arduino はその角度に従ってサーボモーターを回します。

●使用するパーツ●

Arduino ×1
サーボモーター ×1
電池ボックス ×1
電池 ×4

4.6　サーボモーターを回す（一定間隔で値を送る）

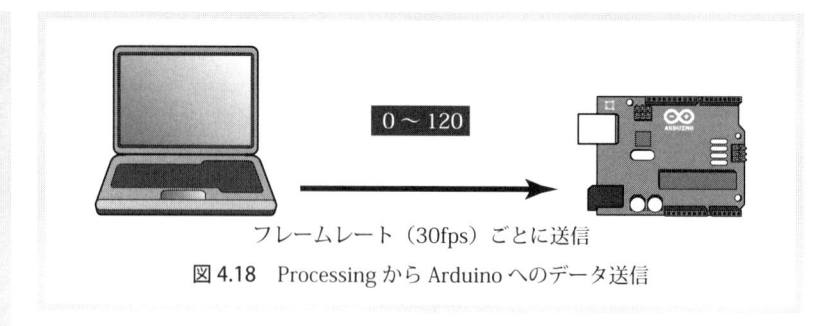

図4.18 ProcessingからArduinoへのデータ送信

フレームレート（30fps）ごとに送信

回路

今回使用する回路を図4.19に示します。サーボモーターを回すときも4本の電池を使います。

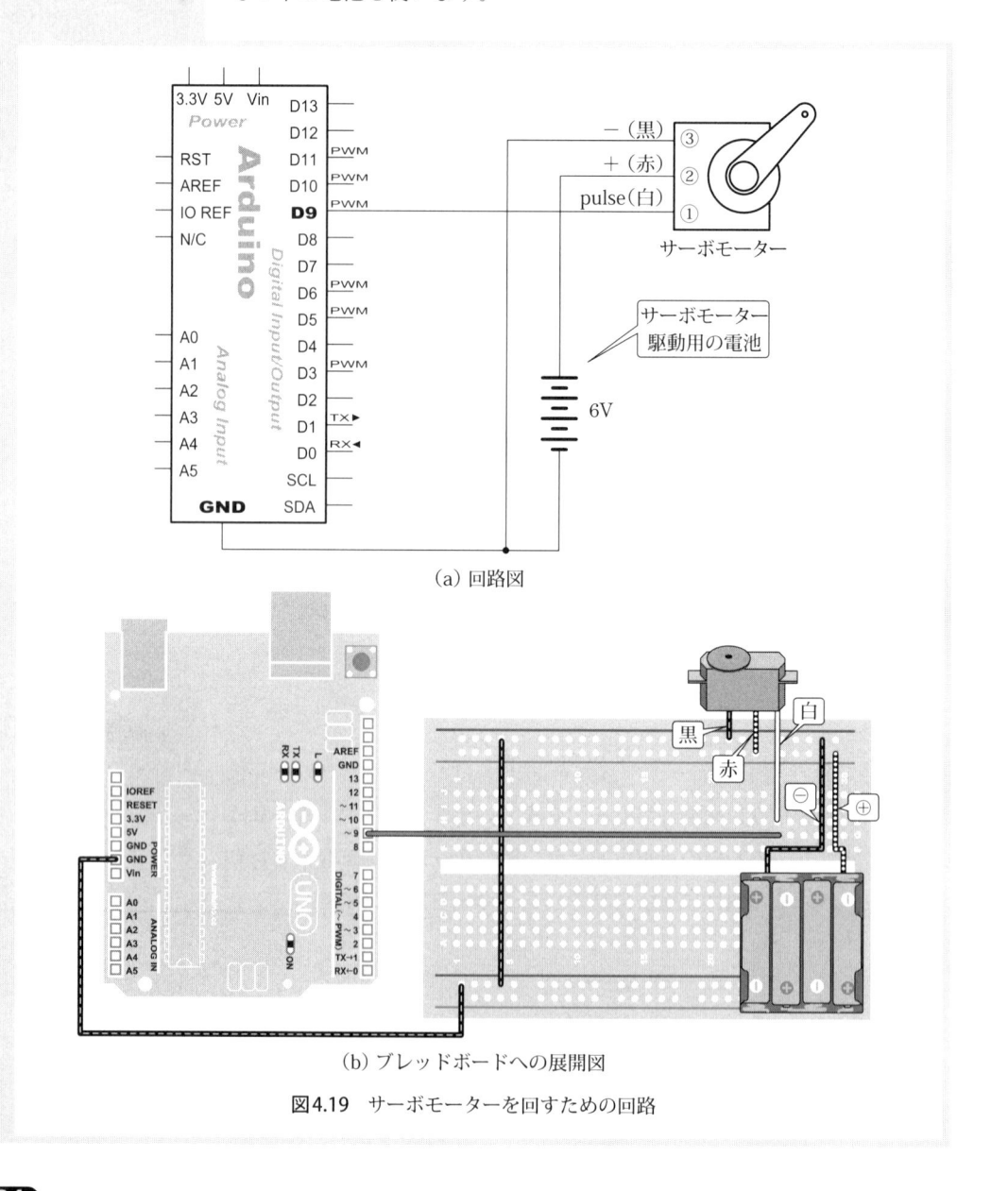

(a) 回路図

(b) ブレッドボードへの展開図

図4.19 サーボモーターを回すための回路

Arduino プログラム【リスト 4.11】

ライブラリとグローバル変数

1 行目　サーボモーターを動かすためのライブラリを読み込んでいます。

3 行目　サーボモーターを使うための変数（mServo）を定義しています。

setup 関数　初めに 1 回だけ実行されます。

7 行目　通信速度を 9600 bps に設定しています。

8 行目　【mServo.attach 関数】は指定したデジタルピンでサーボモーターを動かすための信号を出すことを宣言する関数です。ここでは，9 番ピンでサーボモーターを動かすことを宣言しています。

loop 関数　何度も実行されます。

14 行目の if 文　受信データがあれば 15，16 行目を実行します。

15 行目　受信データを v という変数に入れます。

16 行目　【mServo.write 関数】はサーボモーターを指定した角度に回転させるための関数です。ここでは，受信した値の角度までサーボモーターを回転させます。

リスト 4.11　サーボモーターを回す

```
#include <Servo.h>
        //サーボモーターを動かすためのライブラリを読み込む

Servo mServo; //サーボモーターを使うための変数の定義

void setup()
{
  Serial.begin(9600); //通信速度を9600bpsに
  mServo.attach(9);   //サーボモーターを動かすピンを設定
}

void loop()
{
  char v;
  if(Serial.available() > 0){
            //シリアルモニタから何かデータが送られてきたか？
    v = Serial.read();   //値を読み込む
    mServo.write(v);     //その値でサーボモーターを回す
  }
}
```

Processing プログラム【リスト 4.12】

ライブラリとグローバル変数

1，3 行目　Arduino と通信するためのライブラリを読み込み，通信のための変数（port）を定義しています。

setup 関数

7～13行目 作成するウィンドウの大きさ（255 × 255），通信ポート（COM3）と速度（9600 bps），線の色（黒）と太さ（5ポイント），塗りつぶしの色（黒），文字の大きさ（36ポイント），フレームレート（30 fps）を設定しています。

draw 関数 何度も実行されます。

20行目 画面の中心位置を基準としてマウスの位置までの角度を【atan2関数】で計算しています。

21, 22行目 【sin関数】と【cos関数】で線の先端位置を計算しています。

24行目 背景を白で塗りつぶして画面を更新しています。

25行目 マウスに合わせて線を描いています。

26行目 マウスの位置に黒い円を描いています。

27行目 角度をラジアンからデグリーに変換しています[※]。

28～31行目 角度を0から120に制限しています。

32行目 画面の左上に角度を数値で表示しています。

33行目 0～120までの値をArduinoに送信しています。

※ 角度をラジアンからデグリーに変換するには，ラジアン角をθとすると$(\theta/\pi) \times 180$とすることで計算できます。なお，この本では$\pi=3.14$としています。

リスト4.12 サーボモーターを回す

```
1   import processing.serial.*;
                    //Arduinoと通信するためのライブラリを読み込む
2
3   Serial port;          //シリアル通信を行うための変数の定義
4
5   void setup()
6   {
7     size(255, 255);     //255x255ドットの画面を作成
8     port = new Serial(this, "COM3", 9600);
                          //通信ポートと速度の設定
9     stroke(0);          //線の色を黒
10    strokeWeight(5);    //線の太さを5pt
11    fill(0);            //塗りつぶしの色を黒
12    textSize(36);       //文字の大きさを36pt
13    frameRate(30);      //フレームレートを30fps
14  }
15
16  void draw()
17  {
18    int mx, my;
19    float th;
20    th = atan2((mouseY-128), (mouseX-128));
                          //マウスの座標から角度を計算
21    mx = int(80*cos(th))+128;  //その角度から線の先端の位置を計算
22    my = int(80*sin(th))+128;
23
24    background(255);           //画面を白で塗りつぶして更新
```

```
25      line(128, 128, mx, my);  //マウス位置の方向へ線を引く
26      ellipse(mouseX, mouseY, 10, 10);   //マウス位置に円を描く
27        int v = int(th/3.14*180);
                                    //ラジアンからデグリーへ変換
28        if (v < 0)
29          v = 0
30        else if (v > 120)
31          v =120
32        text(v, 50, 50);         //角度を右上に表示
33        port.write(v);           //角度を送信
34      }
```

Tips 回転方向が反対の場合

　サーボモーターのメーカーや型番によって回転方向が異なります。そのため，この本のプログラム通りに動かしてもうまく動かない場合があります。これを直すにはArduinoプログラムを修正する必要があります。具体的には0～120度で送られてきた値を120～0の値に変更するために，Arduinoプログラムを次のように変更します。

プログラムの変更点
リスト3.10の16行目：更新前
```
mServo.write(v); // その値でサーボモーターを回す
```
リスト3.10の16行目：更新後
```
mServo.write(120-v);
    // 回転方向を逆にしてサーボモーターを回す
```

4.6 サーボモーターを回す（一定間隔で値を送る）

第5章 ProcessingにArduinoのデータを送る

※ 重要：
ProcessingとArduinoの通信中はArduinoのシリアルモニタは使えません。

今度はArduinoでスイッチの状態やセンサの値を，Processingで受け取ってパソコンの画面に表示しましょう※。

5.1 スイッチの検出（1文字送る）

●参照する節●
Arduinoプログラミング
2.1節
Processingプログラミング
3.1節
通信方式
なし

●新しい関数●
- Serial.write 関数
- port.clear 関数
- serialEvent 関数
- port.read 関数

●使用するパーツ●
Arduino×1
スイッチ×1
抵抗（10 kΩ）×1

Arduinoにスイッチを付けて，その状態を0.1秒（100ミリ秒）ごとにProcessingに送り，パソコンの画面にその状態を表示します。図5.1に示すように，スイッチに反応して画面を次のようにします。

- 押しているとき：円を表示
- 離しているとき：四角を表示

方針

この節で行う通信のデータの流れを図5.2に示します。Arduinoはスイッチが押されていれば「a」という文字を送り，押されていなければ「b」という文字を送ります。Processingはその送られてきた文字に従って円または四角を表示します。データが送られてきたかどうかは，何か送られてきたときに呼び出される関数を使います。

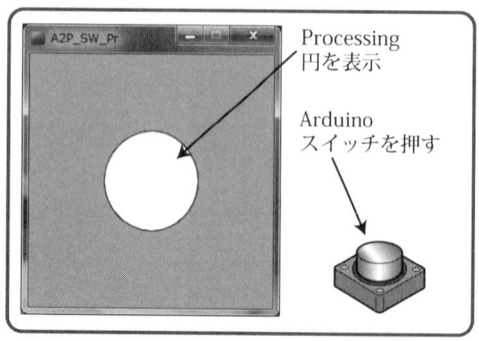

Arduinoに付けたスイッチを・・・

押したとき／離したとき

Processing 円を表示／Processing 四角を表示
Arduino スイッチを押す／Arduino スイッチを離す

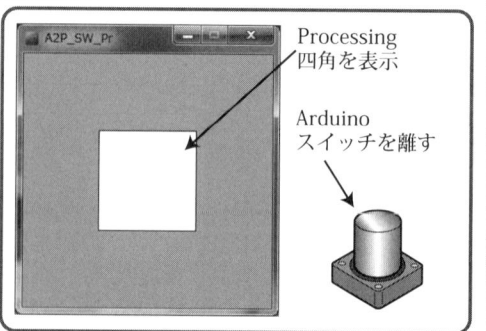

図5.1 Arduinoでスイッチの状態を検出し，Processingの画面に表示

図 5.2　Arduino から Processing へのデータ送信

回路

回路は 2 番ピンにスイッチを付けた図 5.3 の回路を使います。スイッチを離しているときは 2 番ピンが HIGH になり，押しているときは LOW になります。

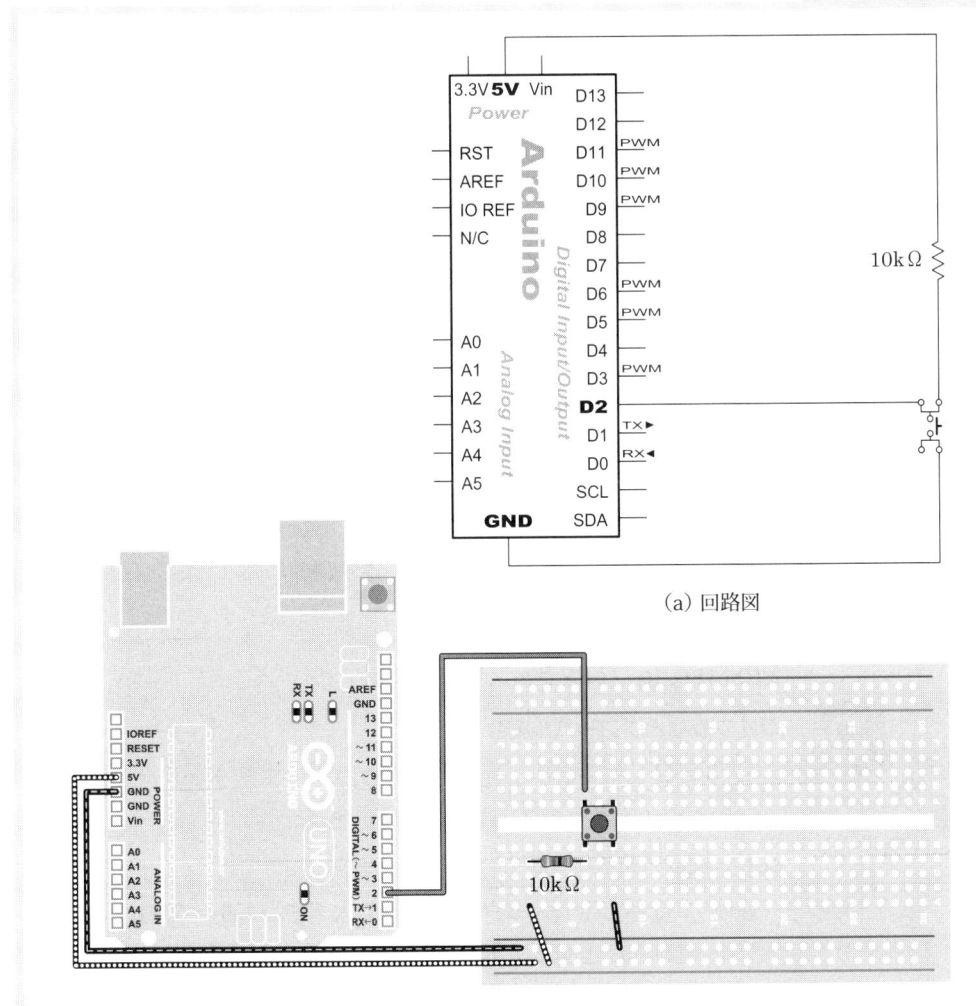

(a) 回路図

(b) ブレッドボードへの展開図

図 5.3　Arduino に付けたスイッチで Processing の画面を変えるための回路

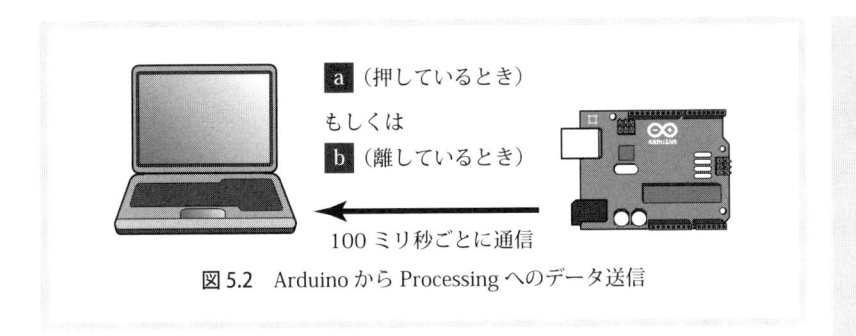

Arduino プログラム【リスト 5.1】

setup 関数　初めに 1 回だけ実行されます。

　3, 4 行目　通信速度（9600 bps）と入力ピン（2 番ピン）の設定をしています。

loop 関数　何度も実行されます。

　9 行目の if 文　スイッチが押されていれば次の行を実行します。

　10 行目　【Serial.write 関数】は 1 バイトの値（0 〜 255 までの値で、これは文字 1 文字に相当します）を送るための関数です。ここでは、「a」という文字を送ます。

　11 行目の else 文　スイッチが押されていれなければ（離されていれば）次の行を実行します。

　12 行目　「b」という文字を送ります。

　13 行目　100 ミリ秒（0.1 秒）待ちます。時間をおいて送信しないと、送信しすぎてしまいます。

リスト 5.1　スイッチの検出

```
1  void setup()
2  {
3    Serial.begin(9600);  //通信速度を9600bpsに
4    pinMode(2, INPUT);   //入力として使う
5  }
6  
7  void loop()
8  {
9    if(digitalRead(2) == LOW)  //スイッチが押されていれば
10     Serial.write('a');       // 「a」を送信
11   else                       //押されていなければ
12     Serial.write('b');       // 「b」を送信
13   delay(100);                //次の送信までに少し時間を空ける
14 }
```

Processing プログラム【リスト 5.2】

ライブラリとグローバル変数

　1, 3 行目　Arduino と通信するためのライブラリを読み込み、通信のための変数（port）を定義しています。

setup 関数　初めに 1 回だけ実行されます。

　7 〜 11 行目　作成するウィンドウの大きさ（255 × 255）、通信ポート（COM3）と速度（9600 bps）、線の色（黒）、塗りつぶしの色（白）、四角を書くときの基準点（中心）を設定しています。

　12 行目　Arduino を先に動かしているときにはデータがすでに送られています。【port.clear 関数】はこの関数が実行される前に受信し

てまだ読み込んでいないデータをすべて消去するための関数です。
ここでは，この関数を使ってこのプログラムを実行する以前の受信データを消去します。

draw 関数　このプログラムでは何も行っていませんが，書いておきます[※]。

※ なくても実行できますが，このように書いておくと Esc キーで終了できるようになります。

【serialEvent 関数】　データが送られてきたときに自動的に呼び出される関数です。

21 行目　背景を明るい灰色で塗りつぶして画面を更新します。

22 行目　【port.read 関数】は送られてきたデータを1バイトだけ読み込む関数です。ここでは，送られてきたデータを受信し，c という変数に代入します。

23 行目の if 文，24 行目　送られてきた値が「a」であれば（スイッチが押されていれば）画面に円を表示します。

25 行目の if 文，26 行目　その値が「b」であれば（スイッチが離されていれば）画面に四角を表示します。

P リスト 5.2　スイッチの検出

```
1   import processing.serial.*;
        //Arduinoと通信するためのライブラリを読み込む
2
3   Serial port;   //シリアル通信を行うための変数の定義
4
5   void setup()
6   {
7     size(255, 255);    //255x255ドットの画面を作成
8     port = new Serial(this, "COM3", 9600);
                          //通信ポートと速度の設定
9     stroke(0);          //線の色を黒
10    fill(255);          //塗りつぶしの色を白
11    rectMode(CENTER);   //四角形を描くときの基準点を中心
12    port.clear();       //受信データをクリア
13  }
14
15  void draw()
16  {
17  //何もしない
18  }
19
20  void serialEvent(Serial p) {
21    background(192);   //画面を明るい灰色で塗りつぶして更新
22    int c = port.read();              //データを読み込む
23    if (c == 'a')                     //「a」ならば
24       ellipse(127, 127, 100, 100);   //円を表示
25    else if (c == 'b')                //「b」ならば
26       rect(127, 127, 100, 100);      //四角を表示
27  }
```

5.2 ボリュームの値を読み込む（値を送る）

●参照する節●
Arduino プログラミング
2.2 節
Processing プログラミング
3.1 節
通信方式
なし

●新しい関数●
P port.available 関数

●使用するパーツ●
Arduino × 1
ボリューム（10 kΩ）× 1

※ ボリュームの両端の5 V と GND のつなぎ方によって左にひねると白くなる場合があります。

Arduino にボリュームを付けてアナログ電圧を読み込んで，0.1 秒おきにその値を Processing に送ってみましょう。これができると，いろいろなセンサが使えるようになります。ここでは，ボリュームをひねると図 5.4 のように画面に表示した円の色が変わり，さらに，送られてきた値を左上に表示するようにします※。

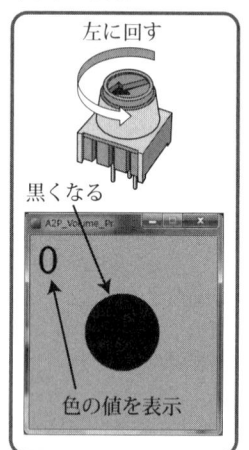

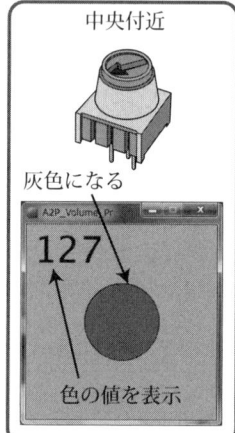

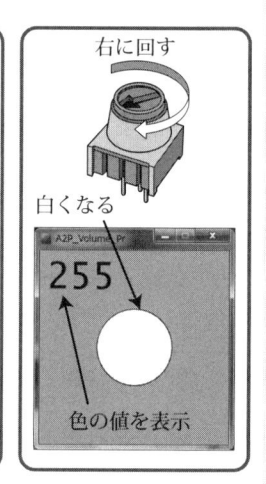

図 5.4 Arduino でボリュームの値を読み込んで，Processing の画面に表示

方針

この節で行う通信のデータの流れを図 5.5 に示します。Arduino はボリュームの値を読み込み，0 〜 255 までの値を送ります。Processing はその送られてきた値に従って円の色を変えて，値を表示します。データが送られてきたかどうかは，何か送られてきたかをチェックする方法で行います。5.1 節と同じ方法でもできますが，紹介のため，あえて違う方法を使います。

回路

回路はアナログ 0 番ピンにボリュームを付けた図 5.6 の回路を使います。ボリュームをひねる方向と画面の色がこの本の通りにならないときは 5 V と GND を逆にしてください。

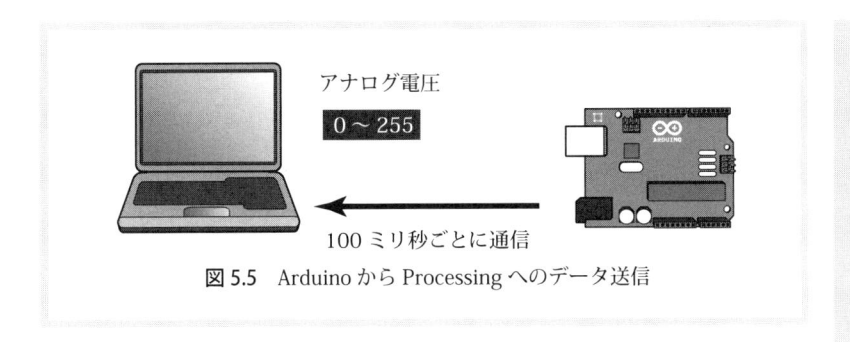

アナログ電圧
0 〜 255

100 ミリ秒ごとに通信

図 5.5　Arduino から Processing へのデータ送信

(a) 回路図

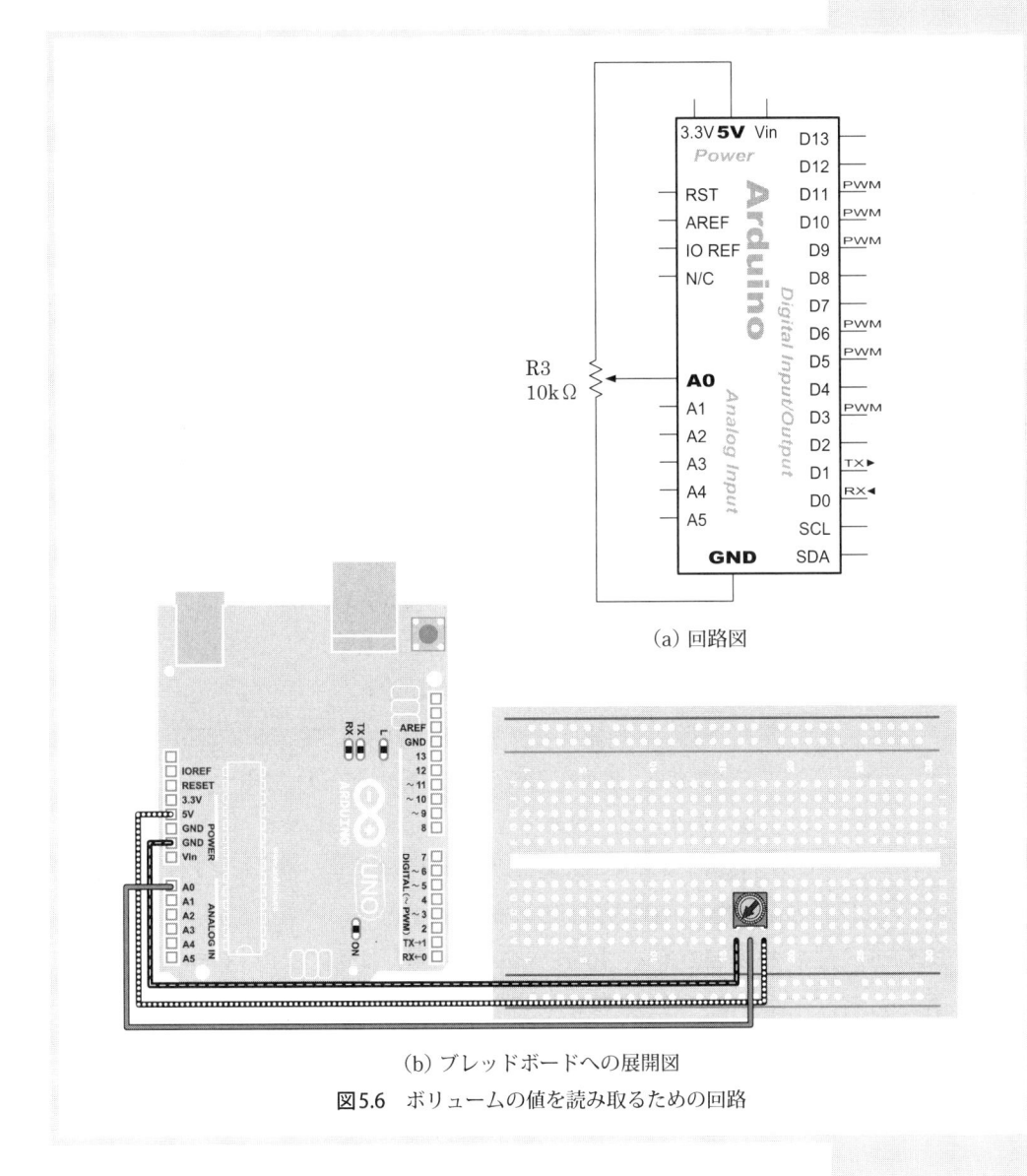

(b) ブレッドボードへの展開図

図 5.6　ボリュームの値を読み取るための回路

Arduino プログラム【リスト 5.3】

setup 関数　初めに 1 回だけ実行されます。

　3 行目　通信速度を 9600 bps に設定しています。

loop 関数　何度も実行されます。

8 行目　ボリュームをひねることで変わるアナログ電圧の値を読み取ってvという変数に入れます。

9 行目　読み取った値は 0 〜 1023 ですが，Serial.write 関数では 0 〜 255 までの値しか送れません。そこで，4 で割ることで 0 から 255 までの値にして送信します。

10 行目　100 ミリ秒（0.1 秒）待ちます。時間をおいて送信しないと送信しすぎてしまいます。

リスト 5.3　ボリュームの値を読み込む

```
1   void setup()
2   {
3     Serial.begin(9600);      //通信速度を9600bpsに
4   }
5
6   void loop()
7   {
8     int v = analogRead(0);   //アナログ0番ピンの電圧値を読み込む
9     Serial.write(v/4);       //4で割って送信
10    delay(100);              //次の送信までに少し時間を空ける
11  }
```

Processing プログラム【リスト 5.4】

ライブラリとグローバル変数

1，3 行目　Arduino と通信するためのライブラリを読み込み，通信のための変数（port）を定義しています。

setup 関数　初めに 1 回だけ実行されます。

7 〜 11 行目　作成するウィンドウの大きさ（255 × 255），通信ポート（COM3）と速度（9600 bps），線の色（黒），塗りつぶしの色（白），文字のサイズ（48 ポイント）を設定しています。

12 行目　プログラム実行以前の受信データを消去しています。

draw 関数　何度も実行されます。

16 行目の if 文　【port.available 関数】は受信していてまだ読み込んでいないデータ数を返す関数です。0 より大きいとすることで，1 つ以上受信があったら 17 〜 22 行目を実行します。

17 行目　背景を明るい灰色で塗りつぶして画面を更新します。

18 行目　送られてきた値を読み込んでいます。

19，20 行目　送られてきた値に従って塗りつぶして色を変えて，画面の中央に直径 100 の円を描きます。

21，22 行目　文字の色を黒にして，左上にその値を表示します。

リスト 5.4　ボリュームの値を読み込む

```
1   import processing.serial.*;
            //Arduinoと通信するためのライブラリを読み込む
2
3   Serial port;    //シリアル通信を行うための変数の定義
4
5   void setup()
6   {
7     size(255, 255); //255x255ドットの画面を作成
8     port = new Serial(this, "COM3", 9600);
                            //通信ポートと速度の設定
9     stroke(0);       //線の色を黒
10    fill(255);       //塗りつぶしの色を白
11    textSize(48);    //文字の大きさを48pt
12    port.clear();    //受信データをクリア
13  }
14  void draw()
15  {
16    if(port.available() > 0){
17      background(192);   //画面を明るい灰色で塗りつぶして更新
18      int v = port.read();   //データを読み込む
19      fill(v);         //送られてきたデータで塗りつぶして色を変える
20      ellipse(127, 127, 100, 100);    //円を表示
21      fill(0);               //文字の色を黒
22      text(v, 10, 50);    //左上に送られてきた値を表示
23    }
24  }
```

5.3　スイッチとボリュームの値を一定間隔で送信（複数の値を送る）

　今度は 2 つのスイッチと 2 つのボリュームの値を Arduino から 0.1 秒（100 ミリ秒）ごとに送信します。そして，図 5.7 のように Processing で画面に表示します。このとき，ただ送ってしまうと，1 つ目のスイッチの値なのか 2 つ目のスイッチの値なのか，はたまたボリュームの値なのか区別がつきません。そこで，Arduino から「今から送るよ」という開始合図を付けて送ることで区別します。

方針

　この節で行う通信のデータの流れを図 5.8 に示します。Arduino から送信開始の合図として初めに「a」という文字を送ります。その後，続けて 2 つのスイッチの状態と 2 つのボリュームの状態の値を送ります。Processing は 5 個以上の値を受け取ったとき，初めの値が「a」であれば残りの 4 つを読み込んで表示します。「a」でなければ次のデータを読

●参照する節●
Arduino プログラミング
2.1 節，2.2 節
Processing プログラミング
3.1 節
通信方式
なし

●使用するパーツ●
Arduino × 1
スイッチ × 2
抵抗（10 kΩ）× 2
ボリューム × 2

み込むことで開始合図の「a」を探すようにします※。

※ この方法では，通信がうまくいかず開始合図の「a」を探しているとき，かつボリュームの値が偶然aの文字コードと一致する場合に誤作動する場合があります。この両方が同時に起こることはきわめてまれですので，あまり誤作動は気にしなくてよいでしょう。

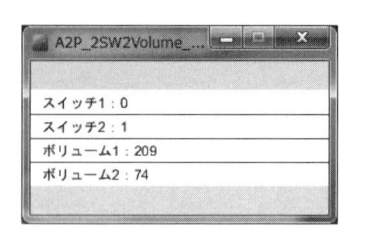

図 5.7　2つのスイッチと2つのボリュームの状態を読み込んだときの画面表示

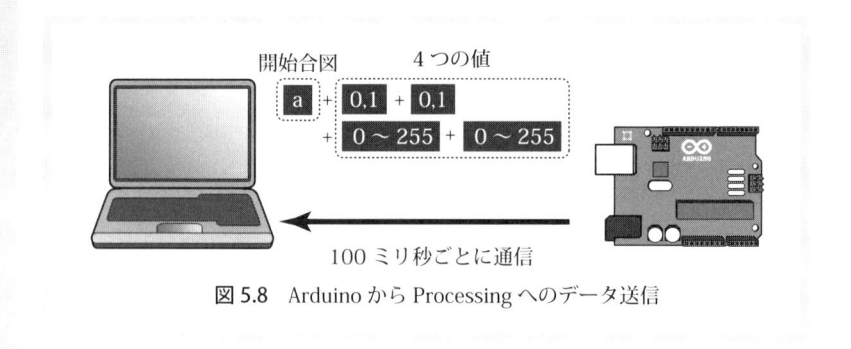

図 5.8　Arduino から Processing へのデータ送信

回路

今回は2つのスイッチを5，6番ピンにつなぎ，2つのボリュームをアナログ0，1番ピンにつないだ図5.9に示す回路を使います。

Arduino プログラム【リスト 5.5】

setup 関数　初めに1回だけ実行されます。

3〜5行目　通信速度（9600 bps）と入力ピン（5番，6番ピン）の設定をしています。

loop 関数　何度も実行されます。

11行目　開始合図の「a」という文字を送ります。

12行目の if 文〜16行目　5番ピンにつながっているスイッチが押されていればvに1を代入し，離されていれば0を代入します。そして，vを送信します。

18行目の if 文〜22行目　6番ピンにつながっているスイッチが押されていればvに1を代入し，離されていれば0を代入します。そして，vを送信します。

24，25行目　アナログ0番ピンにつながっているボリュームの電圧を読み取りvに代入します。そして，vを4で割って0〜255までの値にして送信します。

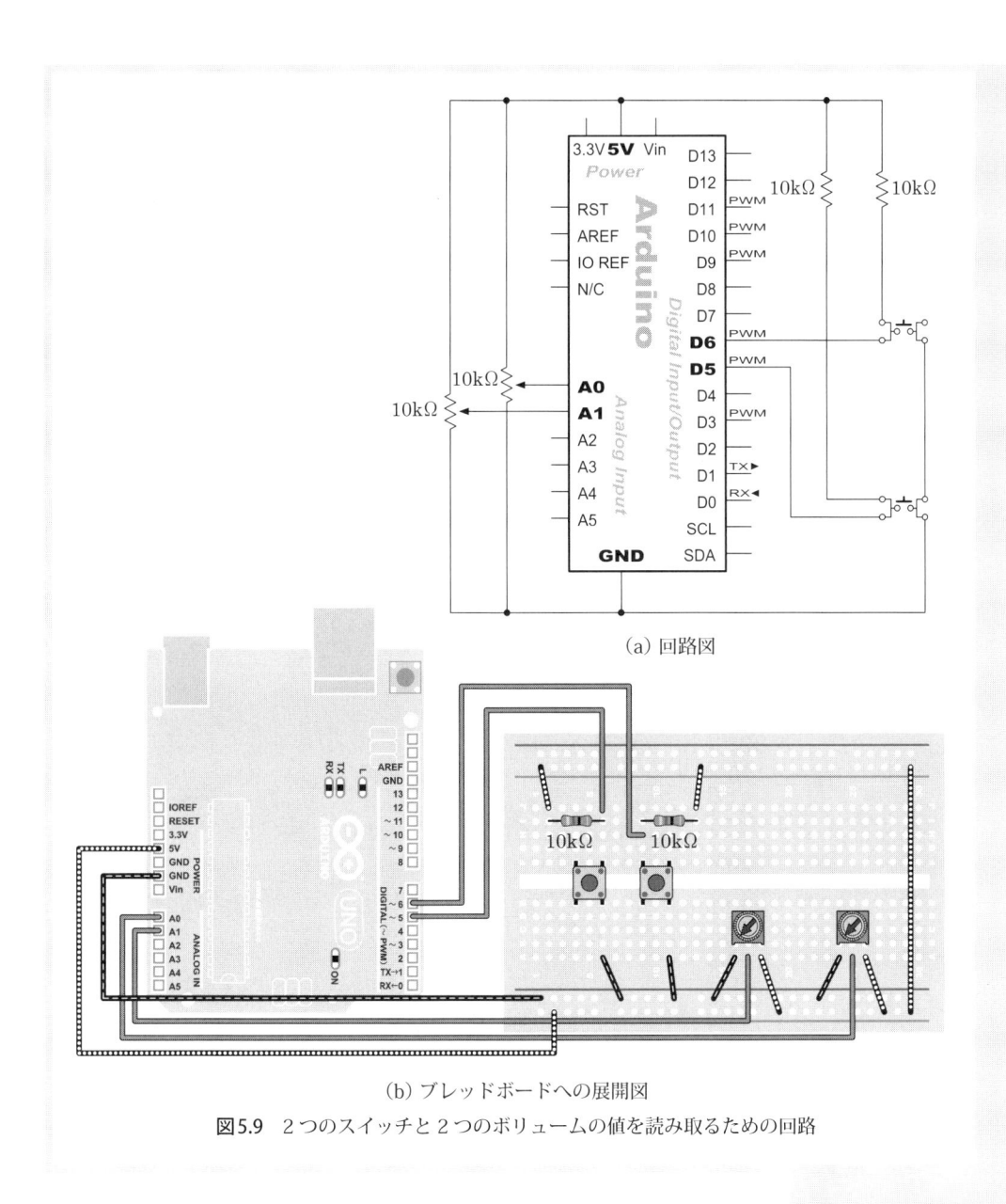

(a) 回路図

(b) ブレッドボードへの展開図

図5.9 2つのスイッチと2つのボリュームの値を読み取るための回路

27, 28 行目　アナログ1番ピンにつながっているボリュームの電圧を読み取りvに代入します。そして，vを4で割って0〜255までの値にして送信します。

30 行目　100ミリ秒（0.1秒）待ちます。時間をおいて送信しないと，送信しすぎてしまいます。

リスト 5.5 スイッチとボリュームの値を一定間隔で送信

```
1   void setup()
2   {
3     Serial.begin(9600);  //通信速度を9600bpsに
4     pinMode(5, INPUT);   //入力として使う
5     pinMode(6, INPUT);   //入力として使う
6   }
7   
8   void loop()
9   {
10    int v;
11    Serial.write('a');   //開始合図の「a」を送信
12    if(digitalRead(5) == LOW)  //スイッチ1が押されているかどうか
13      v = 1;             //押されていたら1
14    else
15      v = 0;             //離されていたら0
16    Serial.write(v);     //スイッチ1の状態を送信
17    
18    if(digitalRead(6) == LOW)  //スイッチ2に関して同じことを行う
19      v = 1;
20    else
21      v = 0;
22    Serial.write(v);
23    
24    v = analogRead(0);   //ボリューム1のアナログ電圧を読み込む
25    Serial.write(v/4);   //4で割って送信
26    
27    v = analogRead(1);   //ボリューム2に関して同じことを行う
28    Serial.write(v/4);
29    
30    delay(100);          //次の送信までに少し時間を空ける
31  }
```

Processing プログラム【リスト 5.6】

ライブラリとグローバル変数

1，3 行目　Arduino と通信するためのライブラリを読み込み，通信のための変数（port）を定義しています。

setup 関数　初めに 1 回だけ実行されます。

7～11 行目　作成するウィンドウの大きさ（255 × 80），通信ポート（COM3）と速度（9600 bps），背景の色（白），線の色（黒），文字の色（黒）を設定しています。

12 行目　プログラム実行以前の受信データを消去しています。

draw 関数　何度も実行されます。

18 行目の if 文～20 行目の if 文　送られてきた文字数が 4 より大きい（5 以上）ならば受信データを読み込み，その最初の文字が「a」ならば以下の 21 ～ 32 行目を実行します[※]。

※ 通信エラーなどで「a」でなければ，次に draw 関数が実行されて，送られてきた文字数が 4 より大きいならば次の文字を読み込みます。こうすることで送受信値のタイミングのずれを解決します。

21行目　背景を白で塗りつぶして画面を更新します。

22〜32行目　データを読み込んで，スイッチ1, 2の値（0か1）とボリュームの値（0〜255）を画面に表示します。さらにそれぞれの値の間に区切りの線を引いています。

リスト5.6　スイッチとボリュームの値を一定間隔で送信

```
1   import processing.serial.*;
        //Arduinoと通信するためのライブラリを読み込む
2
3   Serial port;    // シリアル通信を行うための変数の定義
4
5   void setup()
6   {
7     size(255, 80);      //255x80ドットの画面を作成
8     port = new Serial(this, "COM3", 9600);
                         //通信ポートと速度の設定
9     background(255);    //背景を白
10    stroke(0);          //線の色を黒
11    fill(0);            //文字の色を黒
12    port.clear();       //受信データをクリア
13  }
14
15  void draw()
16  {
17    int c;
18    if (port.available() > 4) {  //データが5以上送られてきたら
19      c = port.read();   //データを読み込む
20      if (c == 'a') {    //先頭データの合図である「a」であれば
21        background(255);//画面を白で塗りつぶして更新
22        c = port.read();//データを読み込む
23        text("スイッチ1:" + c, 10, 15);
            //スイッチ1の値を表示
24        line(0, 20, 255, 20); //区切り線
25        c = port.read();
26        text("スイッチ2:" + c, 10, 35);
            //スイッチ2の値を表示
27        line(0, 40, 255, 40); //区切り線
28        c = port.read();
29        text("ボリューム1:" + c, 10, 55);
            //ボリューム1の値を表示
30        line(0, 60, 255, 60); //区切り線
31        c = port.read();
32        text("ボリューム2:" + c, 10, 75);
            //ボリューム2の値を表示
33      }
34    }
35  }
```

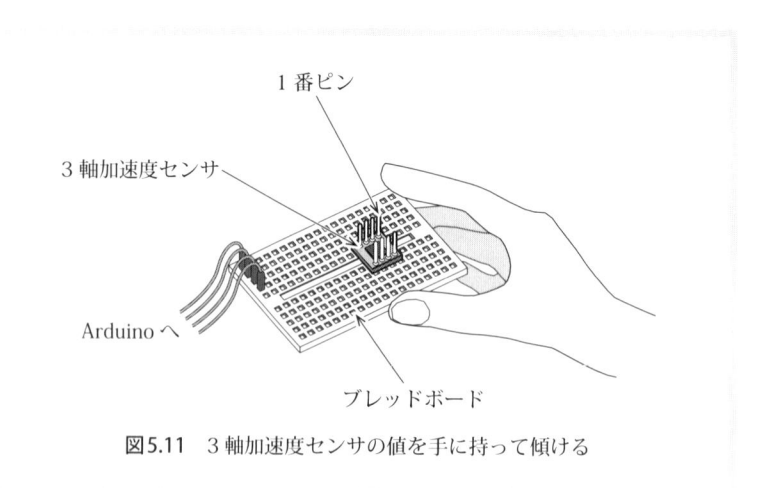

5.4 3軸加速度センサの値をできるだけ早く送る（値として送る）

●参照する節●
Arduino プログラミング
2.2 節
Processing プログラミング
3.1 節
通信方式
なし

●使用するパーツ●
Arduino × 1
3軸加速度センサ × 1

ここまでの節では0.1秒（100ミリ秒）ごとにProcessingにデータの値を送っていましたが，この節ではできるだけ早く送ることを行います。この節では，3軸加速度センサ（図5.10）という傾きを計測できるセンサの値を読み，Processingに送ります。3軸加速度は図5.11のようにブレッドボードと一緒に持って傾けます。そして，傾きをを見える形にするために，図5.12に示すように3軸加速度の傾きにより線の長さや方向が変わるものを作ります。さらに，左上に3軸加速度センサから読み取った値を示します。

図5.10　3軸加速度センサの外観

図5.11　3軸加速度センサの値を手に持って傾ける

3軸加速度センサを・・・

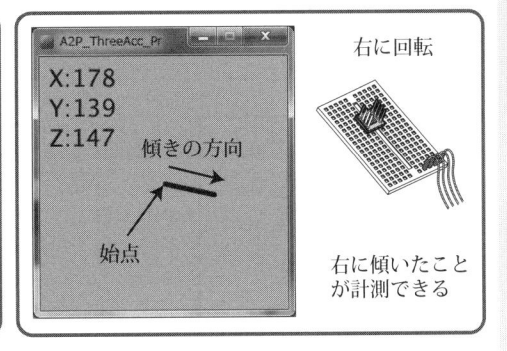

図5.12　3軸加速度センサの値を読み込んだときの画面表示

方針

この節で行う通信のデータの流れを図5.13に示します。Processingは返信要求をするために「a」という文字を送り，受信待ちになります。Arduinoは「a」を受け取ったらすぐに返信します。そして，ProcessingはArduinoからの返信があったら，すぐにデータを受け取り，再度「a」という文字を送ります。これにより，ProcessingとArduinoともに処理が終わったらすぐにデータ送信を行うので，素早いやり取りができます。

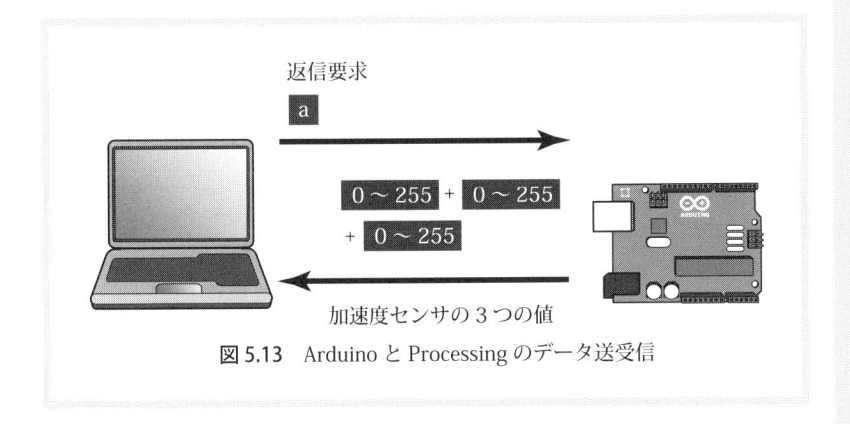

図5.13　ArduinoとProcessingのデータ送受信

回路

図5.14に示す回路を使います。この本で使う3軸加速度センサは3方向の傾きがアナログ電圧の大きさとして出力されますので，それぞれをアナログ0，1，2番ピンにつないでいます。

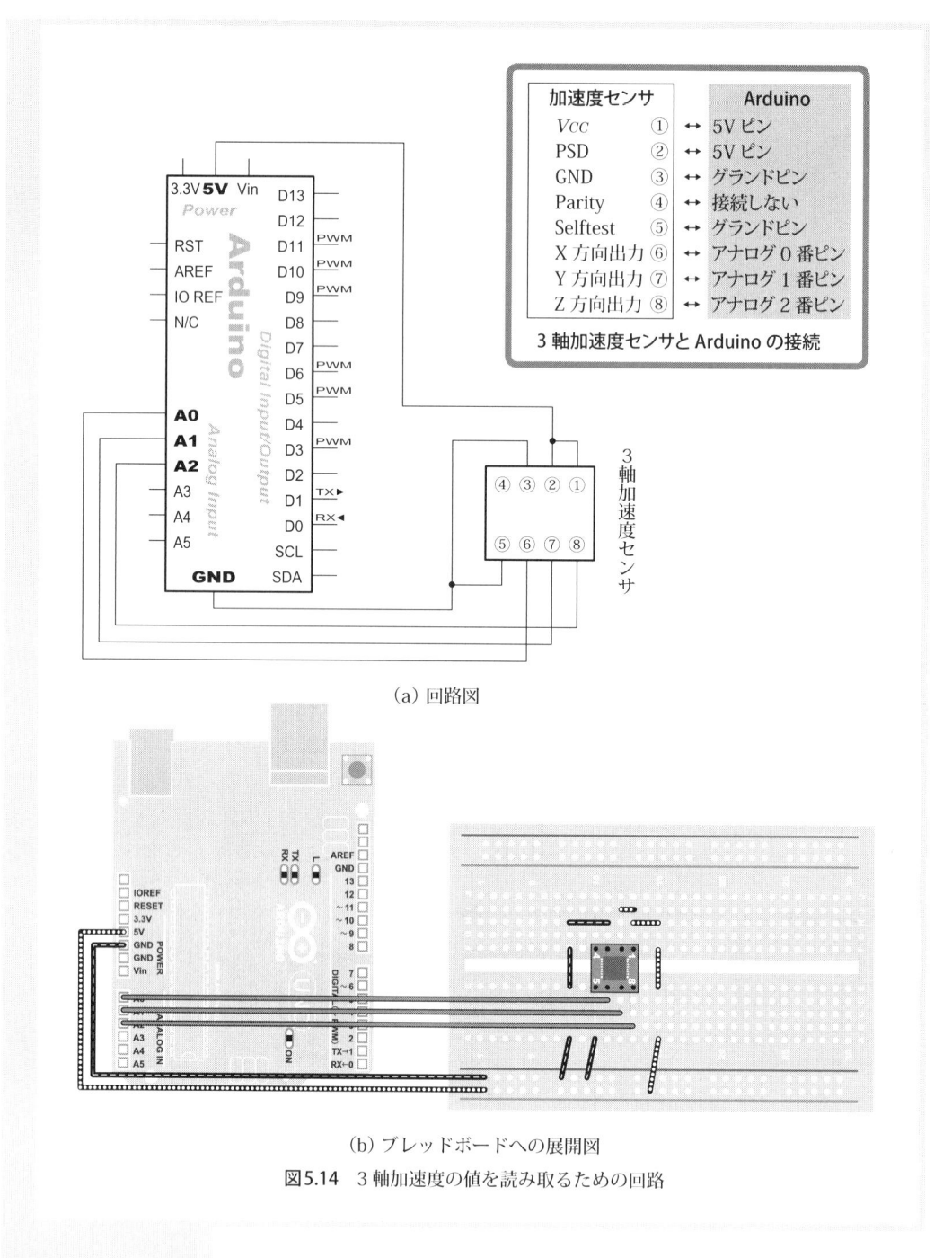

加速度センサ			Arduino
V_{CC}	①	↔	5V ピン
PSD	②	↔	5V ピン
GND	③	↔	グランドピン
Parity	④	↔	接続しない
Selftest	⑤	↔	グランドピン
X 方向出力	⑥	↔	アナログ 0 番ピン
Y 方向出力	⑦	↔	アナログ 1 番ピン
Z 方向出力	⑧	↔	アナログ 2 番ピン

3 軸加速度センサと Arduino の接続

(a) 回路図

(b) ブレッドボードへの展開図

図 5.14　3 軸加速度の値を読み取るための回路

Arduino プログラム【リスト 5.7】

setup 関数　初めに 1 回だけ実行されます。

　3 行目　通信速度を 9600 bps に設定しています。

loop 関数　何度も実行されます。

　9 行目の if 文　データを受信しているか調べ，1 つ以上受信していれば，10 〜 16 行目を実行します。

10行目　受信データを1つだけ読み込みます。読み込むとSerial. availableはの戻り値が1つ減ります。つまり，1つだけ受信している状態であれば0になります。もし仮に，データを読み込まないとSerial.available関数の戻り値が1以上のままになってしまい，次に受信したかどうか分からなくなってしまいます。

11～16行目　3軸加速度センサの値（アナログ0番，1番，2番ピンの電圧）を読み取り，4で割ることで0～255までの数にして送信しています。この方法は，データを受信したらすぐに送信するので素早い通信のやり取りができます。

リスト5.7　3軸加速度センサの値をできるだけ早く送る

```
1   void setup()
2   {
3     Serial.begin(9600);    //通信速度を9600bpsに
4   }
5   
6   void loop()
7   {
8     int v, c;
9     if(Serial.available() > 0){
             //1つでもデータを受信したら以下の処理を行う
10      c = Serial.read();   //受信データを読み込む※
11      v=analogRead(0);     //アナログ電圧を読み込む
12      Serial.write(v/4);   //4で割って送信
13      v=analogRead(1);
14      Serial.write(v/4);
15      v=analogRead(2);
16      Serial.write(v/4);
17    }
18  }
```

※ 読み込まないとSerial. available関数が1のままになってしまいます。

Processingプログラム【リスト5.8】

ライブラリとグローバル変数

1, 3行目　Arduinoと通信するためのライブラリを読み込み，通信のための変数（port）を定義しています。

setup関数　初めに1回だけ実行されます。

7～13行目　作成するウィンドウの大きさ（255×255），通信ポート（COM3）と速度（9600 bps），背景の色（明るい灰色），線の色（黒）と太さ（5ポイント），文字の色（黒）と大きさ（24ポイント）を設定しています。

14行目　まずはProcessingから返信を要求するために「a」を送信します。

draw関数　何度も実行されます。

20行目のif文　送られてきた文字数が2より大きい（3以上）ならば21～29行目を実行します。

21～23行目　3つのデータを読み込んで，x，y，zという変数に代入しています。このとき，傾いた方向と画面の線の方向が一致するようにy方向のデータに関しては255から引いています。

24行目　背景を明るい灰色で塗りつぶして画面を更新します。

25行目　x方向とy方向のデータを使って，画面の中心位置（128，128）から受信したデータの（x, y）へ線を引いています。

26～28行目　画面の左上に変数x，y，zの値を表示しています。

29行目　Arduinoに「a」を送信することで，受信したらすぐにArduinoにまた返信させます。

mousePressed関数　マウスが押されたときに呼び出される関数です。

35行目　setup関数内で返信要求を送っていますが，まれに送れないことがあります。その対策として，マウスをクリックすることで強制的に返信要求を送っています。

リスト5.8　3軸加速度センサの値をできるだけ早く送る

```
1   import processing.serial.*;
          //Arduinoと通信するためのライブラリを読み込む
2
3   Serial port;   //シリアル通信を行うための変数の定義
4
5   void setup()
6   {
7     size(255, 255);     //255x255ドットの画面を作成
8     port = new Serial(this, "COM3", 9600);
                            //通信ポートと速度の設定
9     background(192);   //背景を明るい灰色
10    stroke(0);         //線の色を黒
11    strokeWeight(5);   //線の太さを5pt
12    fill(0);           //文字の色を黒
13    textSize(24);      //文字の大きさを24pt
14    port.write('a');   //Arduinoに返信要求を送る
15  }
16
17  void draw()
18  {
19    int x, y, z;
20    if (port.available() > 2) {  //データが3以上送られてきたら
21      x = port.read();   //x, y, z方向のデータを読み込む
22      y = 255-port.read();
23      z = port.read();
24      background(192);   //画面を明るい灰色で塗りつぶして更新
25      line(128, 128, x, y);   //画面の中心からx, y方向へ線を引く
26      text("X:" + x, 10, 30);//画面の左上に受信した値を表示
```

```
27        text("Y:" + y, 10, 60);
28        text("Z:" + z, 10, 90);
29        port.write('a');    //Arduinoに返信要求を送る
30      }
31  }
32
33  void mousePressed()
34  {
35    port.write('a');       //返信要求を送る
36  }
```

5.5 3軸加速度センサの値をできるだけ早く送る（文字列として送る）

　できるだけ早く送る別の方法を紹介します。これまでは 255 までの数を 1 つずつ送っていましたが，この節の方法は文字列として一度に送る方法です。実行画面は図 5.15 となります。5.4 節の図 5.12 と似ていますが受け取る値が 1023 までとなっている点が異なります。この方法の利点は，これまでの方法は 0 〜 255 までの値しか送れませんでしたが，この方法はその範囲をはるかに超えた値（0 〜 65535 までの値）やマイナスの値が簡単に送れます。

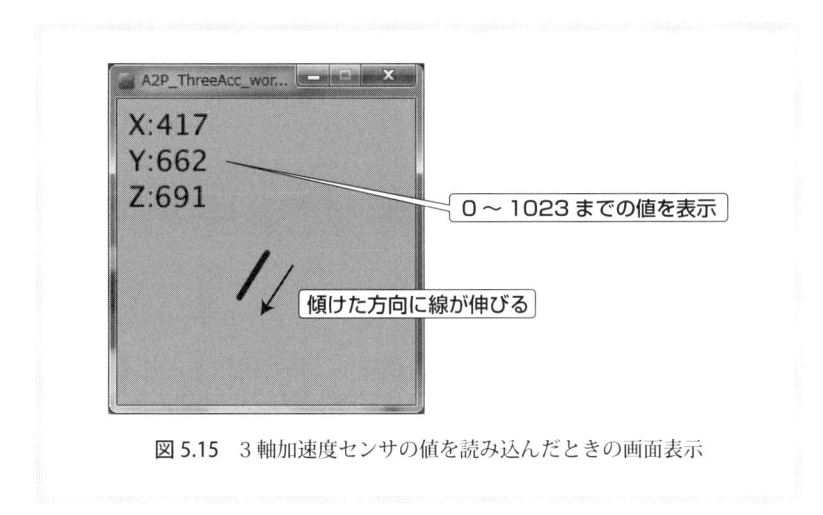

●参照する節●

Arduino プログラミング
2.2 節，2.4 節
Processing プログラミング
3.1 節
通信方式
なし

●新しい関数●

- port.bufferUntil 関数
- port.readStringUntil 関数
- trim 関数

●使用するパーツ●

Arduino × 1
3 軸加速度センサ × 1

図 5.15　3 軸加速度センサの値を読み込んだときの画面表示

方針

　この節で行う通信のデータの流れを図 5.16 に示します。Processing は「a」という文字を送り，受信待ちになります。Arduino は「a」を受け取ったらすぐに Serial.print 関数（改行コード（\n）なし）と Serial.println 関数（改行コード（\n）あり）を使って文字列を返信します。Processing は改行コード（\n）までの文字列を一気に読み取って，そ

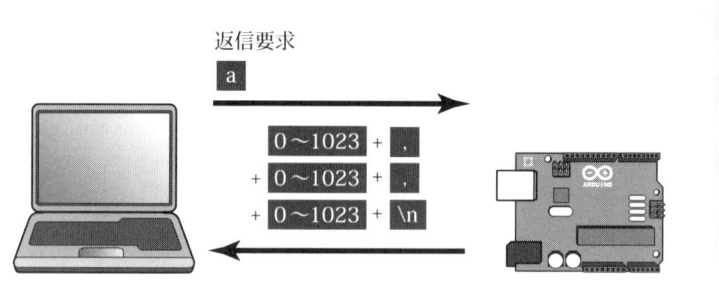

返信要求

図 5.16　Arduino と Processing のデータ送受信

れを分解して複数のデータを受信します。Processing はデータ変換が終われば再度「a」という文字を送り，受信待ちになります。これにより，Processing と Arduino ともに処理が終わったらすぐにデータ送信を行うので，素早いやり取りができます。

回路

今回も図 5.14 に示す回路を使います。

Arduino プログラム【リスト 5.9】

setup 関数　初めに 1 回だけ実行されます。

3 行目　通信速度（9600 bps）の設定をしています。

loop 関数　何度も実行されます。

9 行目の if 文　データを受信しているか調べ，1 つ以上受信していれば 10 〜 18 行目を実行します。

10 行目　受信データを読み込んで Serial.available 関数の戻り値を 1 つ減らしています。

11 〜 18 行目　3 軸加速度センサの値（アナログ 0 番，1 番，2 番ピンの電圧）を読み取って 0 〜 1023 までの値を送信しています。5.4 節と異なるのは，送信に Serial.print 関数を使って文字列として送信している点です。そして，複数の値を送るために送信データの区切り文字としてカンマを使っています。この場合は，文字列として送りますので，データを 0 〜 255 までに制限する必要がなくなる利点があります。この場合でも，データを受信したらすぐに送信するので素早い通信のやり取りができます。

リスト5.9　3軸加速度センサの値をできるだけ早く送る

```
1  void setup()
2  {
3    Serial.begin(9600);     //通信速度を9600bpsに
4  }
5
6  void loop()
7  {
8    int v, c;
9    if(Serial.available() > 0){
               //1つでもデータを受信したら以下の処理を行う
10     c = Serial.read();    //受信データを読み込む※
11     v = analogRead(0);    //アナログ電圧を読み込む
12     Serial.print(v);      //文字列で送信
13     Serial.print(",");    //カンマで区切る
14     v = analogRead(1);
15     Serial.print(v);      //文字列で送信
16     Serial.print(",");    //カンマで区切る
17     v = analogRead(2);
18     Serial.println(v);    //文字列を改行コード付きで送信
19   }
20 }
```

※ 読み込まないと Serial. available 関数が 1 のままになってしまいます。

Processing プログラム【リスト5.10】

ライブラリとグローバル変数

1, 3行目　Arduino と通信するためのライブラリを読み込み，通信のための変数（port）を定義しています。

4行目　3軸加速度の値を保存するための変数（x, y, z）を宣言しています。

setup 関数　初めに1回だけ実行されます。

8～14行目　作成するウィンドウの大きさ（255 × 255），通信ポート（COM3）と速度（9600 bps），背景の色（明るい灰色），線の色（黒）と太さ（5ポイント），文字の色（黒）と大きさ（24ポイント）を設定しています。

15行目　【port.bufferUntil 関数】は serialEvent 関数が呼び出される条件となる文字設定する関数です。ここでは，呼び出される条件を改行コード（\n）に設定しています。

16行目　Arduino に「a」を送信します。これにより，Arduino から返信が来るようになります。

17行目　x, y, z を −1 に初期化しています。

draw 関数　何度も実行されます。

22行目　背景を明るい灰色で塗りつぶして画面を更新します。

23行目　画面の中心位置から受信したデータの方向へ線を引いてい

ます。このとき，5.4節と同じ画面になるようにx，y，zの値を4で割っています。

24～26行目　画面の左上に受信した値を表示しています。数値は4で割らずに0～1023までの数を表示します。

serialEvent関数　設定した文字が送られてきたら呼び出されます。

31行目　【port.readStringUntil関数】は指定した文字までの文字列を読み込むための関数です。ここでは，改行コード（\n）までの文字列を読み込み，msという変数に代入しています。

32行目　【trim関数】は前後の空白やタブ，改行コードを除く関数です。

33行目　split関数でカンマ区切で区切られた文字列をそれぞれ分けて，int関数でint型の値に直してdata配列に代入しています。

34～36行目　data配列の値をx，y，zに代入しています。

37行目　Arduinoに「a」を送信します。これにより，受信したらすぐにArduinoがデータを送信するようになります。

mousePressed関数　マウスが押されたときに呼び出される関数です。

42行目　setup関数内で返信要求を送っていますが，まれに送れないことがあります。その対策として，マウスをクリックすることで強制的に返信要求を送っています。

📄 リスト5.10　3軸加速度センサの値をできるだけ早く送る

```
1   import processing.serial.*;
            //Arduinoと通信するためのライブラリを読み込む
2
3   Serial port;    //シリアル通信を行うための変数の定義
4   int x, y, z;    //3軸加速度の値を保存するための変数の定義
5
6   void setup()
7   {
8     size(255, 255);    //255x255ドットの画面を作成
9     port = new Serial(this, "COM3", 9600);
                           //通信ポートと速度の設定
10    background(192);   //背景を明るい灰色
11    stroke(0);         //線の色を黒
12    strokeWeight(5);   //線の太さを5pt
13    fill(0);           //文字の色を黒
14    textSize(24);      //文字のサイズを24pt
15    port.bufferUntil('\n');
                //serialEvent関数の呼び出し条件の設定
16    port.write('a');   //Arduinoに返信要求を送る
17    x = y = z = -1;
18  }
19
20  void draw()
21  {
```

```
22    background(192);    //画面を明るい灰色で塗りつぶして更新
23    line(128, 128, x/4, y/4);
                          //画面の中心からx，y方向へ線を引く
24    text("X:" + x, 10, 30);//画面の左上上に受信した値を表示
25    text("Y:" + y, 10, 60);
26    text("Z:" + z, 10, 90);
27  }
28
29  void serialEvent(Serial p)
30  {
31    String ms = port.readStringUntil('\n');
                          //文字列の読み込み
32    ms = trim(ms);   //改行コードの削除
33    int data[] = int(split(ms, ','));
                          //カンマ区切りの文字列を4つの数字に変換
34    x = data[0];    //それぞれの値をそれぞれの状態を表す変数に代入
35    y = data[1];
36    z = data[2];
37    port.write('a');
                          //Arduinoに再度送信するように返信要求を送信
38  }
39
40  void mousePressed()
41  {
42    port.write('a');   //返信要求を送る
43  }
```

第6章 Arduino と Processing を連携させる

※ 重要：
Processing と Arduino の通信中は Arduino のシリアルモニタは使えません。

これまでの章は，Arduino と Processing を通信させるための基本的な方法を紹介してきました。この章からは，Arduino と Processing を連携させていろいろなものを作ってみましょう※。

6.1 データロガー（センサの値をパソコンに保存）

●参照する節●

Arduino プログラミング
2.2 節
Processing プログラミング
3.1 節，3.5 節
通信方式
5.3 節

●新しい関数●

- P second 関数
- P minute 関数
- P hour 関数
- P day 関数
- P month 関数
- P year 関数
- P millis 関数
- P nf 関数
- P exit 関数

●使用するパーツ●

Arduino × 1
温度センサ × 1

センサの値を Arduino で読み取って，それをパソコンに保存します（図6.1）。この節では，一定の時間間隔で温度を保存するものを作ります。これを使うと，1日の温度変化や，水を温めるときの温度上昇をパソコンに記録できます。実行画面は図6.2となり，現在の時刻と温度に加えて温度の時間変化のグラフも表示します。この実験ではセンサに手を触れて温めています。なお，ファイルへの保存は時刻と温度とします。

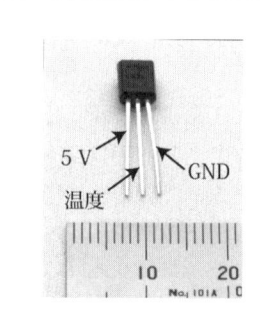

図 6.1 温度センサの外観

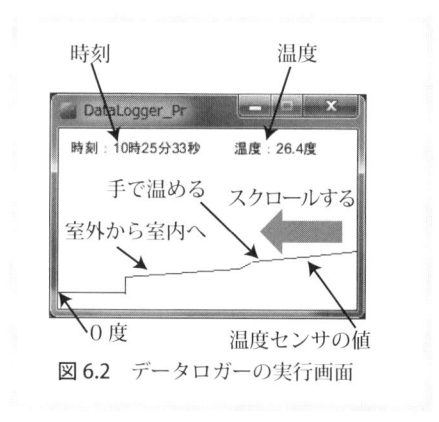

図 6.2 データロガーの実行画面

方針

この節で行う通信のデータの流れを図6.3に示します。5.3節で行った一定間隔でデータを送る方法を応用し，Arduino から1秒おきにデータを送信します。このとき，計測した温度を精度よく表示するために1023までの数を2つに分けて送る方法を紹介します。Processing はデータを受け取ると，その時刻と受け取った値を data.txt という名前のファイルに保存します。

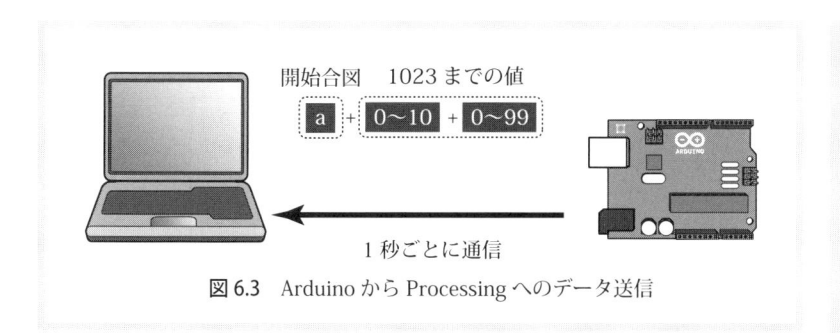

図6.3 ArduinoからProcessingへのデータ送信

回路

回路は簡単です．この本で使う温度センサは，温度がアナログ電圧の大きさとして真ん中のピンから出力されます．そこで，図6.4に示すように温度センサの真ん中のピンをアナログ0番ピンとつなぎ，両端をそれぞれ5 VとGNDにつなぎます．

Arduinoプログラム【リスト6.1】

setup関数 初めに1回だけ実行されます．

3行目　通信速度を9600 bpsに設定しています．

loop関数 何度も実行されます．

8行目　温度計のデータを読み込んでいます．

9行目　開始合図として「a」を送っています．

10，11行目　データを送信しています．今回は1023までの数を送ります．1回に送れる数は255までの数ですので，2回に分けて送る必要があります．10行目は100で割った商を送っているため，100の位と1000の位を送っていることとなります．11行目は100で割った余り[※]を送っているため，1の位と10の位を送っていることとなります．

12行目　1秒待ちます．

※ 余りは％で計算できます．

リスト6.1　データロガー

```
1   void setup()
2   {
3     Serial.begin(9600);      //通信速度を9600bpsに
4   }
5
6   void loop()
7   {
8     int v = analogRead(0);   //温度を読み取る
9     Serial.write('a');       //開始合図を送信
10    Serial.write(v/100);     //1000の位と100の位を送信
11    Serial.write(v%100);     //10の位と1の位を送信
12    delay(1000);             //1秒待つ
13  }
```

(a) 回路図

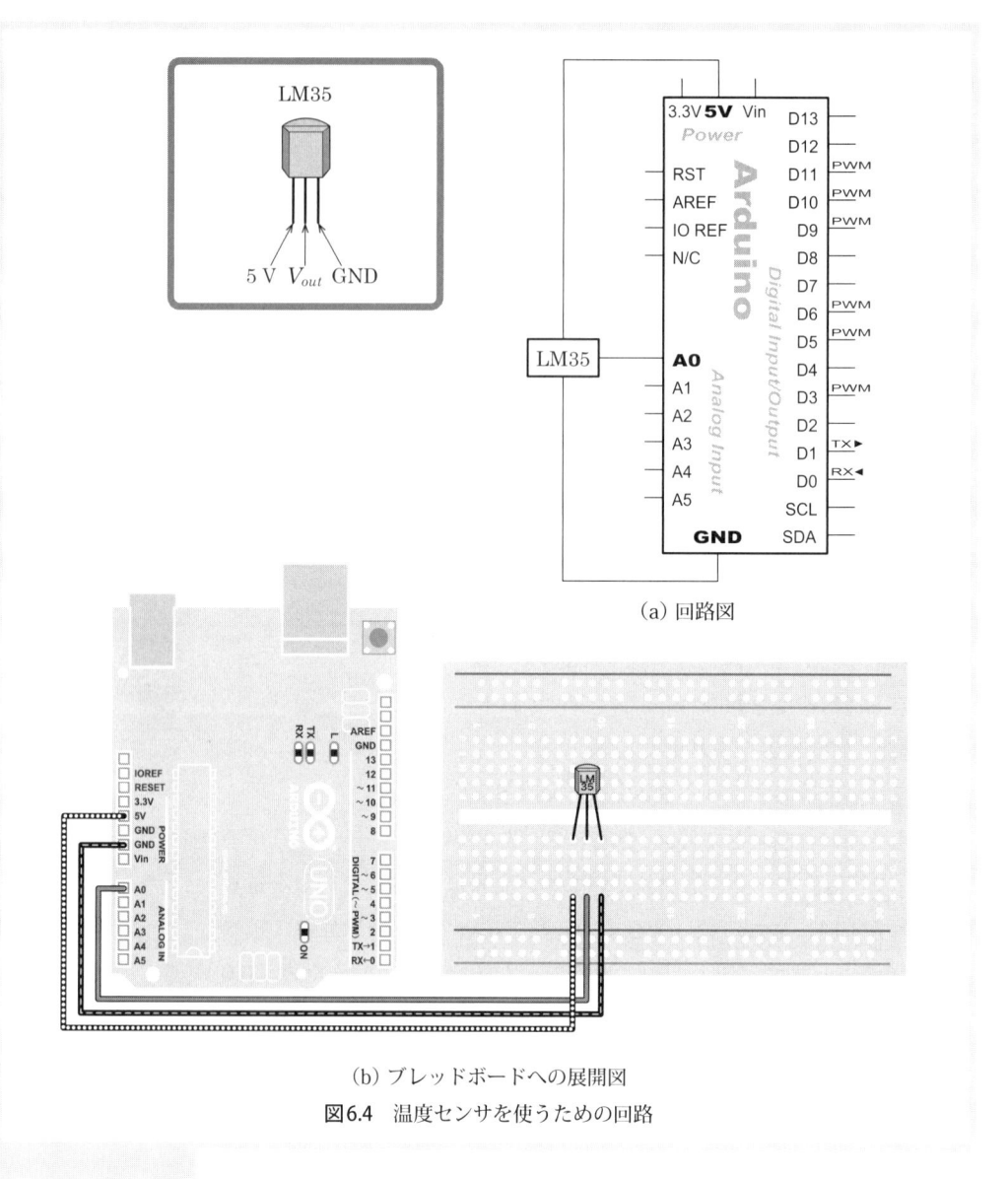

(b) ブレッドボードへの展開図

図6.4　温度センサを使うための回路

Processing プログラム【リスト6.2】

ライブラリとグローバル変数

1, 3行目　Arduinoと通信するためのライブラリを読み込み，通信のための変数（port）を定義しています。

4行目　ファイル出力するための変数（writer）を定義しています。

5行目　温度変化のグラフを表示するための配列（temp）を定義してます。

setup関数　初めに1回だけ実行されます。

9〜13行目　作成するウィンドウの大きさ（255×150），通信ポート（COM3）と速度（9600 bps），背景の色（白），文字の色（黒），線

の色（黒）を設定しています。

14 行目　プログラム実行以前の受信データを消去しています。

15 行目　出力するファイル名を「data.txt」としています。このファイルはプログラムが保存されているフォルダーに生成されます。

16，17 行目　グラフの初期値として 0 を代入しています

draw 関数　何度も実行されます。

22 〜 24 行目　【second 関数】，【minute 関数】，【hour 関数】を使って現在の時刻（秒，分，時）を取得しています。

26 行目の if 文　受信したデータ数が 2 より大きい（3 以上）ならば 27 〜 45 行目を実行してデータを受信してファイルに書き出します。

27 行目，28 行目の if 文　受信データを読み込み，その値が「a」であれば，開始合図なので 29 〜 44 行目を実行します[※]。

29 〜 31 行目　2 つ目のデータ（c1）と 3 つ目のデータ（c2）から値を復元するために変数（c3）を計算しています（100 で割った数と 100 で割って余りの数を使って，元の 0 〜 1023 までの数を計算しています）。

32 行目　その復元したデータから温度を計算しています。5 V のとき 1023 が送られてきて，10 mV 上がると 1 度上がるため，送られてきた変数を 1023 で割って 5 V を掛けて，100 度 /V を掛けています。

34 行目　現在の時刻（時，分，秒）と温度をタブ区切りでファイルに出力しています。【nf 関数】を使って，nf(t, 1, 1) と書くことで小数点以下 1 桁として表すことができます。

35 行目　画面を白で塗りつぶして更新しています。

36，37 行目　現在の時刻と温度を画面に表示しています。

39 行目の for 文　グラフをスクロールさせるために，配列の要素をずらしています。

41 行目　現在の温度を配列の最後に加えています。

42 行目の for 文　これまでの値でグラフを表示しています。0 度のときは，画面の下から 10 ドットのところに線が表示されるようにしています。

【exit 関数】　ウィンドウが閉じられるときに呼ばれる関数です。

49 行目　バッファにたまっている文字列を出力します。

50 行目　ファイルを閉じます

52 行目　Processing で行う終了処理を行うようにします。この関数を呼び出さないと，プログラムをうまく終了できなくなります。

※ これを行わないと，送られてきたデータが 100 で割った商なのか余りなのか区別がつかなくなることがあります。

リスト6.2 データロガー

```
1   import processing.serial.*;
            //Arduinoと通信するためのライブラリを読み込む
2
3   Serial port;          //シリアル通信を行うための変数の定義
4   PrintWriter writer;   //ファイルを書き出すための変数を定義
5   float [] temp = new float [255];
                          //温度を保存するための変数を定義
6
7   void setup()
8   {
9     size(255, 150);     //255x150ドットの画面を作成
10    port = new Serial(this, "COM3", 9600);
                          //通信ポートと速度の設定
11    background(255);    //背景を白
12    fill(0);            //文字の色を黒
13    stroke(0);          //線の色を黒
14    port.clear();       //受信データをクリア
15    writer = createWriter("data.txt");
                          //データを保存するためのファイル設定
16    for(int i=0; i<255; i++)
17      temp[i] = 0;
18  }
19
20  void draw()
21  {
22    int ns = second();  //現在の時刻（秒）
23    int nm = minute();  //分
24    int nh = hour();    //時
25
26    if(port.available() > 2){ //データが3つ以上送られてきたか？
27      int c = port.read();    //データを読み込む
28      if(c=='a'){             //「a」ならば
29        int c1 = port.read();
            //1000の位と100の位のデータを読み込む
30        int c2 = port.read(); //10の位と1の位のデータを読み込む
31        int c3 = c1*100+c2;   //元のデータを復元
32        float t = (float)(c3)/1023.0*5*100;
33                              //温度データに変換
34        writer.println(nh + "\t" + nm + "\t" + ns
                  + "\t" + nf(t,1,1));//ファイルに保存
35        background(255);      //背景を白で塗りつぶして更新
36        text("時刻:" + nh + "時" + nm + "分"
              + ns + "秒", 10, 20);  //画面に時刻を表示
37        text("温度:" + nf(t,1,1) + "度", 150, 20);
                                //画面に温度を表示
38
39        for(int i=0; i<254; i++)
40          temp[i] = temp[i+1];
41        temp[254] = t;
42        for(int i=0; i<254; i++)
43          line(i, height-10-temp[i], i+1,
```

```
44                height-10-temp[i+1]);
45        }
46      }
47    }
48    void exit() {
49      writer.flush();  //バッファに残っているデータをファイルに書き込む
50      writer.close();  //ファイルを閉じる
51
52      super.exit();    //Processingの本来の終了処理（必ず必要）
53    }
```

保存したデータファイルは，Processing のプログラムファイルと同じフォルダーに生成されます。そして，ファイルの中身はファイル 3.1 となっていて，左から「時」「分」「秒」「温度」となっています。

ファイル 6.1　data.txt の中身

```
14  17  14  28.8
14  17  15  28.3
14  17  16  28.8
14  17  17  28.8
14  17  18  28.8
14  17  19  28.8
14  17  20  28.8
14  17  21  28.8
14  17  22  28.8
```

Tips　他の時間にかかわる関数

年，月，日は【year 関数】，【month 関数】，【day 関数】で取得することができます。

また，Processing にはプログラムを開始してからの経過時間をミリ秒単位で返す【millis 関数】があります。これを使えば，数十ミリ秒単位の計測もできます[※]。

※ 実際には通信遅れなどにより，計測した値を受信するまでに数ミリから数十ミリ秒遅れてしまいます。

6.2　スカッシュゲーム

ボリュームをひねってラケットを左右に動かして，ボールを跳ね返しましょう。実行画面は図 6.5 のようになっていて，下側の四角がラケット，周りが壁となっています。まず，ボールは壁に当たって跳ね返るときに鏡面反射する[※]ようになっています。次に，ラケットに当たったときの位置やラケットの移動速度によって上方向の速さが変わるようにしています。これにより，ボールの下に待ち構えているのではなく，ボリュー

※ 左右の壁に当たったときは横方向の速度を反転，上の壁に当たったときは縦方向の速度を反転することで実現できます。

●参照する節●

Arduino プログラミング
2.2 節
Processing プログラミング
3.1 節
通信方式
5.5 節

●新しい関数●

P ltextAlign 関数
P lmap 関数
P labs 関数

●使用するパーツ●

Arduino × 1
ボリューム（10 kΩ）× 1

ムをひねってラケットを動かしながらボールを跳ね返すと，早いボールが打ち返せるだけでなく，ボールの方向を変えることができます。

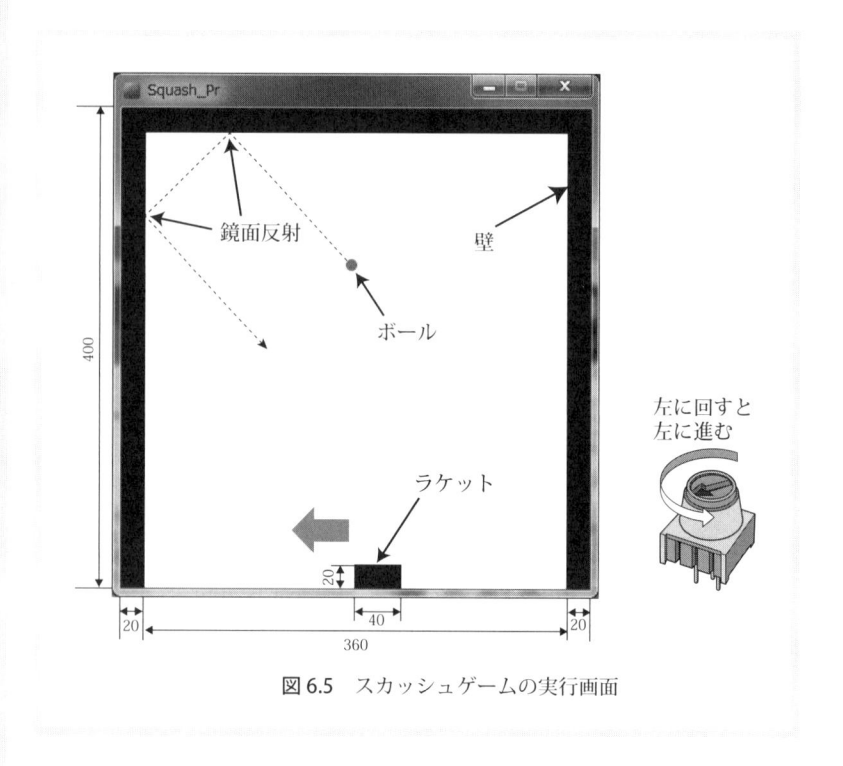

図 6.5　スカッシュゲームの実行画面

方針

この節で行う通信のデータの流れを図 6.6 に示します。通信は受信したらすぐに返信要求を送ることで，できるだけ早い通信を行います。Arduino はその要求を受け取ったら，ボリュームの値を読み取って，5.5 節の方法で 0 〜 1023 までの値を文字として送ります。Processing は受け取った値を計算して，ラケットの位置を更新します。0 が送られてきたら（ボリュームを左にいっぱいにひねったとき）ラケットを左に（ラケットの座標を 20 に）して，1023 が送られてきたら（ボリュームを右にいっぱいにひねったとき）ラケットを右に（ラケットの座標を 320 に）します。

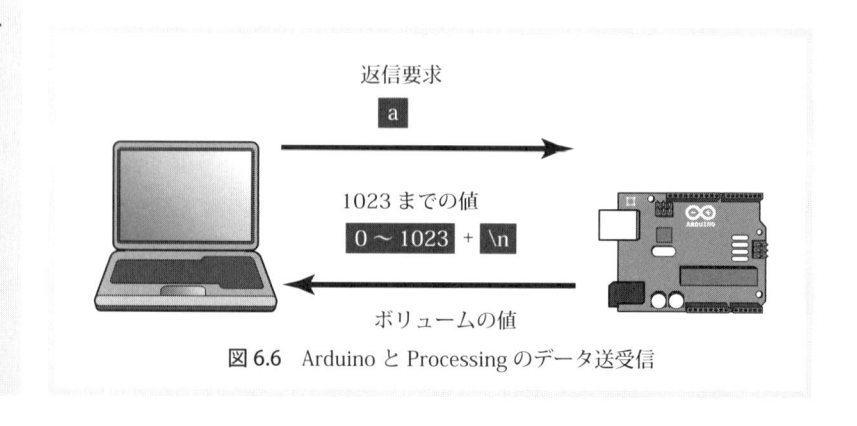

図 6.6　Arduino と Processing のデータ送受信

回路

回路はボリュームを付けただけの，5.2節の図5.6と同じ回路となります。

Arduino プログラム【リスト 6.3】

setup 関数　初めに1回だけ実行されます。

　3行目　Processingとの通信速度を9600 bpsに設定しています。

loop 関数　何度も実行されます。

　8行目のif文　データを1つ以上受信したら9～11行目を実行します。

　9行目　受信したデータをcという変数に代入します※。

　10行目　アナログ0番ピンの電圧を読み込み，vに代入します。

　11行目　0～1023までの値を改行コード付きの文字列として送っています。

※ これを行わないとSerial.available 関数が1以上になったままになります。

リスト 6.3　スカッシュゲーム

```
1   void setup()
2   {
3     Serial.begin(9600);           //通信速度を9600bpsに
4   }
5
6   void loop()
7   {
8     if(Serial.available() > 0){   //データが送られてきたか？
9       int c = Serial.read();      //値を読み込む
10      int v = analogRead(0);      //アナログ値を読み込む
11      Serial.println(v);          //文字列として送る
12    }
13  }
```

Processing プログラム【リスト 6.4】

ライブラリとグローバル変数

　1，3行目　Arduinoと通信するためのライブラリを読み込み，通信のための変数（port）を定義しています。

　4，5行目　ボールのxとyの位置（px，py），と速度（vx，vy）の変数を定義しています。

　6行目　ラケットの位置（rx）と1つ前の位置（rx1）用の変数を定義しています。

setup 関数　初めに1回だけ実行されます。

　10～13行目　作成するウィンドウの大きさ（400×400），通信ポート（COM3）と速度（9600 bps），フレームレート（30 fps），文字の大きさ（24ポイント）を設定しています。

14行目　【textAlign関数】で文字の基準位置を中央に設定しています．設定しない場合の基準位置は左下になります．

15～20行目　ボールの初期位置（100, 200）と初期速度（2, 2），ラケットの初期位置（画面の中央）を設定しています．

21行目　呼び出される条件を改行コード（\n）に設定しています．

22行目　Arduinoに「a」を送信します．これにより，Arduinoから返信が来るようになります．

draw関数　何度も実行されます．

27行目　アニメーションのため背景を黒にしています．

28行目　枠線を消しています．

29, 30行目　ボールの動く範囲を白くしています．

32, 33行目　塗りつぶしの色を黒にして，ラケットを描きます．

35, 36行目　塗りつぶしの色を灰色にして，ボールを描きます．

38行目のif文，39行目のif文　ボールが横の壁にぶつかったらボールのx方向の速度を反転させます．これによりボールが鏡面反射したように動きます．

40行目のif文　ボールが上の壁にぶつかったらボールのy方向の速度を反転させます．これによりボールが鏡面反射したように動きます．

41行目のif文　ボールがラケットの高さ以下になったら（ラケットにボールがぶつかっていれば）42, 43行目を実行します．

42行目のif文，43行目　ボールの横方向がラケットの範囲に入っていれば，打ち返しています．このとき，ラケットの1つ前の位置との差の絶対値を【abs関数】により求め，それに0.5を掛けてさらに2を足してy方向の速度を更新します．これにより，早く動かしながらラケットをボールに当てると，y方向の速さが大きくなるため，速いボールとなります．逆に，止まった状態でラケットに当たると速度は2になります．

45行目のif文～47行目　ボールがラケットよりも下にくると，"Game Over"という文字を画面の中央に書きます．そして，y方向の速度を0.1とします．

49行目のif文　ボールがラケットの下から9よりも大きくなったら（約3秒たったら※），50～55行目を実行します．

50～55行目　ボールの位置と速度，ラケットに位置を初期位置に戻します．

57, 58行目　ボールの位置を更新します．

59行目　今のラケットの位置を1つ前の位置として保存します．

serialEvent関数　設定した文字が送られてきたら，呼び出されます．

※ フレームレートが30（1秒間に30回更新）でy方向の速度が0.1なので，9だけ進むのに3秒かかります．

63行目　改行コード（\n）までの文字列を読み込んで，msという変数に代入しています。

64行目　改行コードを除いてからint型に変換しています。

65行目　受け取った数値からラケットの位置を変更しています。ここでは【map関数】を使います。この関数は，1番目の値を2番目と3番目の範囲の値から4番目と5番目の範囲の値に変更できます。ここでは，受信した0～1023までの値を20～340までの値に割り当てています。

66行目　Arduinoに「a」を送信します。これにより，受信したらすぐにArduinoがデータを送信するようになります。

mousePressed関数　マウスが押されたときに呼び出される関数です。

71行目　setup関数内やデータの受信直後に返信要求を送っていますが，まれに送れないことがあります。その対策として，マウスをクリックすることで強制的に返信要求を送っています。

リスト6.4　スカッシュゲーム

```
1   import processing.serial.*;
          //Arduinoと通信するためのライブラリを読み込む
2
3   Serial port;   //シリアル通信を行うための変数の定義
4   float px, py; //ボールの位置
5   float vx, vy; //ボールの速度
6   float rx, rx1;//ラケットの現在位置と1ステップ前の位置
7
8   void setup()
9   {
10    size(400, 400);      //400x400ドットの画面を作成
11    port = new Serial(this, "COM3", 9600);
                            //通信ポートと速度の設定
12    frameRate(30);       //画面の更新頻度を30fps
13    textSize(24);        //文字の大きさを24pt
14    textAlign(CENTER);   //表示位置を中心
15    px = 100;            //ボール初期位置と初期速度
16    py = 200;
17    vx=2;
18    vy=2;
19    rx=width/2;          //ラケットの初期位置
20    rx1=rx;
21    port.bufferUntil('\n');
22    port.write('a');     //返信要求を送る
23  }
24
25  void draw()
26  {
27    background(0);       //画面を黒で塗りつぶして更新
28    noStroke();          //線なし
```

```
29    fill(255);              //塗りつぶしの色を白に
30    rect(20, 20, width-40, height-20);
                              //ボールが動ける白い範囲を描く
31
32    fill(0);                //塗りつぶしの色を黒に
33    rect(rx, height-20, 40, 20);   //ラケットの描画
34
35    fill(127);              //塗りつぶしの色を灰色に
36    ellipse(px, py, 10, 10);   //ボールの描画
37
38    if (px < 25)vx = -vx; //左の壁にぶつかったら横方向の速度を反転
39    if (px > width-25)vx = -vx; //右の壁にぶつかったとき
40    if (py < 25)vy = -vy; //上の壁にぶつかったら縦方向の速度を反転
41    if (py > height-25) { //ラケットとの衝突判定
42      if (px > rx && px < rx+40)
43        vy = -(abs(rx1-rx)*0.5+2);
                              //ラケットの移動速度によりボールの速さを変える
44    }
45    if (py > height) {   //ラケットよりボールが下に行った場合
46      text("Game Over", width/2, height/2);//文字の表示
47      vy = 0.1;
48    }
49    if (py > height+9) {
              //ボールがラケットの下に行ってから約3秒経過したか
50      px = 100;           //初期値に戻す
51      py = 200;
52      vx = 2;
53      vy = 2;
54      rx = width/2;
55      rx1 = rx;
56    }
57    px += vx;              //ボールの位置の更新
58    py += vy;
59    rx1 = rx;              //1つ前のラケットの位置を保存
60  }
61
62  void serialEvent(Serial p) {
63    String ms = port.readStringUntil('\n');
        //文字列の読み込み
64    rx = int(trim(ms)); //改行コードの削除とint型への変換
65    rx = map(rx, 0, 1023, 20, 340);
                //ボリュームの角度によりラケットの位置を決める
66    port.write('a');     //返信要求を送る
67  }
68
69  void mousePressed()
70  {
71    port.write('a');     //返信要求を送る
72  }
```

6.3　バランスゲーム

　3軸加速度センサを使ってバランスゲームを作りましょう。Processingでボールをシミュレーションして，図6.7の左側の画面を表示させます。灰色の小さい丸がボールで，5.4節の図5.11のように加速度センサを取り付けたブレッドボードを手に持って傾けると，ボールがすべるように動きます。黒い部分へ出ると図6.7の右側の画面が出てゲームオーバーとなります。バランスをうまくとって，ボールが枠の外に行かないようにするゲームです。

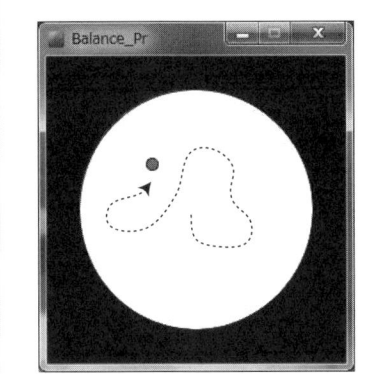

●参照する節●
Arduino プログラミング
5.4節
Processing プログラミング
3.1節，3.3節
通信方式
5.3節

●使用するパーツ●
Arduino × 1
3軸加速度センサ × 1

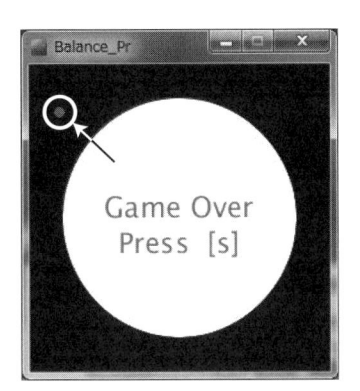

加速度センサを傾けると　　　円からはみ出すと
ボールがその方向に滑る　　　ゲームオーバー

図6.7　バランスゲームの実行画面

方針

　この節で行う通信のデータの流れを図6.8に示します。5.4節の方法で3軸加速度センサを使って傾きを読み取ります。通信方法として5.1節のArduinoから一定時間（0.1秒）間隔でデータを送る方法を使います。Processingは送られてきた傾きからボールの移動方向を計算します。そして，ボールと円を表示し，円からはみ出したら図6.7の右側のように「Game Over Press [s]」と表示します。さらに，Game Overになった後，「s」キーを押すと再スタートできるようにします。

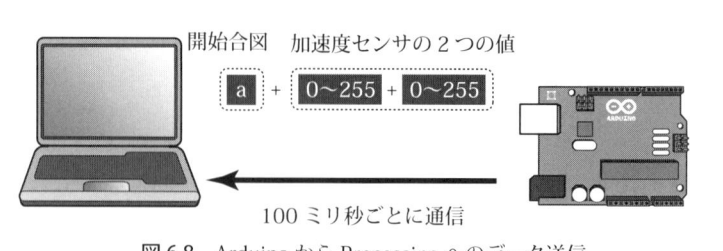

図 6.8　Arduino から Processing へのデータ送信

回路

5.4 節の図 5.14 に示す回路を使います。

Arduino プログラム【リスト 6.5】

setup 関数　初めに 1 回だけ実行されます。

3 行目　通信速度を 9600 bps に設定しています。

loop 関数　何度も実行されます。

9, 10 行目　加速度センサの x 方向（横方向）と y 方向（前後方向）の 2 つの値をそれぞれアナログ 0 番と 1 番のピンで読み込みます。そして、それぞれ v0 と v1 に代入しています。

11 行目　開始合図の「a」を送信しています。

12, 13 行目　2 つの値を送信しています。

14 行目　0.1 秒（100 ミリ秒）間をあけます。

リスト 6.5　バランスゲーム

```
1   void setup()
2   {
3     Serial.begin(9600); //通信速度を9600bpsに
4   }
5
6   void loop()
7   {
8     int v0, v1;
9     v0 = analogRead(0); //アナログ値を読み込む
10    v1 = analogRead(1);
11    Serial.write('a');   //開始合図を送る
12    Serial.write(v0/4);
         //4で割って0～255までの数値に変換して送る
13    Serial.write(v1/4);
14    delay(100);              //次の送信までに少し時間を空ける
15  }
```

Processing プログラム【リスト6.6】

ライブラリとグローバル変数

1，3行目　Arduinoと通信するためのライブラリを読み込み，通信のための変数（port）を定義しています。

4～6行目　ボールのx, y方向の加速度（ax, ay），速度（vx, vy）と位置（px, py）を保存する変数を定義しています。

setup関数　初めに1回だけ実行されます。

10～13行目　作成するウィンドウの大きさ（255×255），通信ポート（COM3）と速度（9600 bps），文字の大きさ（24ポイント）と配置（中央）を設定しています。

14行目　プログラム実行以前の受信データを消去しています。

15，16行目　ボールの初期位置を画面の中央に設定しています。

draw関数　何度も実行されます。

21行目　背景を黒で塗りつぶして画面を更新しています。

23行目のif文　送られてきた文字数が2より大きい（3以上）ならば24～30行目を実行します。

24行目　受信データを読み込んで，cという変数に代入しています。

25行目　そのデータが開始合図の「a」ならば26～29行目を実行します。

26，27行目　x方向とy方向の傾きをそれぞれcxとcyに代入します。

28，29行目　x方向とy方向の加速度を計算しています。引き算の形が異なるのは，加速度センサを傾けたときにその方向にボールが滑るように合わせるためです。

32～35行目　x方向とy方向の速度と位置を更新しています。

36，37行目　塗りつぶしの色を白にして，画面の中央を中心に直径200の円を描いて，土俵にしています。

38，39行目　塗りつぶしの色を灰色にして，px, pyを中心に直径10のボールを描いています。

41行目のif文　画面の中心位置（width/2, height/2）からボールまでの距離を計算し，それが土俵の半径（100）より大きければ42，43行目を実行します※。

42行目　"Game Over"という文字を画面の中央に表示します。

43行目　"Press [s]"という文字を画面の中央から少し下に表示します。

keyPresse関数　何かキーが押されたら（押している間ではないことに注意）実行します。

※ 距離を求めるためにルートを計算するよりも，比較対象となる距離を2乗して比較した方がプログラムが速く動きます。

49～53行目 「s」キーが押されたら，初期位置にボールを再度置きます．

リスト6.6　バランスゲーム

```
1   import processing.serial.*;
            //Arduinoと通信するためのライブラリを読み込む
2
3   Serial port;    //シリアル通信を行うための変数の定義
4   float ax, ay;  //ボールの加速度
5   float vx, vy;  //速度
6   float px, py;  //位置
7
8   void setup()
9   {
10    size(255, 255);        //255x255ドットの画面を作成
11    port = new Serial(this, "COM3", 9600);
                              //通信ポートと速度の設定
12    textSize(24);          //文字のサイズを24pt
13    textAlign(CENTER);     //文字を中央に配置
14    port.clear();          //受信データをクリア
15    px = width/2;          //ボールの初期位置
16    py = height/2;
17  }
18
19  void draw()
20  {
21    background(0);         //画面を黒で塗りつぶして更新
22    int cx, cy, c;
23    if (port.available() > 2) {  //データが3以上送られてきたら
24      c = port.read();
25      if (c == 'a') {      //読み込んだデータが開始合図か？
26        cx = port.read();  //x方向のデータの読み込み
27        cy = port.read();  //y方向
28        ax = (cx-127)-vx*0.1;  //加速度に変換
29        ay = (127-cy)-vy*0.1;
30      }
31    }
32    vx += ax*0.1;          //速度の計算
33    vy += ay*0.1;
34    px += vx*0.1;          //位置の計算
35    py += vy*0.1;
36    fill(255);             //土俵の表示
37    ellipse(width/2, height/2, 200, 200);
38    fill(127);             //ボールの表示
39    ellipse(px, py, 10, 10);
40
41    if ((px-width/2)*(px-width/2)+
         (py-height/2)*(py-height/2) > 100*100) {
                              //土俵から出たら
42      text("Game Over", width/2, height/2);
43      text("Press [s]", width/2, height/2+30);
```

```
44      }
45    }
46
47    void keyPressed()
48    {
49      if (key == 's') {      //「s」キーが押されたら
50        px = width/2;        //初期位置に戻す
51        py = height/2;
52        vx = 0;
53        vy = 0;
54      }
55    }
```

> **Tips 面白くするために**
>
> ボールの動き方を変えるとゲームが難しくなります。動き方は，32行目と33行目の0.1の値によって変わります。この値を大きく（例えば1.0に）すると，傾けた方向にすぐに動きます。これは，お盆に載せたビー玉のような動きになります。逆に小さく（例えば0.01に）すると，傾けてもすぐにはその方向に動きません。これは，板の上に載せたソフトボールのような動きになります。うまく調節して面白くなる値を見つけてみてください。

6.4 リモコンカー

PCから操作する車を作ってみましょう。操作はキーボードで行い，キーと動作の対応は表6.1のようになっています。なお，今回はウィンドウには何も表示しません。

また，6.8節で示す無線接続にすれば，付録Aに示すようなラジコンになります。そして，これを改造してパソコンが載るくらいに大きな車にすると，自律移動ロボットができるかもしれませんね。

表6.1 方向キーと動作，keyCodeの関係

キー	動作	keyCode
左方向キー	左旋回	37
上方向キー	前進	38
右方向キー	右旋回	39
下方向キー	後進	40
スペースキー	停止	32

●参照する節●
Arduino プログラミング
4.5節
Processing プログラミング
3.3節
通信方式
4.5節

●使用するパーツ●
Arduino × 1
モータードライバー
（TA7291P）× 2
ダブルギヤボックス × 1
ナロータイヤセット × 1
ユニバーサルプレート × 1
ボールキャスター × 1
電池ボックス × 1
電池 × 4

方針

この節で行う通信のデータの流れを図6.9に示します。通信は4.1節のように1文字だけ送ります。Processingでキーボードの値を読み取り，そのキーコードを送ります。Arduinoは，受け取った数字が方向キーに

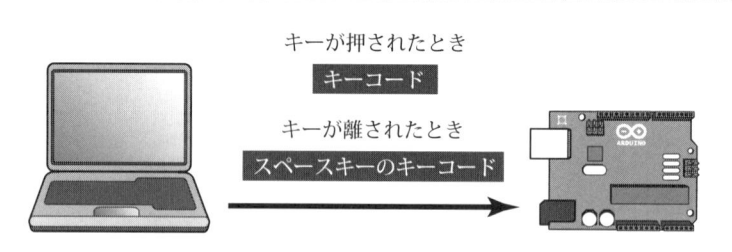

図 6.9　Processing から Arduino へのデータ送信

対応するキーコードであればモーターを回し，スペースキーに対応するキーコードであればモーターを止めます．また，キーボードのキーを離したら動かなくなった方が操作しやすいので，キーを離したらスペースに対応するキーコードを送るようにして停止するようにしています．

回路

今回の回路を図 6.10 に示します．デジタルピンの状態と回転方向は表 6.2 のようになっています．左モーターの回転方向をデジタル 4 番と 5 番ピンで決め，その速度をデジタル 6 番ピンで決めます．同様に，右モーターの回転方向をデジタル 7 番と 8 番ピンで決め，その速度をデジタル 9 番ピンで決めています．

表 6.2　デジタルピンとモーターの回転方向の関係

DC モーターの状態	左モーター		右モーター	
	4 ピン	5 ピン	7 ピン	8 ピン
正転	HIGH	LOW	HIGH	LOW
逆転	LOW	HIGH	LOW	HIGH
停止	LOW	LOW	LOW	LOW

車の作成

作成するリモコンカーは，4.5 節で使用したモータードライバーを 2 つ使って，2 つの DC モーターで左右のタイヤを駆動させます．リモコンカーのモーターやキャスター，ブレッドボードや Arduino などを取り付ける位置の概略図を，図 6.11 に示します．

ユニバーサルプレートへのギヤボックスの取り付けは，ギヤボックスの説明書にあるので参考にしてください．ギヤボックスとボールキャスターの間に，ブレッドボードが入ります．リモコンカーが多少の段差など力強く乗り越えられるように，ギヤ比は 344.2：1 としてあります．ボールキャスターの高さは 37 mm としました．ブレッドボードは輪ゴムでユニバーサルプレートにたすき掛けで固定し，Arduino は輪ゴムを掛けることで固定しました．その完成図を図 6.12 に示します．

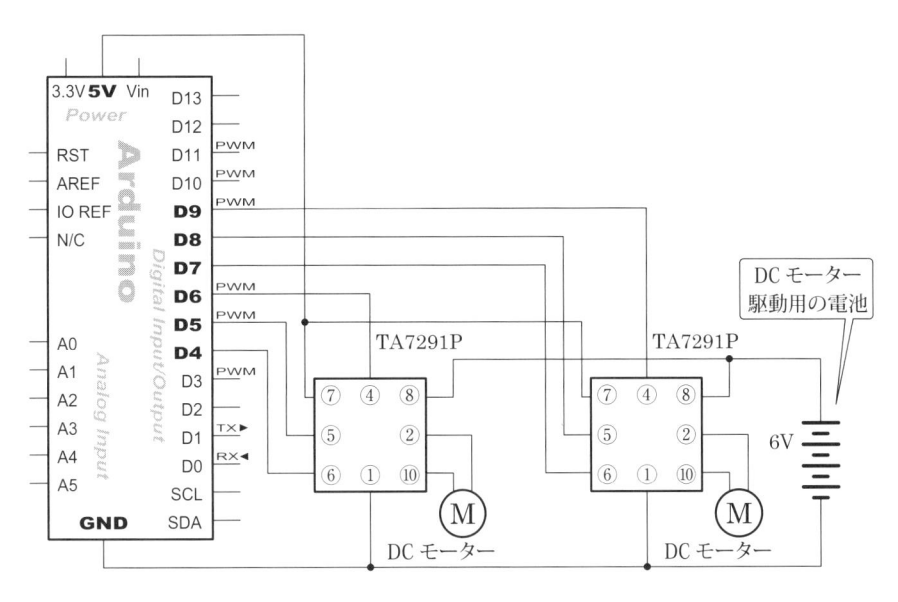

(a) 回路図

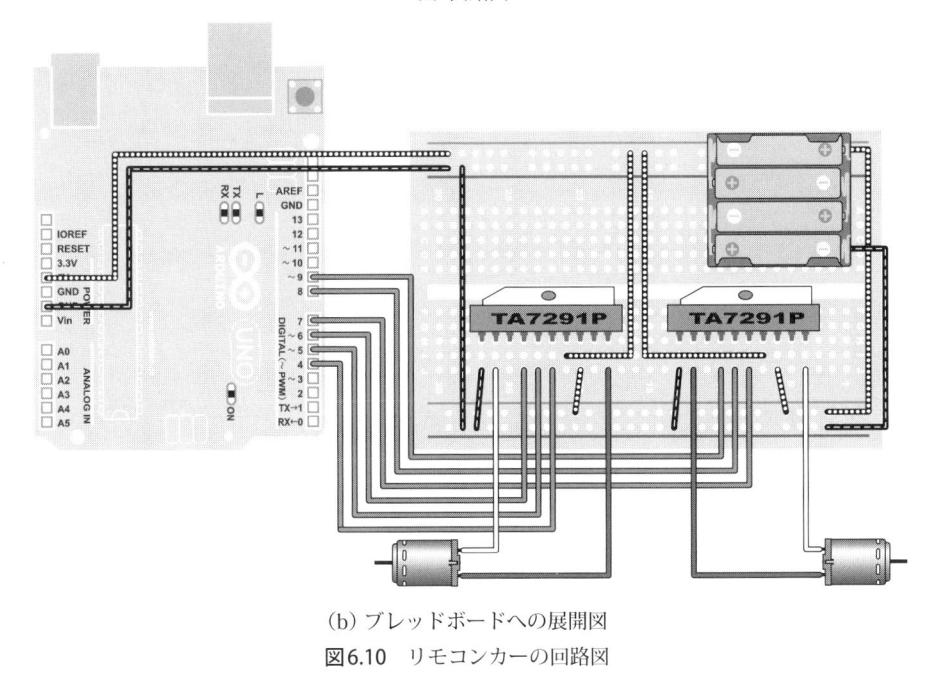

(b) ブレッドボードへの展開図
図6.10 リモコンカーの回路図

Arduinoプログラム【リスト6.7】

setup関数　初めに1回だけ実行されます。

3〜9行目　通信速度（9600 bps）と出力ピン（4〜9番ピン）の設定をしています。

10〜15行目　初期状態でモーターが止まっているように設定しています。

(a) 上から見た図

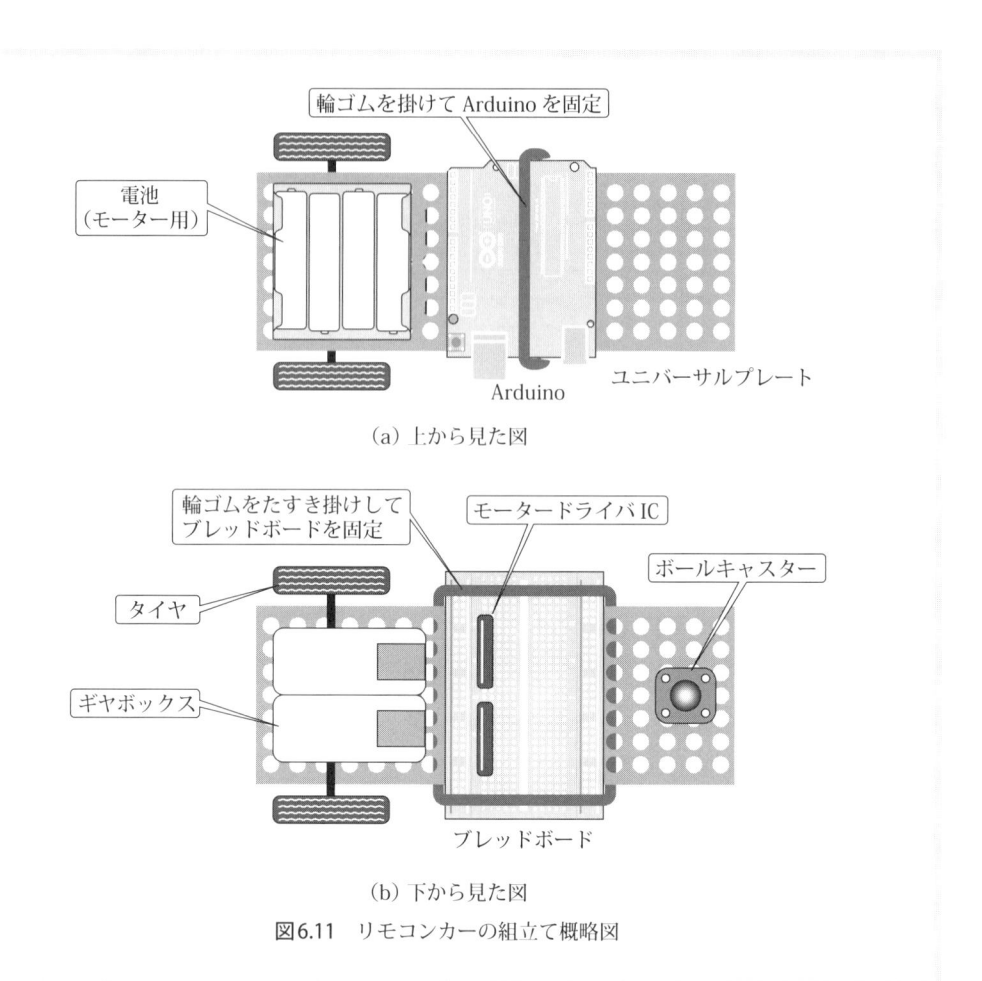

(b) 下から見た図

図6.11　リモコンカーの組立て概略図

図6.12　リモコンカーの完成写真

loop 関数　何度も実行されます。

　20 行目の if 文　1つ以上のデータが送られてきたならば，21～61 行目を実行します。

　21 行目　そのデータを読み込みます。

　22 行目の if 文～28 行目　受信データが 38（「↑」キー）だったら，直進させるために左モーターと右モーターをともに正転させます。

　30 行目の else if 文～36 行目　受信データが 40（「↓」キー）だったら，

後進させるために左モーターと右モーターをともに逆転させます。

38行目のelse if文〜44行目 受信データが39（「→」キー）だったら，右旋回させるために左モーターを停止させ，右モーターを逆転させます[※]。

46行目のelse if文〜52行目 受信データが37（「←」キー）だったら，左旋回させるために左モーターを逆転させ，右モーターを停止させます。

54行目のelse if文〜60行目 受信データが32（スペースキー）だったら，停止するために左モーターと右モーターをともに停止させます。

※ 右旋回させるために左モーターを正転させ，右モーターを逆転させる方法もありますが，本文の方法の方が操作しやすかったので，このようにしました。

リスト6.7 リモコンカー

```
1   void setup()
2   {
3     Serial.begin(9600);    //通信速度を9600bpsに
4     pinMode(4, OUTPUT);    //4番ピンから9番ピンまで出力に
5     pinMode(5, OUTPUT);
6     pinMode(6, OUTPUT);
7     pinMode(7, OUTPUT);
8     pinMode(8, OUTPUT);
9     pinMode(9, OUTPUT);
10    digitalWrite(4, LOW);  //初期状態でモーターを止める
11    digitalWrite(5, LOW);
12    analogWrite(6, 0);
13    digitalWrite(7, LOW);
14    digitalWrite(8, LOW);
15    analogWrite(9, 0);
16  }
17
18  void loop()
19  {
20    if(Serial.available() > 0){
        //データが1つ以上送られてきたか？
21      char c = Serial.read();
22      if(c == 38){                 //「↑」キーのとき
23        digitalWrite(4, HIGH);     //左タイヤ正転
24        digitalWrite(5, LOW);
25        analogWrite(6, 128);
26        digitalWrite(7, HIGH);     //右タイヤ正転
27        digitalWrite(8, LOW);
28        analogWrite(9, 128);
29      }
30      else if(c == 40){            //「↓」キーのとき
31        digitalWrite(4, LOW);      //左タイヤ逆転
32        digitalWrite(5, HIGH);
33        analogWrite(6, 128);
34        digitalWrite(7, LOW);      //右タイヤ逆転
35        digitalWrite(8, HIGH);
```

```
36        analogWrite(9, 128);
37      }
38      else if(c == 39){        //「→」キーのとき
39        digitalWrite(4, LOW);   //左タイヤ停止
40        digitalWrite(5, LOW);
41        analogWrite(6, 0);
42        digitalWrite(7, LOW);   //右タイヤ逆転
43        digitalWrite(8, HIGH);
44        analogWrite(9, 128);
45      }
46      else if(c == 37){        //「←」キーのとき
47        digitalWrite(4, LOW);   //左タイヤ逆転
48        digitalWrite(5, HIGH);
49        analogWrite(6, 128);
50        digitalWrite(7, LOW);   //右タイヤ停止
51        digitalWrite(8, LOW);
52        analogWrite(9, 0);
53      }
54      else if(c == 32){        //スペースキーのとき
55        digitalWrite(4, LOW);   //左タイヤ停止
56        digitalWrite(5, LOW);
57        analogWrite(6, 0);
58        digitalWrite(7, LOW);   //右タイヤ停止
59        digitalWrite(8, LOW);
60        analogWrite(9, 0);
61      }
62    }
63  }
```

Processing プログラム【リスト6.8】

ライブラリとグローバル変数

1，3行目　Arduinoと通信するためのライブラリを読み込み，通信のための変数（port）を定義しています。

setup関数　初めに1回だけ実行されます。

7行目　通信ポート（COM3）と速度（9600 bps）を設定しています。

draw関数　何も行っていませんが書いておきます※。

keyPressed関数　キーボードのキーが押されたときに呼び出される関数です。

17行目　キーコードの値をそのまま送っています。Arduinoが方向キーとスペースキーのキーコード以外を無視するため，動作に影響はありません。

keyReleased関数　キーボードのキーが離されたときに呼び出される関数です。

22行目　スペースキーに相当するキーコードを送っています。

※ なくても実行できますが，このように書いておくと「Esc」キーで終了できるようになります。

リスト6.8　リモコンカー

```
1   import processing.serial.*;
            //Arduinoと通信するためのライブラリを読み込む
2
3   Serial port;     //シリアル通信を行うための変数の定義
4
5   void setup()
6   {
7     port = new Serial(this, "COM3", 9600);
                    //通信ポートと速度の設定
8   }
9
10  void draw()
11  {
12    //何も書かない
13  }
14
15  void keyPressed()
16  {
17    port.write(keyCode);   //押されたキーコードを送る
18  }
19
20  void keyReleased()
21  {
22    port.write(32);  //キーが離されたらスペースキーのキーコードを送る
23  }
```

6.5　電光掲示板

電光掲示板に日本語の文字（全角文字）を表示します[1]。電光掲示板には8×8のドットマトリックスという64個のLEDが付いているものを使います（図6.13）。8×8ドットで漢字も含めた日本語を表示するので，英語ほどきれいには表示できませんが読めなくはありません。例えば，

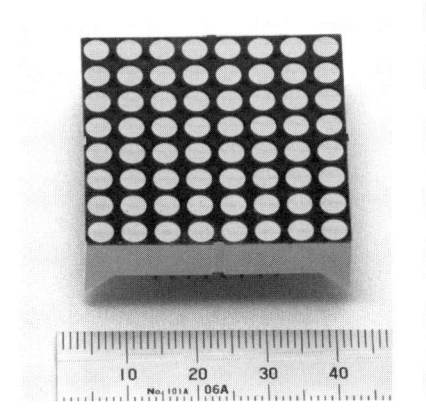

図6.13　ドットマトリックスの外観

●参照する節●

Arduino プログラミング
2.1節
Processing プログラミング
3.4節，3.5節
通信方式
4.1節

●使用するパーツ●

Arduino × 1
ドットマトリックス × 1
抵抗（1kΩ）× 8

※1 半角英数は使えません。

※2 少し離れて見ると見やすくなります。

「た」「の」「工」「作」「A」「r」は図6.14のように表示されます[2]。なお，今回作成するプログラムでは100文字までの入力することができ，各文字を1秒ごとに表示するものを作ります。

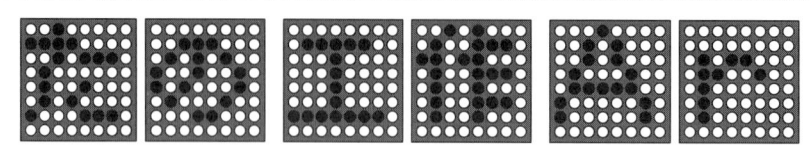

図 6.14　ドットマトリックスでの表示例

方針

この節で行う通信のデータの流れを図 6.15 に示します[1]。まず，インターネットから 8×8 ドットで描かれたフォントデータをダウンロードして，Processing から使えるようにします。次に，表示させる文字は，図 6.16 の右側のように，作成するプログラムと同じフォルダーに word.txt というファイル名のテキストファイルを作成し，その中に書いておきます。ウィンドウのどこかをクリックすると word.txt に書いてある文字を読み出して，図 6.16 の左側のように画面に表示します[2]。そして，先頭から 1 文字ずつ読み込んで，ダウンロードしたフォントデータの中からその文字のデータを探し，8×8 のドットマトリックスパターンを作ります。そのパターンを Arduino に送信します。Arduino はそのパターンに従ってドットマトリックスを光らせます。1 秒ごとに文字を変えてこの動作を繰り返します。

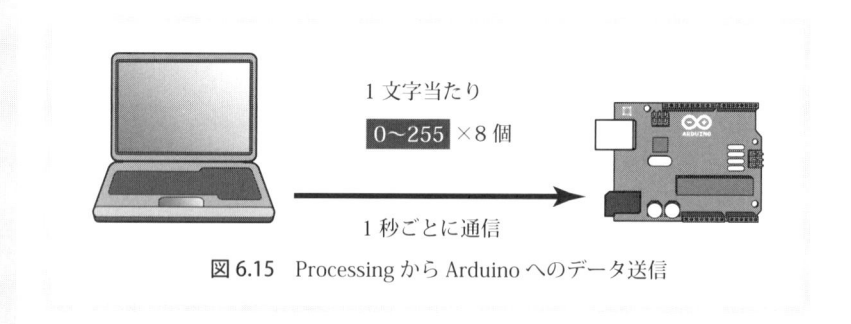

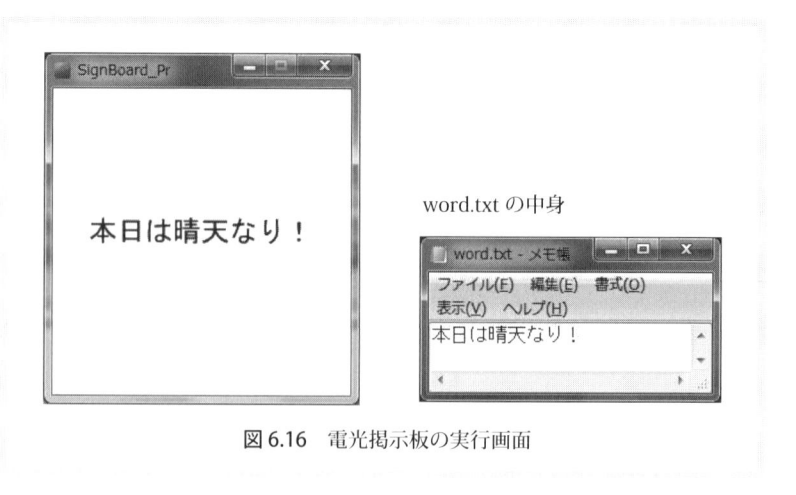

※1 この通信は簡単のため開始合図がありません。そのため，文字が崩れることがあります。その場合は Arduino のリセットボタンを押してください。

※2 表示する文字を変えたいときは，word.txt を書き換えて保存してから，Processing の実行画面をクリックすれば OK です。このとき，Processing を実行し直す必要はありません。

図 6.15　Processing から Arduino へのデータ送信

図 6.16　電光掲示板の実行画面

回路

ドットマトリックスを使うには 16 個のピンが必要となります。そこで，デジタル 2 番ピンから 13 番ピンに加えて，アナログ 0 番から 3 番ピンをデジタルピンとして使用します。アナログピンをデジタルピンとして使用するには，pinMode 関数で OUTPUT と設定すればできます。この回路を図 6.17 に示します。ブレッドボードへの展開図ではドットマトリックスの上に配線があるようになっていますが，実際にはすべてドットマトリックスの下に配線します。

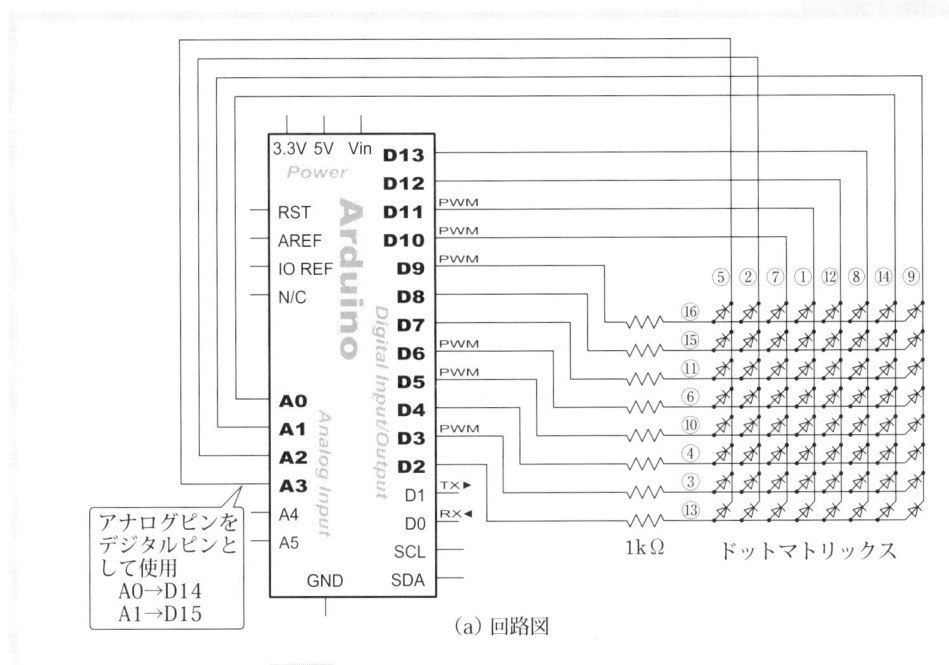

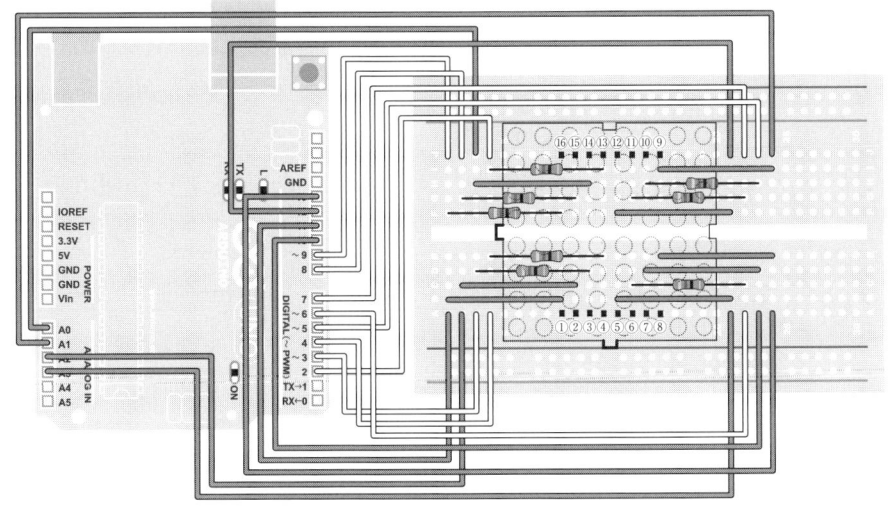

(a) 回路図

(b) ブレッドボードへの展開図

図 6.17 電光掲示板のための回路

フォントの設定

この本では「美咲フォント」を使います[※1]。美咲フォント（http://www.geocities.jp/littlimi/misaki.htm）の Web ページを開くと図 6.18 となっています[※2]。「FONTX2 形式」の「misaki_fontx_2012-06-03.zip」（82,207 bytes）をクリックして図 6.18 のように「名前を付けて保存」を選択します。この本ではダウンロード先をデスクトップとしました。

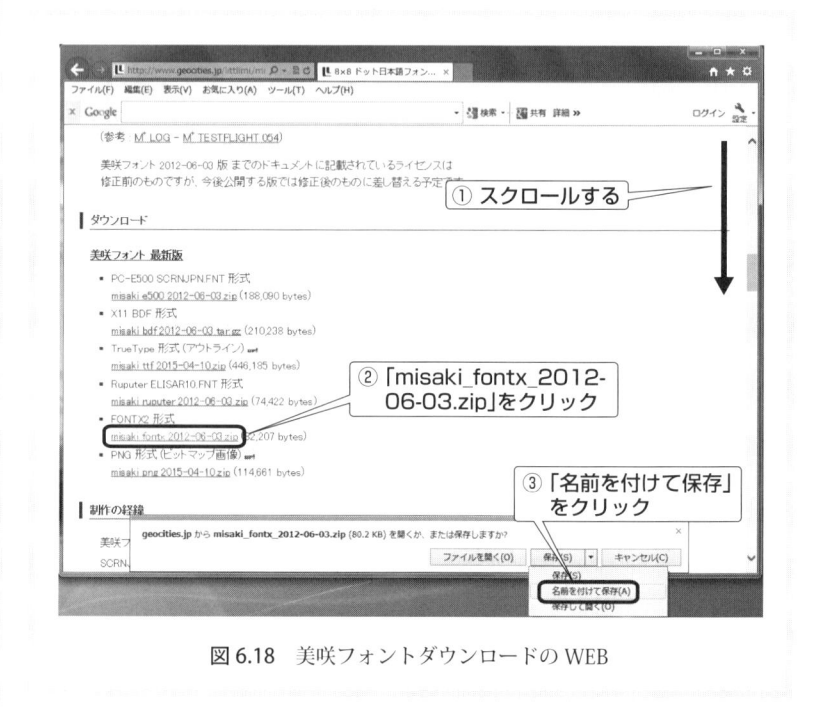

※1 FONTX2 形式であれば他のフォントも使えます。

※2 この Web ページの上の方に美咲フォントで描かれたサンプルの文章があります。

図 6.18　美咲フォントダウンロードの WEB

ダウンロードしたファイルを右クリックして「すべて展開」を選ぶと展開されてフォルダーができます。そのフォルダーを開くと図 6.19 の左上のフォルダーとなります。そのフォルダーの中にある MISAKI.FNT をリスト 6.10 の Processing のプログラムを打ち込んで保存したときにできるフォルダー（この本では SignedBoard_Pr）の中に入れます。これでフォントの設定は終わりです。

Arduino プログラム【リスト 6.9】

8×8 のドットマトリックスは 16 本のデジタルピンが必要となるため、デジタルピン 2 番〜 13 番と、アナログピン 0 番〜 3 番をデジタルピンとして使用して、合計で 16 個のデジタルピンを使います[※3]。またここで、デジタルピンとデータの関係を図 6.20 に示します。

※3 デジタルピン 0 番と 1 番はパソコンとの通信に使っています。

グローバル変数

1 行目　表示する列の番号を保存する変数（row）を定義しています。

2 行目　ドットマトリックスはダイナミックドライブ方式で表示する

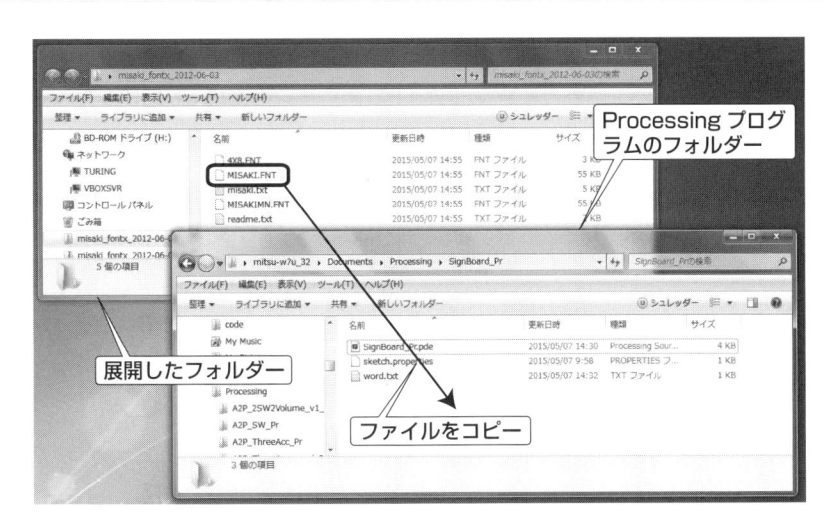

図 6.19　美咲フォントファイルのコピー

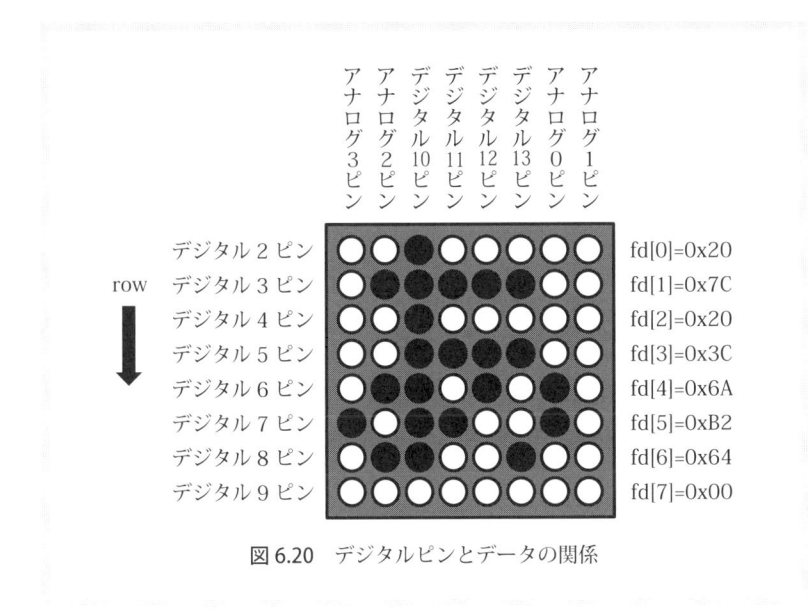

図 6.20　デジタルピンとデータの関係

ため，各列のドットデータ（何番目を光らせるか）を保存する配列（fd[ ]）を定義しています。ここでは，初期状態で「あ」という文字が表示されるパターンを入れて初期化しています。

setup 関数　初めに 1 回だけ実行されます。

7 行目　通信速度を 9600 bps にしています。

8～13 行目　デジタルピン 2 番～13 番と，アナログピン 0 番～3 番をデジタルピン※とし，合計 16 個のピンを出力ピンとして使う設定をしています。

14 行目　row を 0 に初期化しています。

※ アナログピンも pinMode 関数で設定すれば，デジタルピンとして使うことができます。アナログピンは A0，A1，…のように書きます。

loop関数 何度も実行されます。

20行目のif文〜24行目 Processingからデータが8バイト以上送られてきたかチェックして，データを配列fdに読み込みます。

25行目 現在表示している列を消します。ここでrow+2としているのは2〜9番ピンを列の点灯のために使うからです。

26，27行目 rowを+1して次の列の表示をさせます。このとき，rowが8ならば0に戻しています。

29〜60行目 各列のデータを読み込んで，LEDを光らせる準備をします。例えば，29行目は0x80（2進数で表すと10000000）とANDを取ることで8ビット目が1かどうかを調べています。

61行目 列を点灯します。

62行目 ダイナミックドライブさせるときの待ち時間を2ミリ秒にしています。

リスト6.9　電光掲示板

```
1   int row;                            //表示する桁
2   int fd[] = {0x20, 0x7C, 0x20, 0x3C, 0x6A, 0xB2,
                0x64, 0x00};            //最初に「あ」を表示
3
4   void setup()
5   {
6     int i;
7     Serial.begin(9600);               //通信速度を9600bpsに
8     for(i=2; i<14; i++)               //出力ピンに
9       pinMode(i, OUTPUT);
10    pinMode(A0, OUTPUT);
11    pinMode(A1, OUTPUT);
12    pinMode(A2, OUTPUT);
13    pinMode(A3, OUTPUT);
14    row = 0;
15  }
16
17  void loop()
18  {
19    int i, j;
20    if(Serial.available() > 7){
              //8個のデータを受信したら以下の処理を行う
21      for(i=0; i<8; i++){
22        fd[i] = Serial.read();     //8個すべて読み込む
23      }
24    }
25    digitalWrite(row+2, LOW);      //表示していた列を消す
26    row++;//次の列に
27    if(row == 8)row = 0;
28
29    if((fd[row]&0x80) != 0)        //該当する列のLEDのON/OFF
```

```
30        digitalWrite(A3, LOW);
31      else
32        digitalWrite(A3, HIGH);
33      if((fd[row]&0x40) != 0)
34        digitalWrite(A2, LOW);
35      else
36        digitalWrite(A2, HIGH);
37      if((fd[row]&0x20) != 0)
38        digitalWrite(10, LOW);
39      else
40        digitalWrite(10, HIGH);
41      if((fd[row]&0x10) != 0)
42        digitalWrite(11, LOW);
43      else
44        digitalWrite(11, HIGH);
45      if((fd[row]&0x08) != 0)
46        digitalWrite(12, LOW);
47      else
48        digitalWrite(12, HIGH);
49      if((fd[row]&0x04) != 0)
50        digitalWrite(13, LOW);
51      else
52        digitalWrite(13, HIGH);
53      if((fd[row]&0x02) != 0)
54        digitalWrite(A0, LOW);
55      else
56        digitalWrite(A0, HIGH);
57      if((fd[row]&0x01) != 0)
58        digitalWrite(A1, LOW);
59      else
60        digitalWrite(A1, HIGH);
61      digitalWrite(row+2, HIGH);      //列の表示
62      delay(2);
63    }
```

Processing プログラム【リスト6.10】

ライブラリとグローバル変数

1, 3行目　Arduinoと通信するためのライブラリを読み込み，通信のための変数（port）を定義しています。

4～7行目　美咲フォントのフォントデータを読み込むための変数を定義しています。

8～11行目　表示する文字データを読み込むための変数を定義しています。

setup関数　初めに1回だけ実行されます。

14～18行目　作成するウィンドウの大きさ（255×255），通信ポート（COM3）と速度（9600 bps），背景の色（白），文字の色（黒），画面の更新頻度（10 fps）を設定しています。

20行目　ReadFont関数を実行してフォントデータを読み込んでいます。

22〜25行目　文字を表示するための変数の初期化をしています。それぞれの意味を以下に示します。
- WordData：表示する文字のデータ
- WordDataPos：何文字目を表示しているか（1文字8個のドットデータでできているため，8倍して使います）
- WordDataLen：表示する文字数（実際には文字数の8倍の数です）
- WordSpeed：文字の切り替え速度（10 fpsなので10カウントすると1秒となります）

draw関数　何度も実行されます。

32〜42行目　1秒おきに次の文字のデータを送っています。

45〜59行目　マウスのボタンが押されたら，表示する文字のデータが書いてあるword.txtファイルを読み出しています。そして画面に表示しています。さらに，ドットデータを作っています。

ReadFont関数　美咲フォントの中から文字データを読み出しています。

SearchFont関数　文字コードから美咲フォント中の該当する位置を探しています。

DrawFont関数　美咲フォント中の該当する位置を引数として，文字データをドットマトリックス用に変換しています。

P リスト6.10　電光掲示板

```
1   import processing.serial.*;
            //Arduinoと通信するためのライブラリを読み込む
2
3   Serial port;       //シリアル通信を行うための変数の定義
4   byte [] FontData;  //美咲フォントの解析用
5   int [] BlockStart;
6   int [] BlockEnd;
7   int Tnum;
8   int [] WordData;   //文字データの表示用
9   int WordDataPos;
10  int WordDataLen;
11  int WordSpeed;
12
13  void setup() {
14    size(255, 255);    //255x255ドットの画面を作成
15    port = new Serial(this, "COM3", 9600);
                         //通信ポートと速度の設定
16    background(255);   //背景を白
17    fill(0);           //文字の色を黒
18    frameRate(10);     //画面の更新頻度を10fps（0.1秒ごと）
19
```

```
20    ReadFont();
21
22    WordData = new int [8*100]; //最大100文字
23    WordDataPos = 0;                   //表示しているデータ
24    WordDataLen = 0;                   //最大のデータ
25    WordSpeed = 0;                     //文字の切り替わりタイミング
26  }
27
28  void draw()
29  {
30    int i;
31    //文字の送信
32    if (WordDataLen > 0) {       //文字が読み込まれているか？
33      WordSpeed++;
34      if (WordSpeed == 10) {   //1秒経過したか？
35        WordSpeed = 0;
36        for (i=0; i<8; i++) {  //8個の文字データを送る
37          port.write(WordData[WordDataPos+i]);
38        }
39        WordDataPos += 8; //現在送った文字データの位置を更新
40        if (WordDataLen <= WordDataPos)
                                //最大文字データ数より大きい場合
41          WordDataPos = 0;//初めから表示させるために初期化
42      }
43    }
44    //文字データの読み込み
45    if (mousePressed == true) { //マウスが押されたか？
46      background(255);                 //画面を更新
47      byte b[] = loadBytes("word.txt");
                                //文字データをファイルから読み込む
48      String str = new String(b);
49
50      PFont myFont;        //画面に表示するフォントを設定
51      textAlign(CENTER);
52      myFont = createFont("MSゴシック", 24);
53      textFont(myFont);
54      text(str, width/2, height/2);
55      WordDataLen = 0;
56      for (i=0; i<b.length; i+=2) {
                //読み込んだ文字データから美咲フォントの中で該当する
                番号をすべての文字について探す。
57        int code = SearchFont((b[i] & 0xFF)*0x100+
                                   (b[i+1] & 0xFF));
58        DrawFont(code);
59      }
60    }
61  }
62
63  //美咲フォントを読み込む
64  void ReadFont()
65  {
66    FontData = loadBytes("MISAKI.FNT");
```

```
    Tnum = FontData[17] & 0xff;
    BlockStart = new int [Tnum];
    BlockEnd = new int [Tnum];
    int i;
    for (i=0; i<Tnum; i++) {
      BlockStart[i] = ((FontData[19+i*4]&0xff)<<8) +
                      (FontData[18+i*4]&0xff);
      BlockEnd[i] = ((FontData[21+i*4]&0xff)<<8) +
                    (FontData[20+i*4]&0xff);
    }
}

//文字データを美咲フォント上のデータに変換する
int SearchFont(int code)
{
  println("code = " + hex(code, 4));
  int i;
  int n = 0;
  for (i=0; i<Tnum; i++) {
    if ((BlockStart[i] <= code) &&
        (BlockEnd[i] >= code)) {
      return n+(code-BlockStart[i]);
    }
    n += BlockEnd[i]-BlockStart[i]+1;
  }
  return (-1);
}

//ドットマトリックス用データへの変換
void DrawFont(int code) {
  int [] font = new int [8];
  int i, j;
  for (i=0; i<8; i++) {
    font[i] = FontData[18 + Tnum * 4 + code*8 +
                       i]&0xff;
  }
  for (i=0; i<8; i++) {
    WordData[WordDataLen] = font[i];
    WordDataLen++;
  }
}
```

6.6 レーダーを作る

　図6.21に示すようにサーボモーターの上に2.4節で使った距離センサを載せて，サーボモーターを回すことで広範囲の情報を取得するレーダーのようなものを作りましょう．例えば図6.22の左側のように配置した場合，図6.22の右側のような画面が現れて，中心から物体までの距離が線で表されます．これを自律移動ロボットに付ければ，壁などの障害物を避けながら移動できるようになるかもしれません[※]．

●参照する節●

Arduino プログラミング
4.6節
Processing プログラミング
3.1節
通信方式
5.4節

●使用するパーツ●

Arduino × 1
距離センサ × 1
サーボモーター × 1
電池ボックス × 1
電池 × 4

※ サーボモーターはメーカーや型番によって回転方向が異なります．実行して回転方向が逆ならば，4.6節のTipsを参考にしてください．

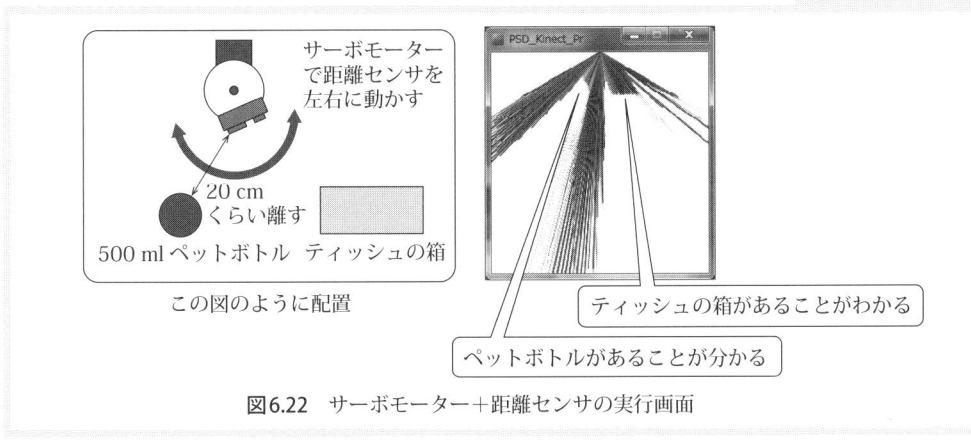

図6.21　サーボモーターと距離センサで作るレーダーの外観

図6.22　サーボモーター＋距離センサの実行画面

方針

この節で行う通信のデータの流れを図 6.23 に示します。ここでは Processing からデータを送ると，Arduino はすぐに返信する 5.4 節のできるだけ早く送る方法を応用した通信を行います。Processing はサーボモーターの角度を指定します。Arduino はその角度になるようにサーボモーターを回し，そのときの距離センサの値を Processing に送ります。Processing はその値を受け取って，その値を障害物までの距離に換算します。角度と距離から画面上に線を引くことを角度をずらしながら行い，これを繰り返すことで図 6.22 の右側のような表示になります。

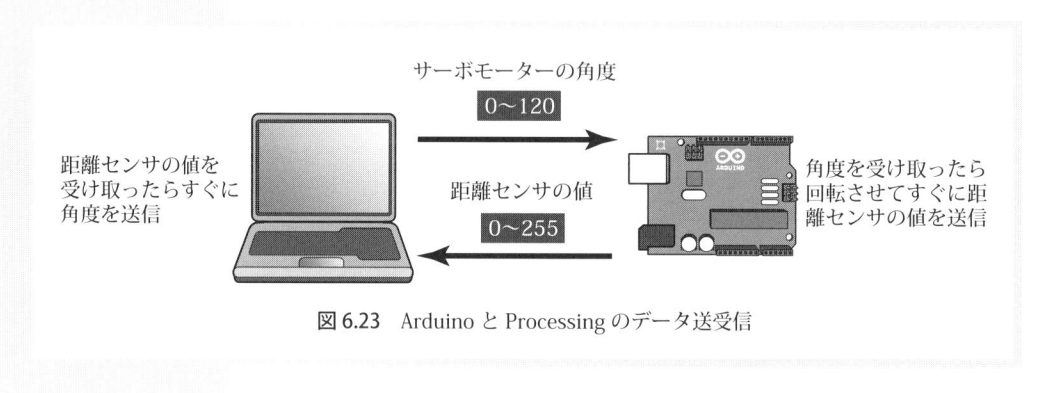

図 6.23 Arduino と Processing のデータ送受信

回路

サーボモーターと距離センサを組み合わせた回路です（図 6.24）。距離センサの配線は 2.4 節を参考にしてください※。

※ 付属のケーブルの色に惑わされずに，確認しながら配線してください。特に，電子工作に慣れている人ほど間違えやすいので注意してください。

作り方

図 6.21 のようにサーボモーターにサーボホーン（サーボモーターの回転する部分に取り付けることができる丸や十字の部品）を取り付けてます。そのサーボホーンに距離センサを両面テープで固定します。サーボモーターは両面テープなどで机に固定すると実行しやすくなります。

Arduino プログラム【リスト 6.11】

ライブラリとグローバル変数
  1, 3 行目　サーボモーターを使うためのライブラリを読み込み，サーボモーターを使うための変数（mServo）を定義しています。

setup 関数　初めに 1 回だけ実行されます。
  7 行目　通信速度を 9600 bps に設定しています。
  8 行目　サーボモーターを 9 番ピンにつなぐとこと設定しています。
  9 行目　サーボモーターの初期角度を 60 度にしています。

loop 関数　何度も実行されます。
  14 行目の if 文　1 つ以上受信したら 15 〜 19 行目を実行します。

(a) 回路図

(b) ブレッドボードへの展開図

図6.24 距離センサとサーボモーターの回路

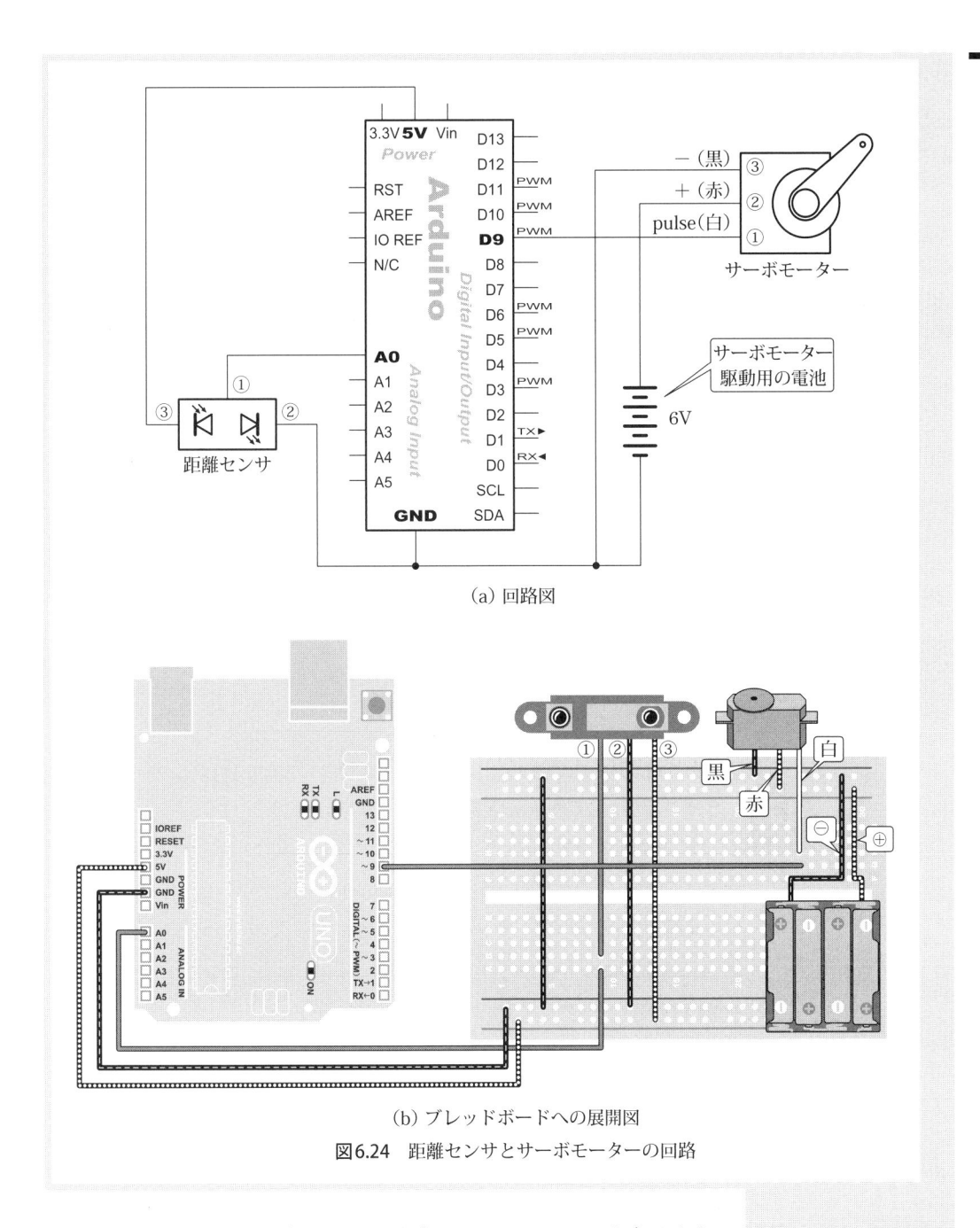

15, 16行目 データを受信し，その方向にサーボモーターを向けます。

17〜19行目 サーボモーターがその向きに向くまでの時間稼ぎとして1ミリ秒待ってから，距離センサの値を読み込みます。そしてその値を4で割って送り返します。

リスト6.11　レーダーを作る

```
1   #include <Servo.h>
                //サーボモーターを動かすためのライブラリを読み込む
2
3   Servo mServo; //サーボモーターを使うための変数の定義
4
5   void setup()
6   {
7     Serial.begin(9600); //通信速度を9600bpsに
8     mServo.attach(9);    //サーボモーターを動かすピンを設定
9     mServo.write(60);    //サーボモーターの初期角度を60度
10  }
11
12  void loop()
13  {
14    if(Serial.available() > 0){ //データが送られてきたか？
15      int v = Serial.read();//値を読み込む
16      mServo.write(v);           //その値でサーボモーターを回す
17      delay(1);                  //1ミリ秒待つ
18      v = analogRead(0);         //距離センサの値を読む
19      Serial.write(v/4);         //4で割って送信
20    }
21  }
```

Processing プログラム【リスト6.12】

ライブラリとグローバル変数

1，3行目　Arduinoと通信するためのライブラリを読み込み，通信のための変数（port）を定義しています。

4行目　サーボモーターの角度を格納する変数（angle）を定義しています。

setup関数　初めに1回だけ実行されます。

8〜10行目　作成するウィンドウの大きさ（255×255），通信ポート（COM3）と速度（9600 bps），背景の色（白）を設定しています。

11行目　初期角度を60度にしています。

12行目　初期角度をArduinoに送信しています。

draw関数　何度も実行されます。

18行目のif文　データを受信したら19〜32行目を実行します

21〜24行目のif else文　距離センサの値を受信し，その値が1以上ならば22行目を実行し，距離センサの値を単位をミリメートルとして距離に直しています[※]。そうでなかったら（0だったら）24行目を実行し距離を4000にしています。

25, 26行目　線の色を白にして最大の長さで線を引くことで，前回の線を消しています。

※ 筆者の実験した結果から，定数を4000と決めています。物体までの距離が10〜60 cmくらいならこの式で距離に直してもあまり誤差はでません。

27, 28行目　線の色を黒にして，物体までの距離を線で表します。

29, 30行目　角度を1度だけ増やし，120度を超えていれば0度に戻します。

31行目　受信とデータ変換が終わったらすぐにArduinoに角度を送っているので，素早い通信ができます。また，画面上の角度とサーボモーターの方向が反対なので，0～120までの値を120から0までの値となるように，120から角度を引いた値を送っています。

mousePressed関数　マウスが押されたときに呼び出される関数です。

37, 38行目　受信後にすぐにサーボモーターの角度を送っています（31行目）が，通信エラーなどで送れないことがあります。その場合の対策として，マウスをクリックすると強制的に角度を60度にして，Arduinoに60度の角度を送っています。

リスト6.12　レーダーを作る

```
1   import processing.serial.*;
            //Arduinoと通信するためのライブラリを読み込む
2
3   Serial port;    //シリアル通信を行うための変数の定義
4   int angle;      //サーボモーターの角度を保存する変数の定義
5
6   void setup()
7   {
8     size(255, 255);    //255x255ドットの画面を作成
9     port = new Serial(this, "COM3", 9600);
                              //通信ポートと速度の設定
10    background(255);   //背景を白
11    angle = 60;        //初期角度を60度
12    port.write(angle);//Arduinoにサーボモーターの角度を送る
13  }
14
15  void draw()
16  {
17    int c;
18    if (port.available() > 0) {  //データが送られてきたか？
19      float a;
20      c = port.read();   //距離センサの値を読み込む
21      if (c > 0)         //センサの値が1より大きいか？
22        a = (float)(4000.0/c);   //距離に直す
23      else
24        a = 4000;    //0ならば距離を4000にする
25      stroke(255);   //線の色を白に
26      line(128, 0, 4000*cos((angle+30)/180.0*PI)+128,
              4000*sin((angle+30)/180.0*PI));
                            //白い線で前回の線を消す
27      stroke(0);       //線の色を黒に
28      line(128, 0, a*cos((angle+30)/180.0*PI)+128,
              a*sin((angle+30)/180.0*PI));
```

```
29         angle++;            //角度を1度増やす
30         if (angle > 120)angle = 0;    //120度を超えたら0度に戻す
31         port.write(120-angle);
             //Arduinoにサーボモーターの角度を送る
32     }
33  }
34
35  void mousePressed()
36  {
37    angle = 60;           //初期角度を60度
38    port.write(angle);    //Arduinoにサーボモーターの角度を送る
39  }
```

6.7 赤いものを追いかけるロボット

カメラを使うと色や形を認識できるようになります。この節では，赤いものを探し出して，赤いものがある方向を向くカメラを作りましょう。これは図6.25のようにサーボモーターの上にWebカメラを取り付け，Processingで赤い部分を探してカメラの角度を変えるようにしています。今回作成するプログラムを実行すると，図6.26に示すような画面が現れます。ここでは，赤インクの箱を手に持っています[1],[2],[3]。

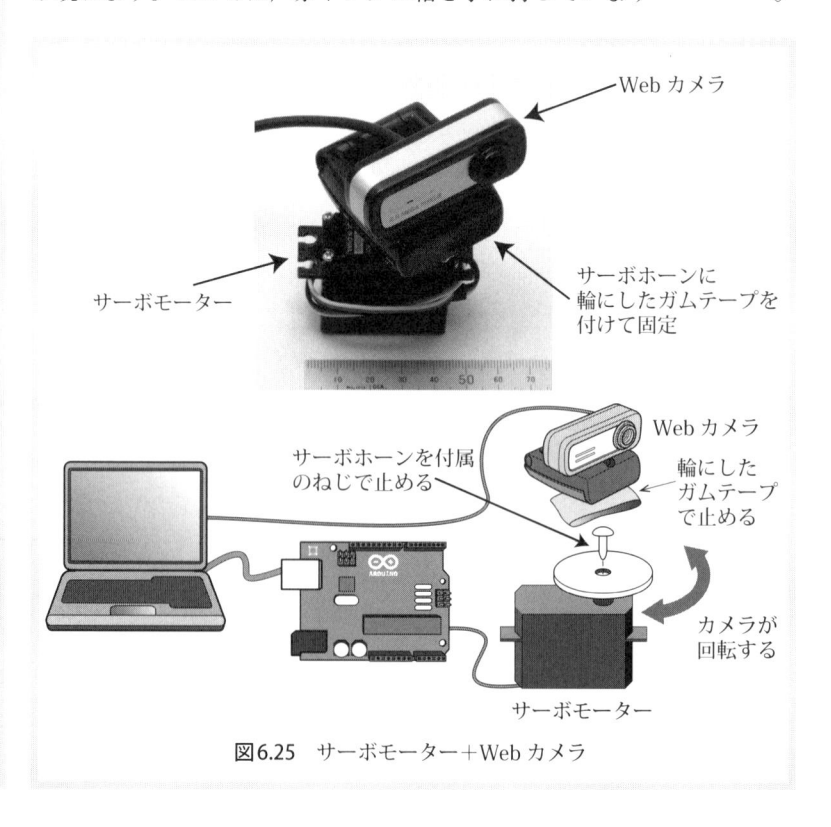

※1 執筆時に使用したElecom社製のUCAM-C0220FBBKのドライバーはたいていの場合，自動的にインストールされます。詳しくは付録B.1を参照してください。また，ドライバーを手動でインストールする必要があるカメラもあります。その場合は，ドライバーをインストールしてからこの節のProcessingプログラムを実行してください。

※2 ノートパソコンなどには内蔵カメラが付いている場合があります。その場合は内蔵カメラを無効にする必要があります。その方法は付録B.1を参照してください。

※3 サーボモーターはメーカーや型番によって回転方向が異なります。実行して回転方向が逆ならば4.6節のTipsを参考にしてください。

図6.25　サーボモーター＋Webカメラ

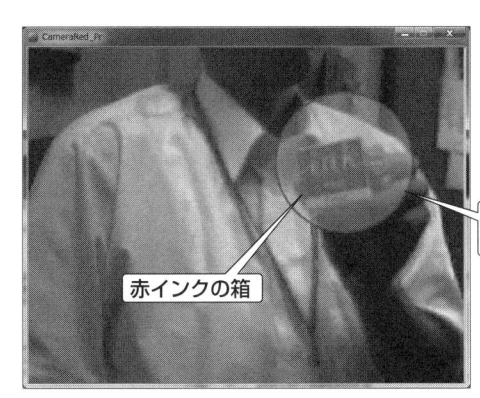

赤として認識した位置の
平均位置に円

赤インクの箱

図 6.26　サーボモーター＋カメラで赤いものを追跡

●参照する節●

Arduino プログラミング
4.6 節
Processing プログラミング
3.1 節，3.4 節
通信方式
4.6 節

●新しい変数・関数●

P video.start 関数
P video.available 関数
P video.read 関数
P image 関数
P video.loadPixels 関数
P red 関数
P green 関数
P blue 関数
P video.height 変数
P video.width 変数

●使用するパーツ●

Arduino × 1
Web カメラ × 1
サーボモーター × 1
電池ボックス × 1
電池 × 4

方針

この節で行う通信のデータの流れを図 6.27 に示します。通信は 4.6 節を応用して，カメラのフレームレートの間隔で送信します。Processing でカメラ画像を取得し，その画像の赤い部分の位置の平均位置を求めます。またこのとき，赤と判定したピクセルを赤で塗って，さらに平均位置を中心に直径 100 ピクセルの円を画面上に表示します。その位置が画面の中央より左にあれば，サーボモーターの向きをさらに左に回転するように角度を変更し，逆に右にあれば，サーボモーターを右に回転するように角度を変更します。その角度を Arduino に送ります。Arduino は送られてきた角度の方向へサーボを回転させることで，カメラの向きを変えます。例えば，図 6.26 の場合は中央より右にあるので，サーボモーターを右に回転させます。

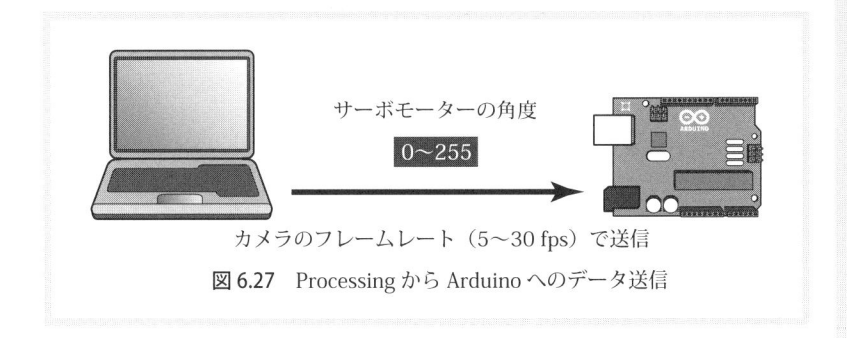

サーボモーターの角度
0〜255

カメラのフレームレート（5〜30 fps）で送信

図 6.27　Processing から Arduino へのデータ送信

回路

サーボモーターを動かすだけなので，4.6 節の図 4.19 と同じです。

作り方

図 6.25 のようにサーボモーターにサーボホーンを取り付けます。そのサーボホーンに Web カメラを，輪にしたガムテープもしくは両面テ

ープなどで固定します。このときに使うカメラは軽くて，USB ケーブルが柔らかいとうまくいきます。

ノートパソコンなどに内蔵カメラが付いている場合の対処法

　この節では，サーボモーターに取り付けたカメラからの画像を処理してサーボモーターを動かします。しかしながら，ノートパソコンなどの内蔵カメラがあると，その画像を優先して取り込むことがあります。そこで，内蔵カメラを無効にする必要があります。デバイスマネージャーから，対象となるカメラのデバイスで右クリックして無効を選択します。ただし，右クリックして「有効を選択」もしくは「コンピューターを再起動する」まで内蔵カメラが使えなくなります。詳しくは，付録 B.1 を参考にしてください。

Arduino プログラム【リスト 6.13】

ライブラリとグローバル変数
　1，3 行目　サーボモーターを使うためのライブラリを読み込み，サーボモーターを使うための変数（mServo）を定義しています。
setup 関数　初めに 1 回だけ実行されます。
　7 行目　通信速度を 9600 bps に設定しています。
　8，9 行目　サーボモーターを回すためのピン（9 番ピン），サーボモーターの初期角度（60 度）を設定しています。
loop 関数　何度も実行されます。
　13 〜 15 行目　データを受信したら，その方向にサーボモーターを向けます。

リスト 6.13　赤いものを追いかけるロボット

```
1  #include <Servo.h>
               //サーボモーターを動かすためのライブラリを読み込む
2
3  Servo mServo; //サーボモーターを使うための変数の定義
4
5  void setup()
6  {
7    Serial.begin(9600);  //通信速度を9600bpsに
8    mServo.attach(9);    //サーボモーターを動かすピンを設定
9    mServo.write(60);    //サーボモーターの初期角度を60度
10 }
11 void loop()
12 {
13   if(Serial.available() > 0){ //データが送られてきたか？
14     int v = Serial.read();   //値を読み込む
15     mServo.write(v);         //その値でサーボモーターを回す
16   }
17 }
```

Processing プログラム【リスト6.14】

ライブラリとグローバル変数

1行目　Arduinoと通信するためのライブラリを読み込んでいます。

2行目　カメラを使うためのライブラリを読み込んでいます。

4行目　シリアル通信を行うための変数（port）を定義しています。

5行目　カメラを使うための変数（video）を定義しています。

6行目　サーボモーターの角度を格納するための変数（angle）を定義しています。

setup関数　初めに1回だけ実行されます。

9行目　作成するウィンドウの大きさを640×480に設定します。

10行目　使用するカメラの設定をしています。解像度を指定すると，その解像度で取り込めます。例えば引数を320, 240にすると，小さい画像が得られます。ここで，カメラが対応していない解像度を指定すると，エラーとなりプログラムが止まります。

11行目　【video.start関数】でカメラをスタートさせています。

12行目　Arduinoと通信するためにポート（COM3）と通信速度（9600 bps）の設定をしています。

13行目　サーボモーターの初期角度を60度としています。

draw関数　何度も実行されます[※1]。

赤い部分の検出部分（18～39行目）

18行目のif文　【video.available関数】で新しい画像を取得できるかどうかを調べ，取得できれば19行目を実行します。

19行目　【video.read関数】でカメラから画像を読み込みます。

21行目　【image関数】でカメラ画像を画面に表示しています。

22行目　【video.loadPixels関数】で各ピクセルを操作するための処理をしています。

25, 26行目のfor文　カメラ画像の横幅は【video.width変数】で取得し，縦幅は【video.height変数】で取得します。その値を使って，全部のピクセルについて【red関数】，【green関数】，【blue関数】でRGB値を1ピクセルずつ変数「r」「g」「b」に代入しています。これらの変数は赤，緑，青に対応しています。

30行目のif文　rが150以上，gが120以下，bが130以下ならば[※2]赤と認識し，そのピクセルを赤くします（31, 32行目）。その後，赤と判定したピクセルの平均位置を求めるための計算をしています（33～35行目）。これは，この後の処理で赤と認識したピクセルの数rnと位置の合計（rx, ry）から求めます。

※1 今回は，大きく分けて3つの処理を行っています。1つ目は赤い部分を検出して，その平均位置を計算する部分（18～39行目）です。2つ目は，その平均位置が画面の左にあればサーボモーターを左に，右にあればサーボモーターを右に動かすようにサーボモーターの値を設定し送信する部分（41～54行目）です。3つ目は，クリックしたピクセルのRGB値（赤緑青）をコンソールに表示する部分（56～62行目）です。

※2 画面上で赤く見える範囲を試行錯誤的に探しましたので，実験するときはこの値を変えてください。

平均位置を計算しサーボモーターを動かす部分（41 ～ 54 行目）

 41 行目の if 文　赤と認識したピクセルの数（rn）が 1 つ以上あれば 42 ～ 54 行目を実行します。

 42，43 行目　平均位置を求めています。

 44 行目　塗りつぶしの色は黄色とし，アルファチャンネル（fill 関数の 4 番目の引数）を使い半透明にしています。

 45 行目　平均位置に直径 100 の円を書いています。

 46 行目の if 文　画面の中心位置よりも 5 ピクセル以上右にあれば角度を減らしています。

 49 行目の else if 文　5 ピクセル以上左にあれば角度を増やしています。

 53 行目　その値を byte 型に変換して Arduino に送信しています。

マウスを押したらコンソールに色を表示する部分（56 ～ 62 行目）

 56 行目の if 文　マウスが押されていれば 57 ～ 61 行目を実行します。

 57 行目　マウスの値からピクセルの番号へ変更しています。

 58 ～ 60 行目　そのピクセルの RGB 値を取得しています。

 61 行目　赤，緑，青のそれぞれの値を「r」「g」「b」という変数に代入し，図 6.28 のようにコンソールに表示します。

図 6.28　クリックしたときの色

リスト6.14 赤いものを追いかけるロボット

```
1   import processing.serial.*;
        //Arduinoと通信するためのライブラリを読み込む
2   import processing.video.*;
        //カメラを使うためのライブラリを読み込む
3
4   Serial port;    //シリアル通信を行うための変数の定義
5   Capture video;  //カメラを使うための変数の定義
6   float angle;    //サーボモーターの角度を保存する変数の定義
7
8   void setup() {
9     size(640, 480);   //640x480ドットの画面を作成
10    video = new Capture(this, 640, 480);   //カメラの設定
11    video.start();    //カメラからの情報取得をスタート
12    port = new Serial(this, "COM3", 9600);
                        //通信ポートと速度の設定
13    angle = 60;       //初期角度を60度
14  }
15
16  void draw() {
17    //カメラ画像を読み込み，赤い部分を検出
18    if (video.available() == true) {
              //カメラの使う準備ができていれば画像を読み込む
19      video.read();
20    }
21    image(video, 0, 0);  //カメラ画像を画面に表示
22    video.loadPixels();
          //カメラ画像を解析するためにピクセル単位で読み込む
23    int index = 0;
24    int rx = 0, ry = 0, rn = 0;
25    for (int y=0; y<video.height; y++) {
            //全ピクセルを確認して
                赤と認識するピクセルの位置と数を調べる
26      for (int x=0; x<video.width; x++) {
27        float r = red(video.pixels[index]);
28        float g = green(video.pixels[index]);
29        float b = blue(video.pixels[index]);
30        if (r > 150 && g < 120 && b < 130) {
                //RGB値の範囲を区切ることで赤を認識
31          stroke(255, 0, 0);   //赤と認識した位置に赤い点を描く
32          point(x, y);
33          rn++;
34          rx += x;
35          ry += y;
36        }
37        index++;
38      }
39    }
40    //赤い部分の平均値を求めサーボモーターの角度を決める部分
41    if (rn>0) {  //赤と認識した位置の平均を計算
42      rx /= rn;
```

```
43        ry /= rn;
44        fill(255, 204, 0, 128);  //平均位置に半透明の円を描く
45        ellipse(rx, ry, 100, 100);
46        if (rx > width/2+5) {
                   //画面の中心より5ピクセル以上右にあれば
47          angle -= 0.5;    //サーボモーターの角度を小さく
48          if (angle < 0)angle = 0;
49        } else if (rx < width/2-5) {
                   //画面の中心より5ピクセル以上左にあれば
50          angle += 0.5;    //サーボモーターの角度を大きく
51          if (angle > 120)angle = 120;
52        }
53        port.write(byte(angle));    //サーボモーターの角度を送る
54      }
55      //クリックしたピクセルのRGB値をコンソールに表示する部分（おまけの機能）
56      if (mousePressed == true) {
57        index = mouseX+video.width*mouseY;
58        float r = red(video.pixels[index]);
59        float g = green(video.pixels[index]);
60        float b = blue(video.pixels[index]);
61        println(r + "," + g + "," + b);
62      }
63    }
```

Tips　うまく動かすための設定方法

　カメラからの画像は常に同じではなく，明るさやカメラのメーカーや型番によって変化します。そのため，本節のプログラムをそのまま動かしてもうまく動かないかもしれません。うまく動かすためには，赤と判定する値を調整する必要があります。また，赤を見つける速さはパソコンやカメラの性能や状態に依存しますので，動かし方を調整するとうまく動くようになります。

赤の判定　リスト6.14の30行目の150，120，130の値は赤と判定するための値です。赤を判定するには，赤が一定値以上で緑と青が一定値以下となっているとき，人間の目から見ても赤と判定する値になります。この値を勘や試行錯誤で決めるのは難しいので，本プログラムではクリックした位置のRGB値がコンソールに現れるようにしてあります。そこで，人間が見て赤と判定する部分をクリックしてRGB値を記録し，逆に赤と判定してほしくない部分をクリックすることで，望ましいRGB値の範囲を決定できます。

サーボモーターの動かし方　47，50行目の0.5を変更することでサーボモーターの動きの速さを調整できます。この値を大きくするとサーボモーターは早く動きますが，早く動かしすぎると

うまく動かない場合が多いです。また，46, 49行目の5は赤の平均位置が画面の中央と判定する範囲を決めています。この値が小さいと赤いものが中央に来ますが，少し動いただけでサーボモーターが回転してしまい，安定して動きません。逆にこの値を大きくすると，中央に移動する前に止まってしまいます。

高速な判定 10行目の640, 480はカメラの解像度です。この値を320と240に変えることで解像度が低くなり処理負荷が減りますので，スムーズに動作するようになるかもしれません。

6.8 無線でつなぐ

これまではパソコンとArduinoをUSBケーブルでつないでいました。この節では，無線でつなぐ方法を紹介します。無線でつなぐと，離れたところにあるセンサの値を読み出したり，PCからの指令を離れたところにあるマイコンに送ってモーターを動かせたりするなどいろいろなことができます。例えば，この方法を応用すると簡単に6.4節や7.3節のリモコンカーを無線で操縦できるラジコンカーに改造できたり，6.1節のデータロガーを離れた位置に置いて観測できたりもします。これらの製作例は付録Aに示してあります[1, 2]。

方針

マウスのボタンを押している間はLEDを点灯させて，図6.29の右側のように円を表示し，そのときのボリュームの値を画面に表示するようにします。マウスを離している間はLEDを消灯させて，四角を表示します。Processingからはマウスのボタンを押している間は「a」という文字を，押していなければ「b」という文字を送るようにします。Arduinoは「a」という文字を受け取ったらArduinoに付いているLEDを点灯させて，そのときのアナログ0番ピンの値をProcessingに送るようにします。そして，「b」という文字を受け取ったら消灯させます。この節で行う通信のデータの流れを図6.30に示します。これは，5.4節を応用していて，返信要求をクリックしたタイミングで送るようにしています。

●参照する節●
Arduinoプログラミング
2.1節, 2.2節
Processingプログラミング
3.1節, 3.4節
通信方式
5.4節

●使用するパーツ●
Arduino×1
XBee×2
XBeeエクスプローラー×1
Arduinoワイヤレスプロトシールド×1
ボリューム×1
電池による駆動を行うとき
電池スナップ×1
角型電池×1
AC電源による駆動を行うとき
ACアダプター (9 V)×1

※1 XBeeエクスプローラーを使うには，ドライバーのインストールが必要となります。インストール方法は付録B.5を参考にしてください。

※2 XBeeはそのままでも動きますが，いろいろな設定をすることができます。その設定のためのソフトウェアの使い方は付録B.6を参考にしてください。

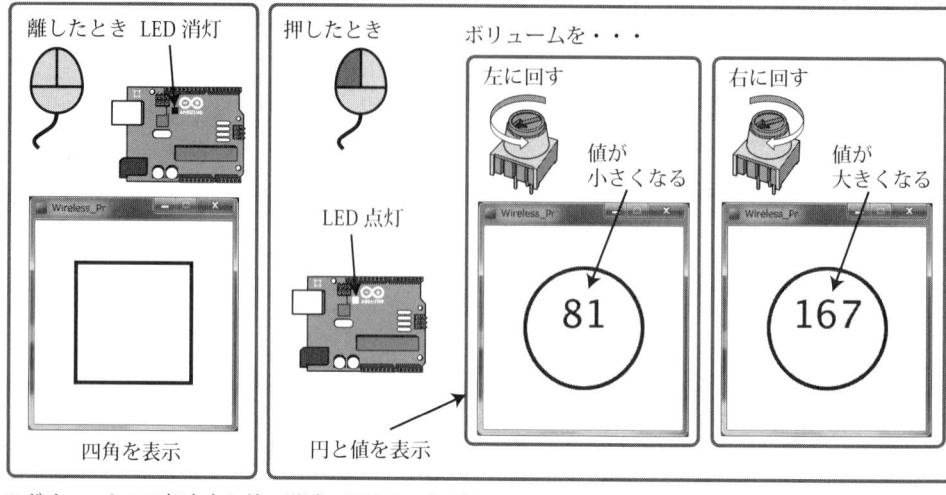

マウスのボタンを・・・

離したとき LED 消灯

押したとき

ボリュームを・・・

左に回す 値が小さくなる

右に回す 値が大きくなる

LED 点灯

四角を表示

円と値を表示

※ボリュームの回転方向と値の増減の関係はつなぎ方によって逆になります

図 6.29　XBee を使った無線システムの実行画面

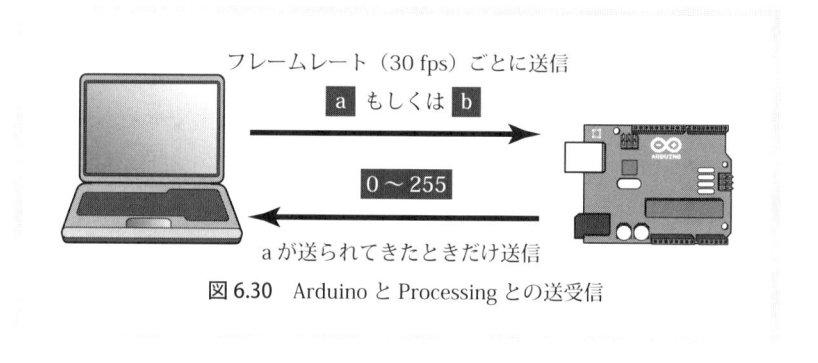

フレームレート（30 fps）ごとに送信

a もしくは b

0 ～ 255

a が送られてきたときだけ送信

図 6.30　Arduino と Processing との送受信

無線化の方法

　無線でつなぐには，パソコンと XBee を XBee エクスプローラーでつなぎます。そして，Arduino と XBee は **Arduino ワイヤレスプロトシールド**という機器を使ってつなぎます。この構成を図 6.31 に示します※。

　この Arduino ワイヤレスプロトシールドには図 6.32 に示すスライドスイッチが付いていて，次の役割をします。

- 書き込むとき：スライドスイッチを USB 側
- 実行するとき：スライドスイッチを MICRO 側

　プログラムの書き込み時や実行時にスイッチを変えることを忘れないようにしてください。

　XBee を使うからと言ってプログラムが複雑になることはありませ

※ Arduino ワイヤレスプロトシールドと同じようなものとして
- Seeed Studio 社製
  XBee シールド
- スイッチサイエンス社製
  XBee シールド
- SparkFun 社製
  WRL-12847

などいろいろな種類があります。

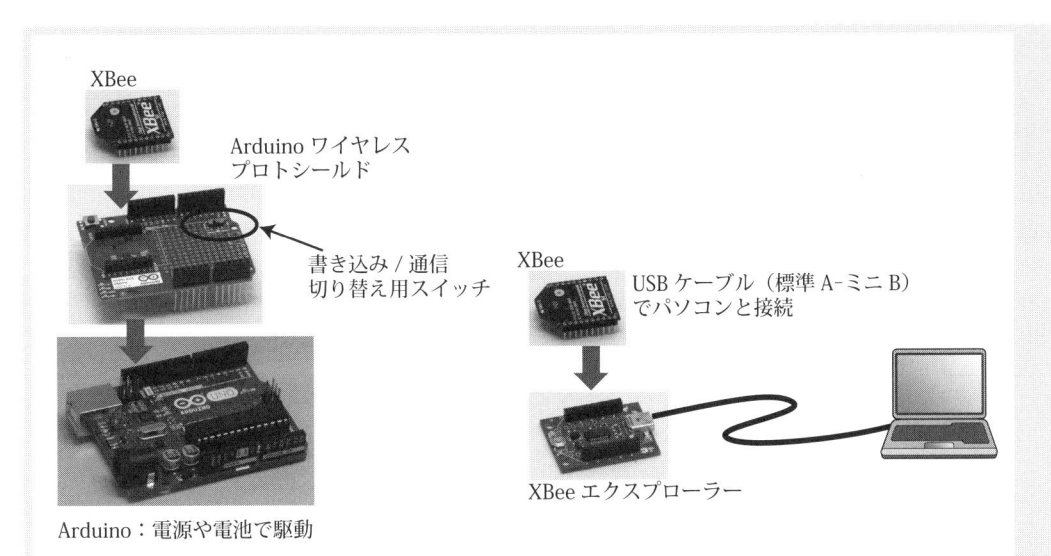

図 6.31 XBee を使うためのパーツとつなぎ方

図 6.32 Arduino ワイヤレスプロトシールドの書き込み／通信切り替えスイッチ

ん。変更点は Processing のプログラムの COM 番号だけです。1.2 節の (3) 項を参考にして，「スタート」メニュー→「コントロールパネル」→「システムとセキュリティ」→「デバイスマネージャー」から図 6.33 に示すように USB Serial Port を探して COM 番号を調べます。

回路

Arduino の回路は図 6.34 となります。Arduino には **XBee シールドが付いている**ものとします[※]。

※ XBee シールドを使わずに XBee を動かしたい場合は，Tips の図 6.38 としてください。

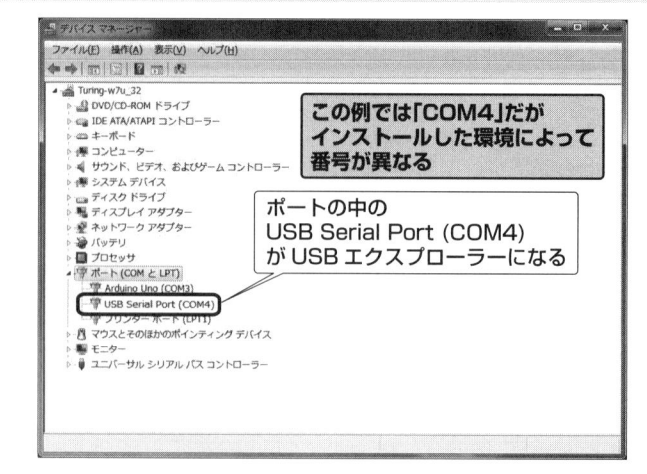

図 6.33　USB エクスプローラーをつないだときの COM 番号の調べ方

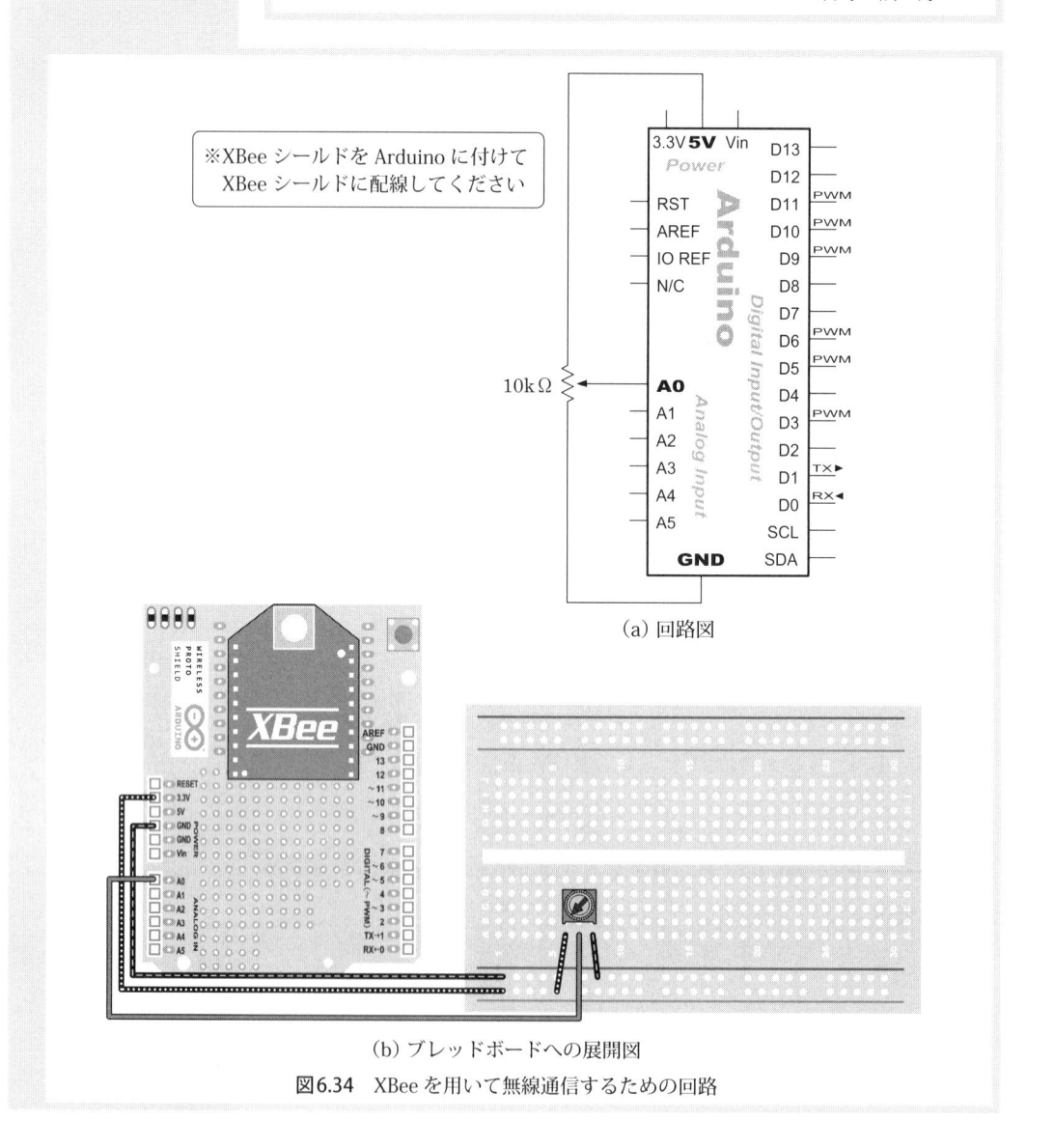

※XBee シールドを Arduino に付けて
　XBee シールドに配線してください

(a) 回路図

(b) ブレッドボードへの展開図
図 6.34　XBee を用いて無線通信するための回路

電源や電池による駆動

これまでと同様にパソコンと USB ケーブルをつないで電源を USB 経由で供給して動作させることもできますが，せっかく無線にしたので，USB ケーブルを外して使う方法を 2 つ紹介します。なお，書き込んだプログラムは USB ケーブルを外しても，下記の方法の電源が切れても消えることはありません。

①**電源を用いる方法**

図 6.35 に示すように，AC アダプターを電源ジャックにつなぎます。AC アダプタは 7 〜 12 V で内径 2.1 mm，外形 5.5 mm で中央がプラスのものを使います。

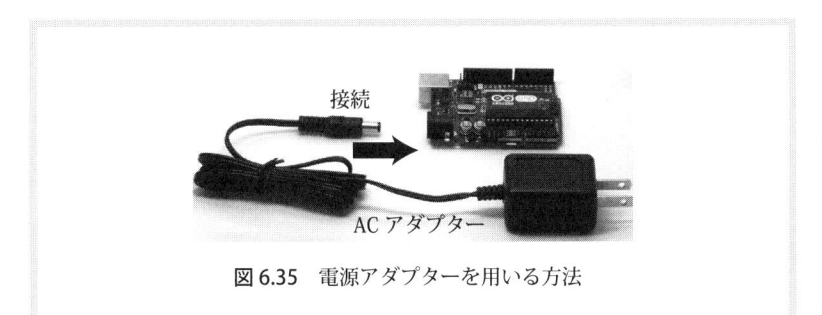

図 6.35　電源アダプターを用いる方法

②**電池を用いる方法**

電池をいくつか使って 7 〜 12 V の電圧にして使います。角型電池の乾電池は 9 V，充電池はたいてい 8.4 V なので，そのまま使えます。単 3 や単 4 の電池の場合，7 V 以上にするためには，5 本以上直列につないでください。角型電池は電圧の仕様を満たしていますので，角型電池をおすすめします。

図 6.36 に示すように，電源スナップを付けて次のようにつなぎます。

- マイナス極：GND ピンに接続
- プラス極：Vin ピンに接続

電池スナップを用いる場合は，電池スナップの先端をよじって固くしておかないとうまくささりません[※]。

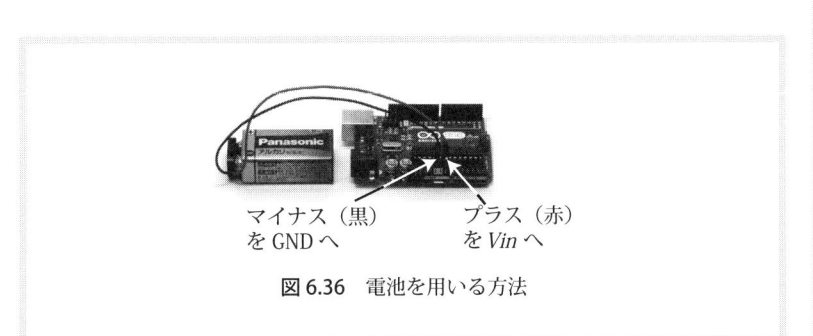

※ うまくささらない場合は次のようにしてください。
- 先端にジャンプワイヤをはんだ付けもしくはセロテープで固定する。
- 先端がジャンプワイヤになっている電池スナップを購入する。

図 6.36　電池を用いる方法

Arduino プログラム【リスト6.15】

setup 関数　初めに1回だけ実行されます。

　3, 4行目　通信速度（9600 bps）と出力ピン（13番ピン）の設定をしています。

loop 関数　何度も実行されます。

　11行目の if 文　1つ以上受信していれば12〜20行目を実行します。

　12行目　受信データをcという変数に代入します。

　13行目の if 文　その文字が「a」ならば，14〜16行目を実行します。

　14行目　13番ピンを HIGH（5 V）にすることで LED を光らせます。

　15行目　アナログ0番ピンの値をv代入します。

　16行目　vを4で割って（0から255までの値にして）送信します。

　18行目の else if 文，19行目　その文字が「b」ならば，13番ピンを LOW（0 V）にすることで LED を消します。

リスト6.15　無線でつなぐ

```
1   void setup()
2   {
3     Serial.begin(9600);        //通信速度を9600bpsに
4     pinMode(13, OUTPUT);       //出力に
5   }
6   
7   void loop()
8   {
9     char c;
10    int v;
11    if(Serial.available() > 0){
                                 //データが1つ以上送られてきたか？
12      c = Serial1.read();
13      if(c == 'a'){            //受信データが「a」ならば
14        digitalWrite(13, HIGH); //LEDを点灯
15        v = analogRead(0);      //アナログデータを読み取る
16        Serial.write(v/4);      //4で割って送信
17      }
18      else if(c == 'b'){        //「b」ならば
19        digitalWrite(13, LOW);  //LEDを消灯
20      }
21    }
22  }
```

Processing プログラム【リスト6.16】

ライブラリとグローバル変数

　1, 3行目　Arduinoと通信するためのライブラリを読み込み，通信のための変数（port）を定義しています。

setup 関数　初めに1回だけ実行されます。

7〜14行目　作成するウィンドウの大きさ（255×255），通信ポート（COM4）※と速度（9600 bps），フレームレート（30 fps），線の太さ（5ポイント）と色（黒），文字の配置（中央）とサイズ（48ポイント），四角形の基準位置（中央）を設定しています。

draw 関数　何度も実行されます。

19行目　背景を白色で塗りつぶして画面を更新します。

20行目　塗りつぶしをしないように設定します。

21行目のif文〜23行目　マウスが押されていれば「a」という変数を送って，画面に直径150の円を表示します。

24行目のelse文〜26行目　押されてなかったら(離していれば)「b」という変数を送って，画面に一辺150の正方形を表示します。

28行目　文字の色を黒にしています。

29行目のif文〜32行目　データが送られてきたら，データを読み込んで，画面の中央とコンソールにそのデータを数字で表示します。

※ ここで通信ポートは図6.33で確認した番号を使います。

P リスト6.16　無線でつなぐ

```
1   import processing.serial.*;
            //Arduinoと通信するためのライブラリを読み込む
2
3   Serial port;   //シリアル通信を行うための変数の定義
4
5   void setup()
6   {
7     size(255, 255);    //255x255ドットの画面を作成
8     port = new Serial(this, "COM4", 9600);
                         //通信ポートと速度の設定
9     frameRate(30);     //フレームレート
10    strokeWeight(5);   //線の太さを5pt
11    stroke(0);         //線の色を黒
12    textAlign(CENTER); //文字の基準位置を中心
13    textSize(48);      //文字の大きさを48pt
14    rectMode(CENTER);  //四角形の基準位置を中心
15  }
16
17  void draw()
18  {
19    background(255);   //画面の更新
20    noFill();          //塗りつぶしをしない
21    if (mousePressed == true) {  //マウスが押されていれば
22      port.write('a');// 「a」を送信
23      ellipse(width/2, height/2, 150, 150); //円を表示
24    } else {           //離されていれば
25      port.write('b');// 「b」を送信
26      rect(width/2, height/2, 150, 150);     //四角を表示
```

```
27      }
28      fill(0);              //文字の色を黒
29      if (port.available() > 0) {    //受信データがあるか
30        int v = port.read();
31        text(v, width/2, height/2); //受信データを文字で表示
32        println(v);
33      }
34    }
```

> **Tips** シールドを使わずに XBee を使う方法
>
> 　市販のシールドを使うと簡単に無線化できますが，シールドを使わなくても XBee を使うことができます。XBee はピンの間隔が 2 mm なので，ブレッドボードにさすために図 6.37 に示す 2.54 mm ピッチに変換するための基板を付けて Arduino とつなぎます。
>
> 　Arduino の回路は図 6.38 となります。XBee は 3.3 V で動いていて，
>
> 図 6.37　XBee ピッチ変換基板

Arduino は 5 V で動いています。そこでこの回路では，XBee に送る信号（Arduino の Tx）は 10 kΩ と 15 kΩ の抵抗で分圧して 3 V にしています。一方，XBee からの出力は 3.3 V ですが，Arduino は 3.3 V でも HIGH と認識するため，そのままつなぎます。この回路を使う場合は，書き込む前にデジタルピン 0 番と 1 番につながっている線を抜く必要があります。

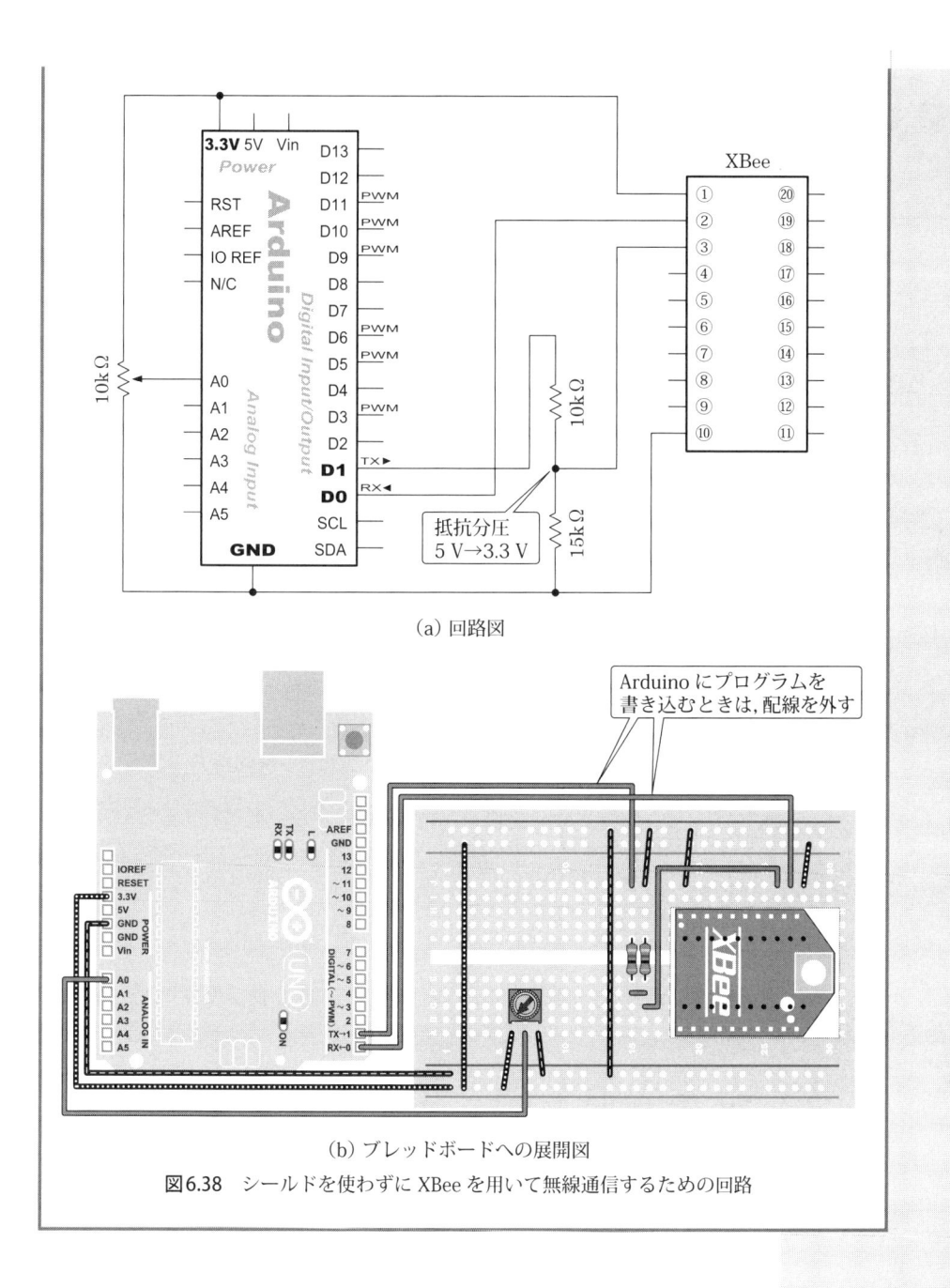

(a) 回路図

抵抗分圧
5 V→3.3 V

Arduino にプログラムを
書き込むときは，配線を外す

(b) ブレッドボードへの展開図

図6.38　シールドを使わずに XBee を用いて無線通信するための回路

6.8　無線でつなぐ

第7章 ライブラリを使ってパワーアップ

※ 重要：
ProcessingとArduinoの通信中はArduinoのシリアルモニタは使えません。

　ArduinoやProcessingにはライブラリというものがあり，これをうまく使うと高度な電子工作ができるようになります。この章では，インターネットからライブラリをダウンロードして，追加することでパワーアップさせます※。

7.1 Arduinoでタイマー（LEDを点滅させる）

●参照する節●
Arduino プログラミング
2.3節
Processing プログラミング
なし
通信方式
なし

●新しい関数●
∞ MsTimer2::set 関数
∞ MsTimer2::start 関数

●使用するパーツ●
Arduino × 1

　この節ではArduinoにライブラリを追加してタイマーを使う方法を紹介します。このタイマー機能を使うと，設定した時間になったら自動的に設定した関数が呼ばれるようになります。これを利用すると，正確にLEDを点滅させることができます。2.3節の時間待ちによるLEDの点滅に似ていますが，こちらの方が正確な時間で点滅させることができます。今回はライブラリの追加に焦点を当てるため，Arduinoだけを使います。

回路

　2.3節と同様にArduinoについているLEDを使いますので，回路は作りません。

ライブラリの追加

　タイマーを使うためにはライブラリをダウンロードして，追加する必要があります。その手順を紹介します。

　まず，Arduinoの公式ホームページ（http://www.arduino.cc/）を開きます。出てきた画面上の「Learning」をクリックすると出てくる「Reference」をクリックすると，図7.1の画面が出てきます。その中の「Liblaries」をクリックします。

図 7.1　Arduino の公式ホームページの中の Referece

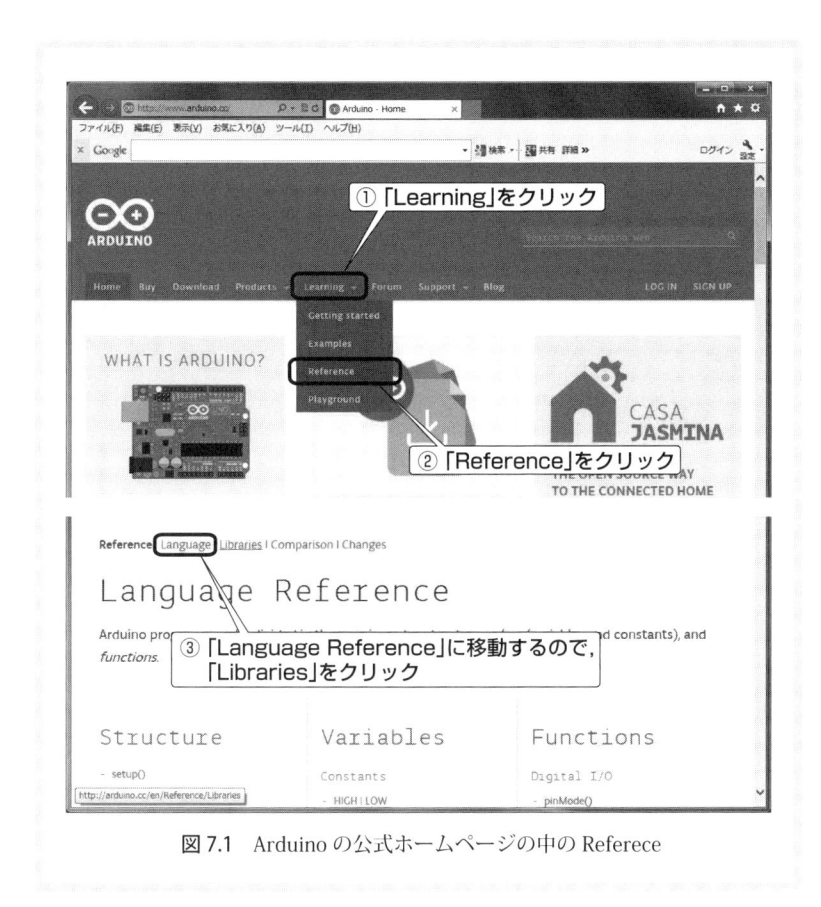

図 7.2 の画面となり，画面をスクロールさせると出てくる「MsTimer2」をクリックします。

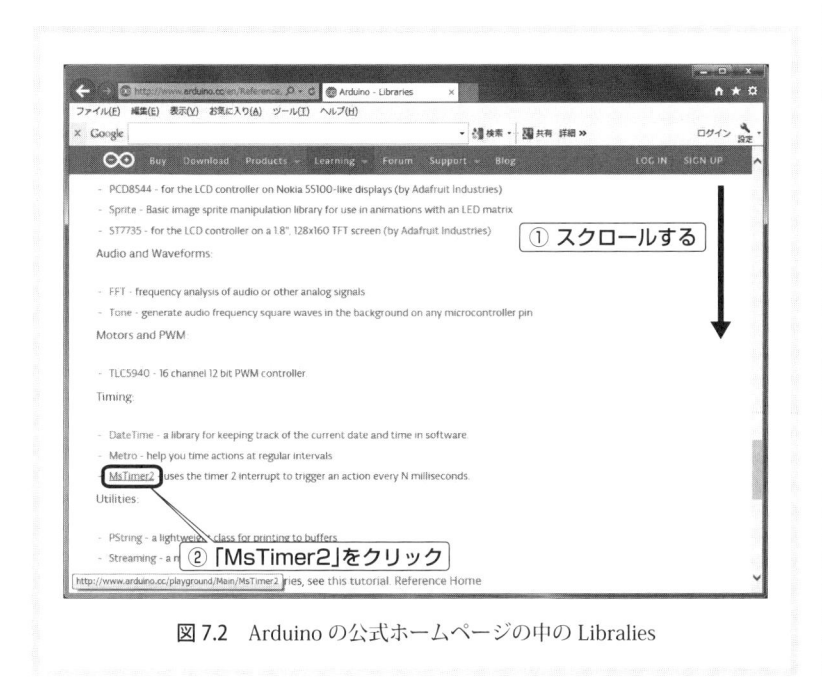

図 7.2　Arduino の公式ホームページの中の Libralies

図 7.3 の画面が表示されます。このページは英語ですが使い方が書いてあります。この中から「a new version is available here」(新しいバージョンを使うにはこちら) をクリックします。

図 7.3 Arduino の公式ホームページの中の MsTimer2

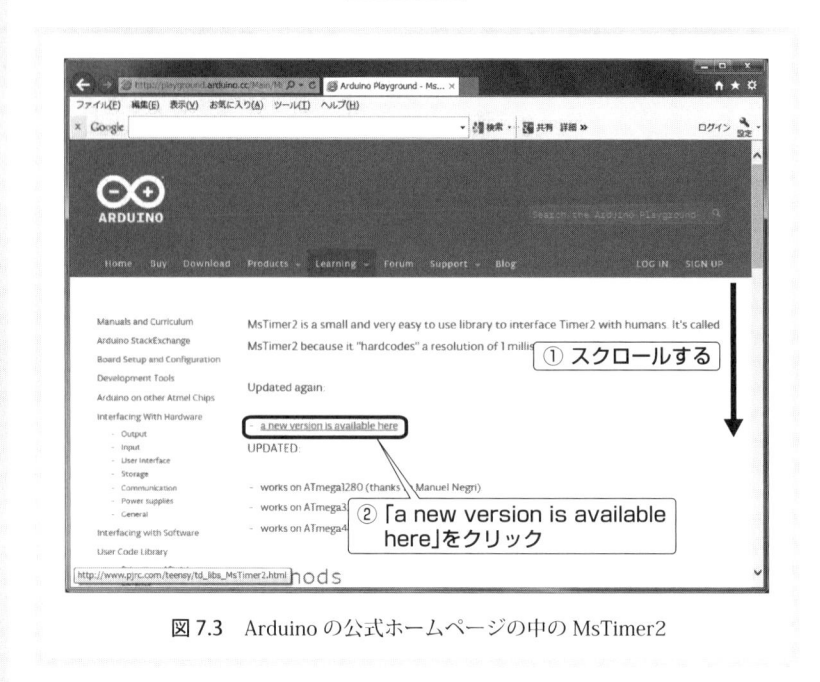

図 7.4 の画面が現れます。その中の「MsTimer2.zip」をクリックします。すると，画面の下にダイアログが現れますので，「名前を付けて保存」をクリックします。

図 7.4 タイマーライブラリのダウンロード

図7.5のような保存先を選ぶダイアログが現れます。この本では，「デスクトップ」を選択しました。このzipファイルは展開する必要はありません。

図7.5　タイマーライブラリのダウンロード先

　このダウンロードしたライブラリを使えるようにします。Arduinoを起動して図7.6に示すように「スケッチ」→「ライブラリを使用」→「Add Liblary...」をクリックします。

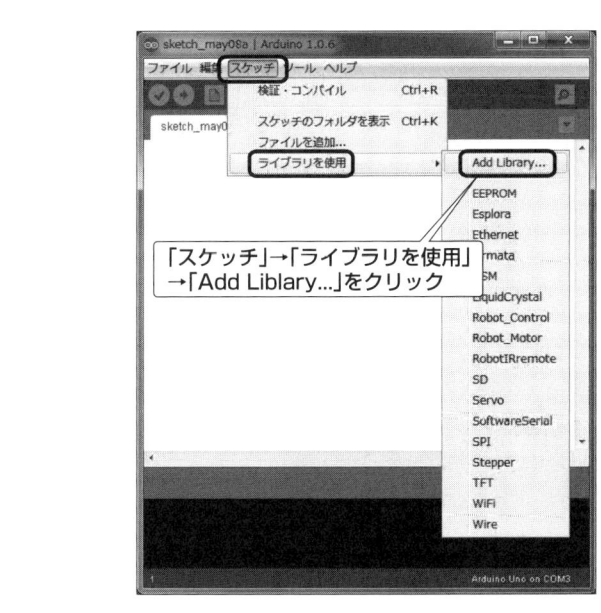

図7.6　タイマーライブラリの追加

図7.7のダイアログが現れます。先ほどダウンロードしたファイルの保存先である「デスクトップ」を選択し，「MsTimer2.zip」を選択※し，「開く」をクリックします。

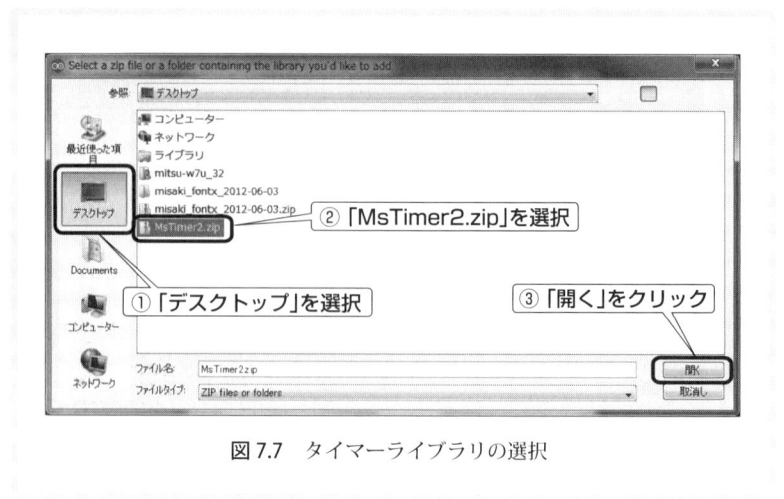

※ 拡張子を表示していない場合は「MsTimer2」を選択します。

図7.7　タイマーライブラリの選択

ライブラリが追加されると図7.8のように「スケッチ」→「ライブラリを使用」をクリックすると図7.6にはなかった「MsTimer2」が追加されています。

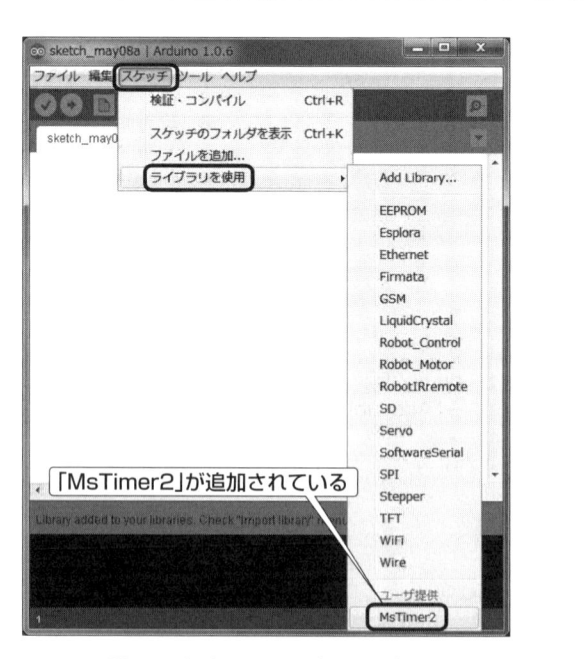

図7.8　タイマーライブラリの確認

Arduino プログラム【リスト 7.1】

ライブラリ
　1 行目　タイマーのライブラリを読み込んでいます。

flash 関数　タイマー機能により一定時間ごとに実行されます[※]。

　4 行目　LED が光っているのか消えているのかを保存する変数（flag）を定義しています。光っている場合は flag=HIGH とし，消えている場合は flag=LOW とします。

　5～12 行目の if else 文　flag が LOW ならば，13 番ピンを HIGH にして LED を光らせています。そして，flag を HIGH にして LED が光っていることを保存します。反対に HIGH ならば，13 番ピンを LOW にして LED を消しています。そして，flag を LOW にして LED が消えていることを保存します。

setup 関数　初めに 1 回だけ実行されます。

　16 行目　13 番ピンを出力で使う設定をしています。

　18 行目　【MsTimer2::set 関数】はタイマーの時間間隔と呼び出す関数を設定する関数です。ここでは，タイマーを 500 ミリ秒（0.5 秒）に設定し，呼び出す関数として flash 関数を登録します。

　19 行目　【MsTimer2::start 関数】はタイマーをスタートさせる関数です。

loop 関数　何も書きません。

※ Arduino 固有の関数ではないため，他の名前を付けることができます。

リスト 7.1　タイマー

```
1   #include <MsTimer2.h>            //タイマーのライブラリの読み込む
2
3   void flash() {                   //タイマー機能で呼び出される関数
4     static boolean flag = HIGH;    //現在のLEDの状態
5     if(flag == LOW){               //消えていれば
6       digitalWrite(13, HIGH);      //LEDを光らせる
7       flag = HIGH;                 //LEDが光っていることを保存
8     }
9     else{                          //光っていれば
10      digitalWrite(13, LOW);       //LEDを消す
11      flag = LOW;                  //LEDが消えていることを保存
12    }
13  }
14
15  void setup() {
16    pinMode(13, OUTPUT);           //13番ピンを出力に
17
18    MsTimer2::set(500, flash);
                 //500ミリ秒ごとにflash関数を呼び出す設定
19    MsTimer2::start();             //タイマースタート
20  }
```

```
21
22   void loop()
23   {
24     //何も書かない
25   }
```

7.2 Arduinoで静電容量センサ（どこでも太鼓）

●参照する節●
Arduino プログラミング
なし
Processing プログラミング
3.3節
通信方式
5.1節

●新しい関数●
- CapacitiveSensor インスタンス
- set_CS_AutocaL_Millis 関数
- capacitiveSensor 関数
- P loadSample 関数
- P trigger 関数

●使用するパーツ●
Arduino × 1
抵抗（1MΩ）× 2

※ なお，ライブラリのインストール方法は7.1節と途中まで同じです。ライブラリのインストールの別の方法を紹介することで，他のライブラリを使おうとしたときのトラブルを減らす手助けになればと考えています。

静電容量センサのライブラリをインストールしてアルミホイルでスイッチを作ります。このアルミホイルを段ボールの上と横に貼り付けて，図7.9のような大がかりな太鼓を作ってみましょう。そして，貼り付けたアルミホイルを触ると，「シャン」と「ボン」という音がパソコンから出るようにします。画面上でも音が出ていることが分かるように，図7.10に示すようにアルミホイルを触った瞬間に黒い帯が上まで伸びて，時間とともにその帯が低くなるような演出を付けます[※]。

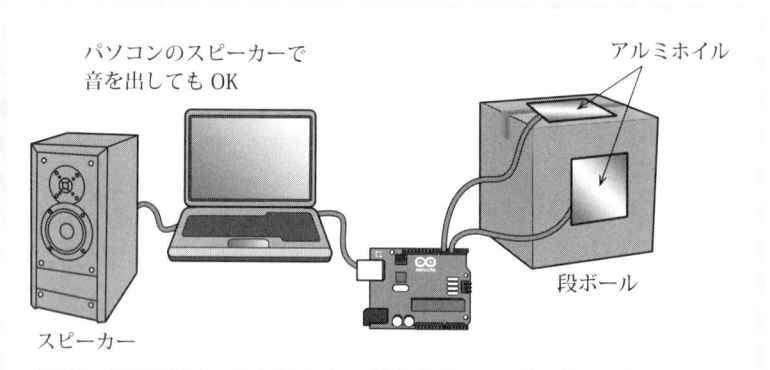

図 7.9　静電容量センサ（アルミホイル）を段ボールに貼り付けた太鼓の外観

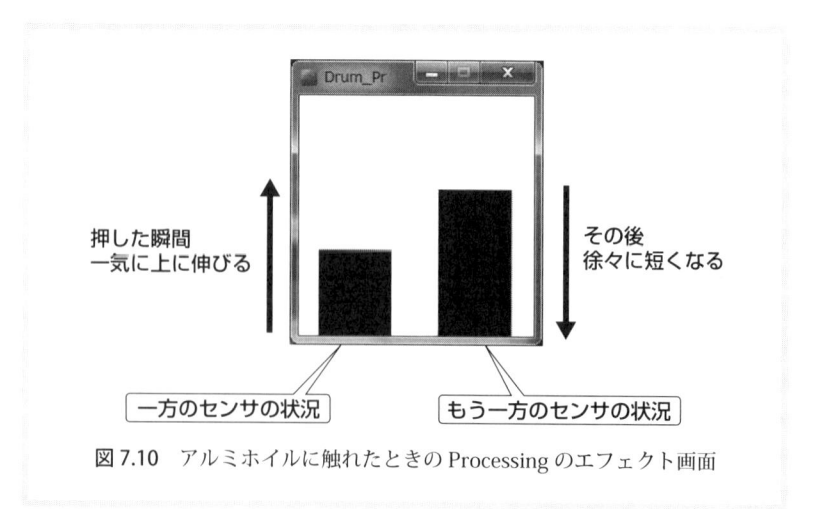

図 7.10　アルミホイルに触れたときのProcessingのエフェクト画面

方針

　Arduinoでアルミホイルをスイッチの代わりにするには，静電容量センサ（Capacity Sensor）ライブラリを追加する必要があります。そこでまず，7.1節と途中までは同じ要領でライブラリを追加します。そして，アルミホイルが触られていることが分かると，触られた瞬間だけProcessingに指令を与えます[※]。ProcessingはArduinoから指令があると，それに対応した音を再生します。さらにおまけとして，キーボードの「s」と「k」を押したときにも音が鳴るようにしています。この節で行う通信のデータの流れを図7.11に示します。

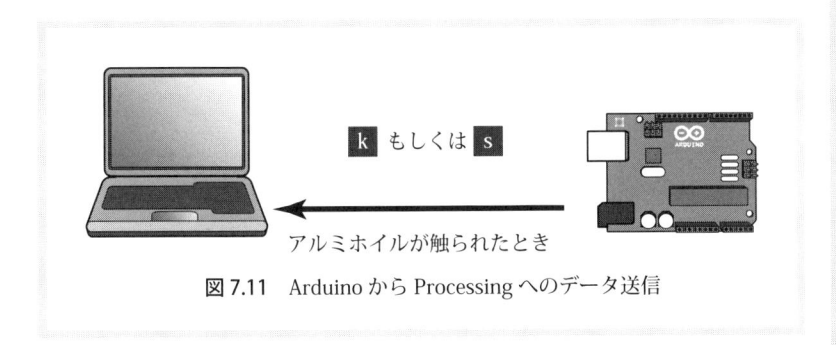

※ 静電容量センサはセンサと手までの距離に関連した値を一定時間ごとに計測しますので，触れた後に離れたことを検知しないと，触られている間，何度も送信してしまいます。そうすると，触っているだけなのに太鼓を連打しているような音になってしまいます。

図7.11　ArduinoからProcessingへのデータ送信

ライブラリの追加

　ライブラリを追加するためにはインターネットからライブラリをダウンロードします。そして，7.1節とは異なり，ダウンロードしたファイルを展開します。それを，ライブラリを保存するフォルダーに入れるという手順で行います。

　まずは，ライブラリをダウンロードします。図7.1と同様にArduinoの公式ホームページ（http://www.arduino.cc/）を開き，「Learning」をクリックすると出てくる「Reference」をクリックした後，「Liblaries」をクリックします。

　図7.12の画面を下にスクロールして，「Capacitive Sensing」をクリックします。

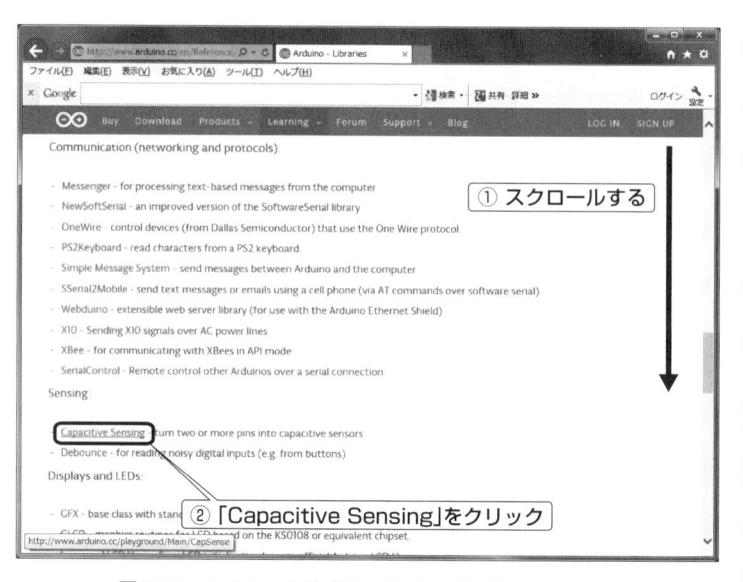

図7.12 Arduinoの公式ホームページの中のLibralies

図7.13の画面にある,「Download」と書いてある下の「CapacitiveSensor04.zip」をクリックします。その図の下にあるように,ファイルの保存先を聞かれますので,「名前を付けて保存」をクリックして,「デスクトップ」に保存します。なお,執筆時に自動的についているファイル名は「arduino-libraries-CapacitiveSensor-0.5-0-g7684dff」となっていました※。

※ 番号などはバージョンによって変わるはずですので少しぐらい異なっても気にしないでください。

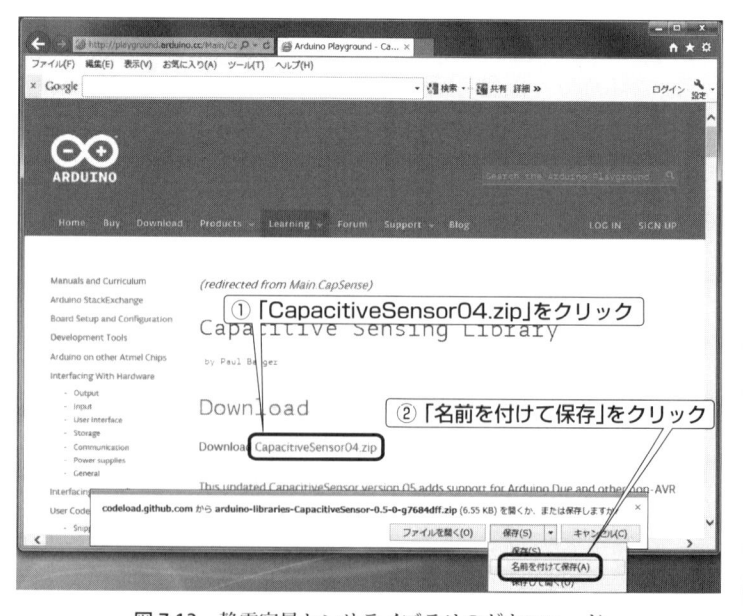

図7.13 静電容量センサライブラリのダウンロード

ダウンロードしたファイルを展開します。図7.14の(a)のように，ダウンロードしたファイルを右クリックして「すべて展開」をクリックします。展開すると同じ名前のフォルダーができますので，そのフォルダーの中にある「examples」フォルダーを開きます。そうすると，図の(b)の上のようになります。そのフォルダーを閉じないで，「スタート」メニューから「コンピューター」を開き，「ドキュメント」フォルダーの中にある「Arduino」フォルダー（インストールしたフォルダーとは違うことに注意）の中の，「libraries」フォルダーを開くと図7.14(b)の下のようになります。ダウンロードした「CapacitiveSensorSketch」フォルダーを図の(b)の下に示すフォルダーへ移動します。

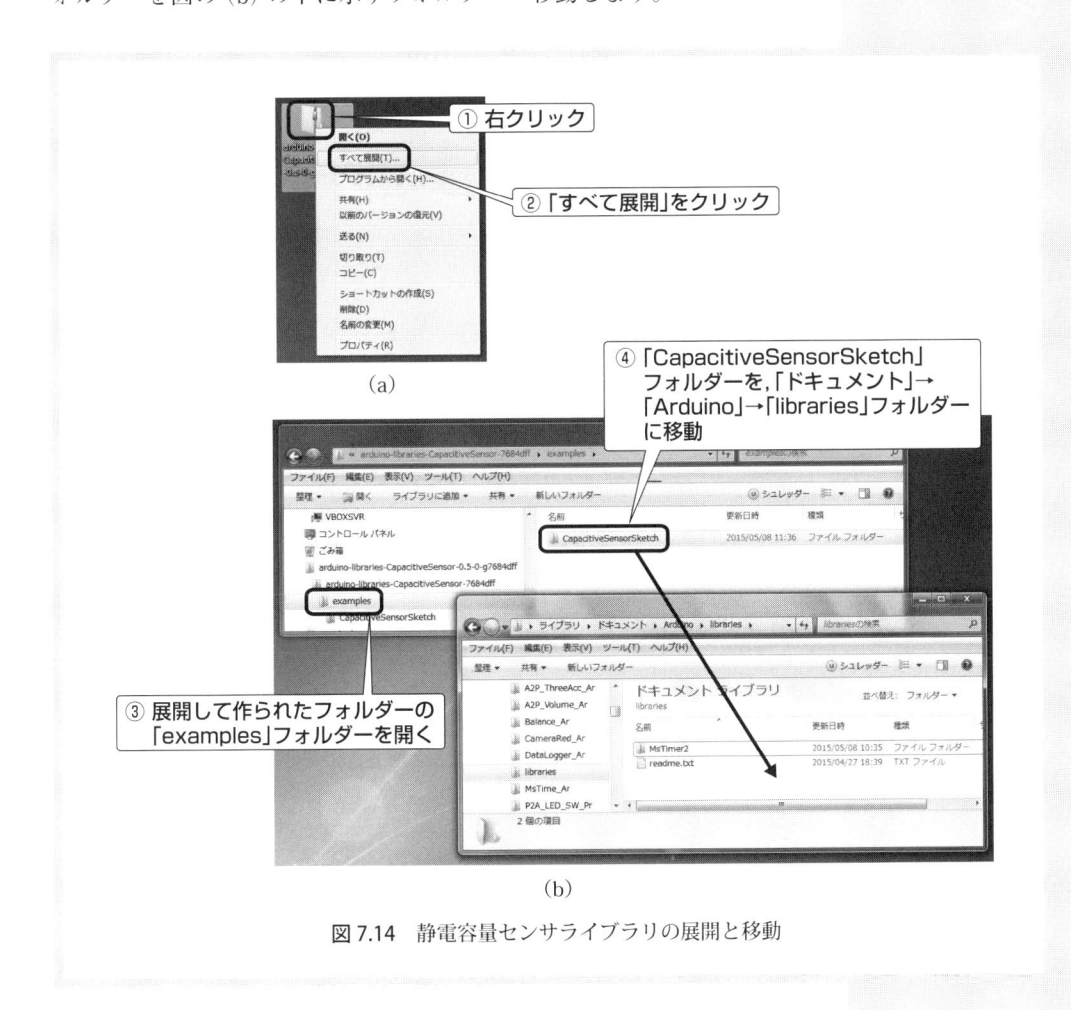

図7.14　静電容量センサライブラリの展開と移動

　Arduinoが起動中の場合は再起動すると，図7.15のように，Arduinoの「ライブラリを使用」の中に「CapacitiveSensorSketch」が追加されます。

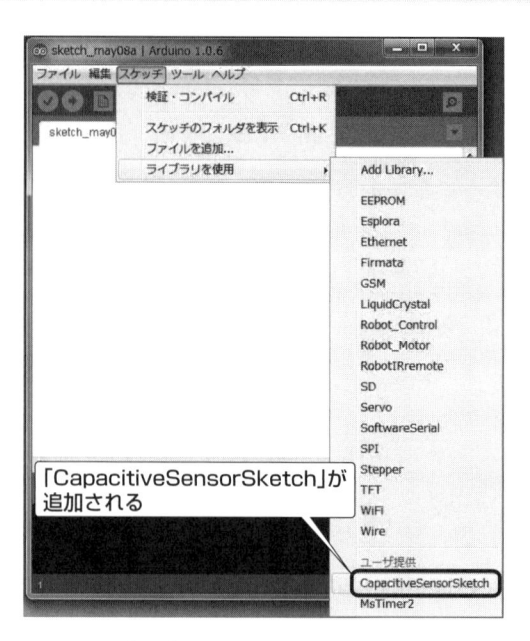

図7.15 静電容量センサライブラリの追加の確認

回路

回路図を図7.16に示します。今回は各辺が20 cm程度の正方形のアルミホイルを使います。ジャンプワイヤとアルミホイルはミノムシクリップでつなぐと簡単につなげて，線の長さも長くできます。

Arduinoプログラム【リスト7.2】

ライブラリとグローバル変数

1行目 静電容量センサのライブラリを読み込みます。

3行目 【CapacitiveSensorインスタンス】で使用するピンを設定します。ここでは，3, 4番ピンを使って静電容量センサとすることを宣言しています。

4行目 5, 6番ピンを使って静電容量センサとすることを宣言しています。

5行目 センサに触れた瞬間かどうかを判別するための変数（fs, fk）を宣言しています。この変数は0のとき触れていないという意味とし，1のときは触れているという意味で使います。

setup関数 初めに1回だけ実行されます。

9行目 通信速度を9600 bpsに設定しています。

10, 11行目 【set_CS_AutocaL_Millis関数】は静電容量センサのキャリブレーション設定するための関数です。ここでは，引数を

(a) 回路図

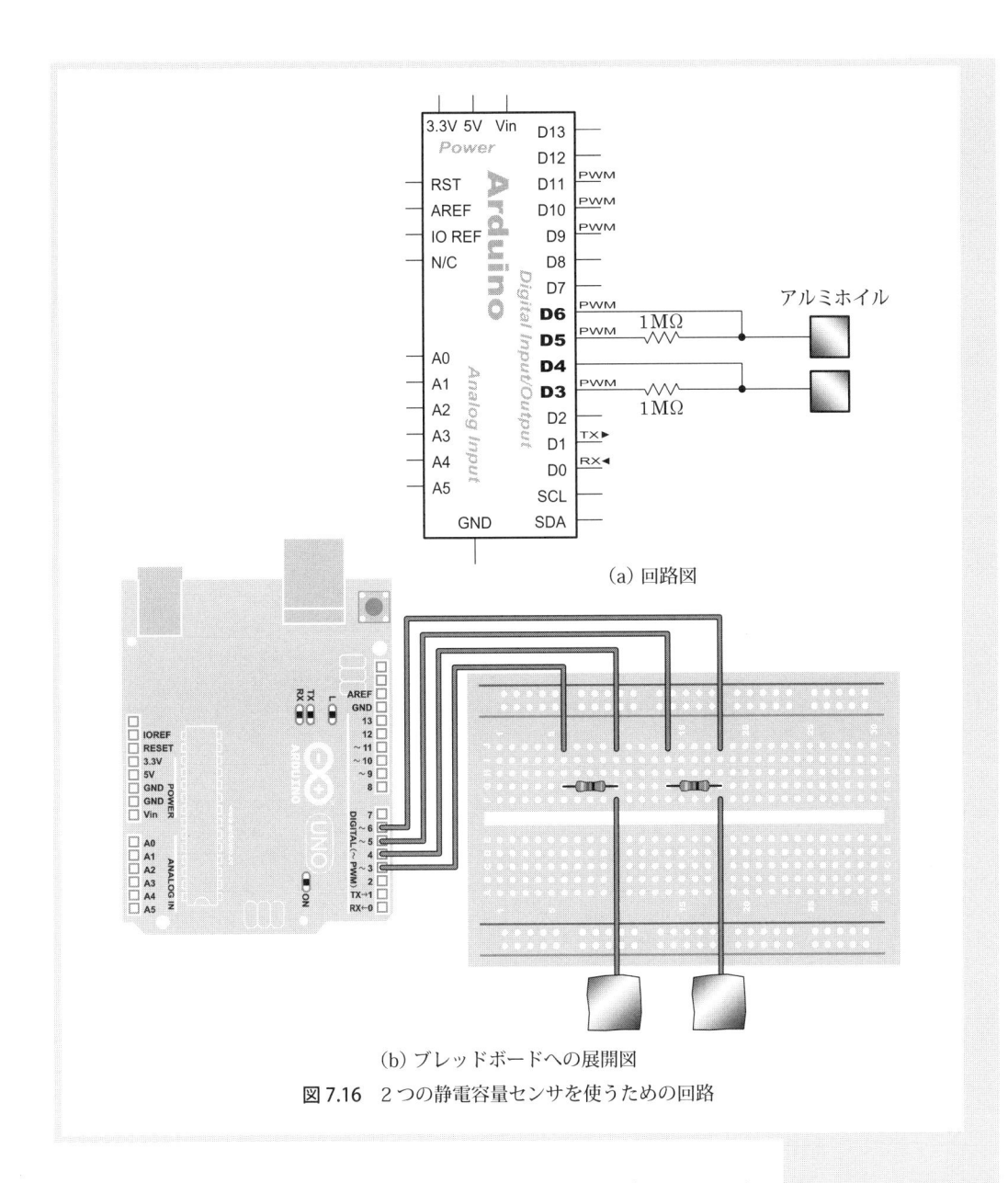

(b) ブレッドボードへの展開図

図 7.16 2つの静電容量センサを使うための回路

0xFFFFFFFF としてキャリブレーションをしないようにしています。

12 行目 センサに触れているかどうかの変数を 0（触れていない）に初期化します。

loop 関数 何度も実行されます。

17 行目 【capacitiveSensor 関数】は静電容量センサの値を測定するための関数です。引数は平均化する回数です。ここでは，静電容量センサの値を cs34 という変数に代入しています。この関数の引数の 30 という数は，30 回測定した平均を使うことを設定しています。

18 行目の if 文 その値が 500 を超えていれば（押されていれば）19

〜22行目を実行します．

19行目のif文〜21行目　fsが0ならば（直前に触れられていなければ），fsを1として触れていることを記録します．そして「s」という文字を送信します．

24行目のelse if文　静電容量センサの値が200より小さければ，fsを0として離れていることを記録します．このようにして，押したままでも音が連続になることを防いでいます．

27〜36行目　5,6番ピンにつながる静電容量センサの状態について，同じことをしています．

リスト7.2　静電容量センサ

```
1    #include <CapacitiveSensor.h>
         //静電容量センサのライブラリの読み込む
2
3    CapacitiveSensor cs_3_4 = CapacitiveSensor(3,4);
             //3,4番ピンを使った静電容量センサとする
4    CapacitiveSensor cs_5_6 = CapacitiveSensor(5,6);
             //5,6番ピンを使った静電容量センサとする
5    int fs,fk;    //センサに触れた瞬間かどうかを判別するための変数
6
7    void setup()
8    {
9      Serial.begin(9600);    //通信ポートと速度の設定
10     cs_3_4.set_CS_AutocaL_Millis(0xFFFFFFFF);
                 //静電容量センサのキャリブレーション設定
11     cs_5_6.set_CS_AutocaL_Millis(0xFFFFFFFF);
12     fs = fk = 0;            //触れられていないとして初期化
13   }
14
15   void loop()
16   {
17     long cs34 = cs_3_4.capacitiveSensor(30);
                         //静電容量センサの値
18     if(cs34 > 500){         //触れられていれば
19       if(fs == 0){          //その前の瞬間が触れられていなければ
20         fs = 1;
21         Serial.write('s');   //「s」を送信
22       }
23     }
24     else if(cs34 < 200){    //触れられていなければ
25       fs = 0;
26     }
27     long cs56 = cs_5_6.capacitiveSensor(30);
                         //静電容量センサの値
28     if(cs56 > 500){         //触れられていれば
29       if(fk == 0){          //その前の瞬間が触れられていなければ
30         fk = 1;
31         Serial.write('k');   //「k」を送信
```

```
32        }
33      }
34      else if(cs56 < 200){       //触れられていなければ
35        fk = 0;
36      }
37    }
```

Processingプログラム【リスト7.3】

このプログラムを動かすときには，音声データをこのプログラムの保存フォルダーにdataというフォルダーを作り，コピーします。この本では，音声データはBD.mp3とSD.wavを使います。これは，Processingのインストールフォルダーの中の，

modes → java → libraries → minim → examples → TriggerASample → data

の中にあります。

ライブラリとグローバル変数

1行目　Arduinoと通信するためのライブラリを読み込んでいます。

2行目　音を再生するためのライブラリを読み込んでいます。

4行目　シリアル通信を行うための変数（port）を定義しています。

5行目　音を再生するための変数（minim）を定義しています。

6，7行目　2つの音を再生するための変数（snare，kick）を定義しています。

8行目　2つの音のエフェクトを表示するための変数（ts，tk）を定義しています。

setup関数　初めに1回だけ実行されます。

12～14行目　作成するウィンドウの大きさ（200 × 200），通信ポート（COM3）と速度（9600 bps），塗りつぶしの色（黒）を設定しています。

15行目　音を再生するための設定をしています。

16行目　【loadSample関数】は再生する音を読み込むための関数です。ここでは，「ボン」という音（BD.mp3）を読み込んでいます。

17行目　再生する「シャン」という音（SD.wav）を読み込んでいます。

draw関数　何度も実行されます。

22行目　背景を白色で塗りつぶして画面を更新します。

23行目のif文　データを受信したら24～32行目を実行します。

24行目　受信データを読み込みます。

25行目のif文　その値が「s」ならば26，27行目を実行します。

26行目　【trigger関数】は実際に音を出すための関数です。ここでは，「シャン」という音を出しています。

27行目　視覚エフェクトのための黒い帯の高さを200にします。

29～31行目　その値が「k」ならば「ボン」という音を出して，黒い帯の高さを200にします。

34～37行目　音が出ていることが目で見ても分かるように図7.10のように帯を表示させます。そして，tsとtkそれぞれ0より大きければ10ずつ減らして，帯の高さを低くする演出をします。

keyPressed関数　キーが押されたとき（押している間ではないことに注意）実行されます。

42～45行目　「s」を押すと「シャン」という音が出ます。

46～49行目　「k」を押すと「ボン」という音が出ます。

リスト7.3　静電容量センサ

```
1   import processing.serial.*;
            //Arduinoと通信するためのライブラリを読み込む
2   import ddf.minim.*;  //音を再生するためのライブラリを読み込む
3
4   Serial port;          //シリアル通信を行うための変数の定義
5   Minim minim;          //音を出すための変数を定義
6   AudioSample snare;    //「シャン」という音のための変数
7   AudioSample kick;     //「ボン」という音のための変数
8   int ts, tk;           //視覚エフェクトのための変数
9
10  void setup()
11  {
12    size(200, 200);     //200x200ドットの画面を作成
13    port = new Serial(this, "COM3", 9600);
                          //通信ポートと速度の設定
14    fill(0);            //塗りつぶしの色を黒
15    minim = new Minim(this);  //音を再生するための変数
16    kick = minim.loadSample("BD.mp3", 512);
                          //「ボン」という音の読み込み
17    snare = minim.loadSample("SD.wav", 512);
                          //「シャン」という音の読み込み
18  }
19
20  void draw()
21  {
22    background(255);              //背景を白で塗りつぶして更新
23    if(port.available() > 0){     //データが送られてきたか？
24      int c = port.read();
25      if(c == 's'){               //「s」だったら
26        snare.trigger();          //「シャン」と鳴らす
27        ts = 200;                 //黒の帯を最大高さに
28      }
29      if(c == 'k'){               //「k」だったら
30        kick.trigger();           //「ボン」と鳴らす
31        tk = 200;                 //黒の帯を最大高さに
```

```
32        }
33      }
34      rect(20, 200, 60, -ts);      //黒い帯を描く
35      rect(120, 200, 60, -tk);
36      if(ts > 0)ts -= 10;          //黒い帯が0より大きければ短くする
37      if(tk > 0)tk -= 10;
38    }
39    //おまけの機能
40    void keyPressed()
41    {
42      if (key == 's'){      //「s」キーが押されたら
43        snare.trigger();    //「シャン」と鳴らす
44        ts = 200;           //黒の帯を最大高さに
45      }
46      if (key == 'k'){      //「k」キーが押されたら
47        kick.trigger();     //「ボン」と鳴らす
48        tk = 200;           //黒の帯を最大高さに
49      }
50    }
```

> **Tips 音がうまくならないとき**
>
> キーボードの「s」や「k」を押すと音が鳴るのに，Arduinoからの指令でうまく音が鳴らない場合があります。まずは静電容量センサの閾値（リスト7.2の18行目と28行目の500）を小さくしてみてください。それでもうまくいかないときは，抵抗の値を2 MΩや5 MΩに変えてみてください。なお，2 MΩや5 MΩは1 MΩを直列にそれぞれ2本，5本つなぐことで作ることができます。

7.3 Processingでゲームパッド（リモコンカーを作る）

ゲームパッド（ゲームコントローラ，図7.17）を使って現実のロボットを動かせたら面白いと思いませんか？ ここでは，Processingでゲームパッドのライブラリを追加して，ゲームパッドの情報を取得し，6.4節のリモコンカーを動かしてみましょう。今回も6.4節と同様にウィンドウには何も表示しません[※]。

※ 執筆時に使用したエレコム（株）のJC-U3312SBKは，ドライバーをCD-ROMからインストールする必要があります。方法は付録B.2を参照してください。また，アナログジョイスティックを使用するときには，MODEボタンを押してMODE LEDが赤くなるようにしてください。

●参照する節●

Arduino プログラミング
6.4 節
Processing プログラミング
なし
通信方式
4.5 節

●使用するパーツ●

Arduino × 1
アナログジョイスティック付ゲームパッド × 1
モータードライバー (TA7291P) × 2
ダブルギヤボックス × 1
ナロータイヤセット × 1
ユニバーサルプレート × 1
ボールキャスター × 1
電池ボックス × 1
電池 × 4

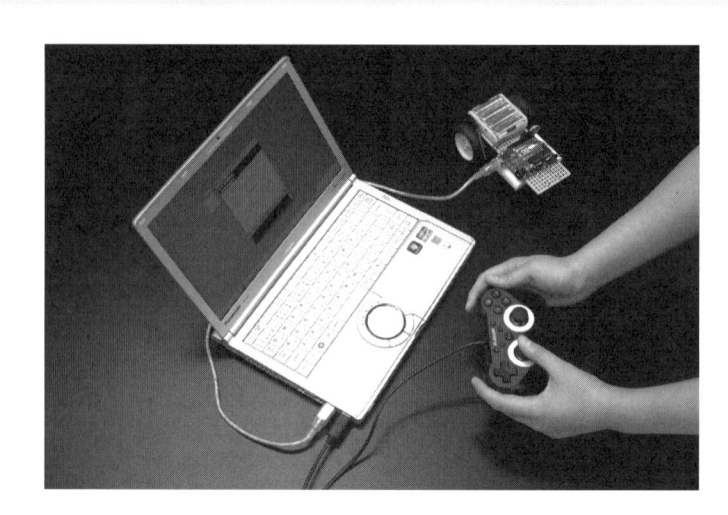

図 7.17　ゲームパッドでリモコンカーを操縦

方針

6.4 節では前進，後進，左旋回と右旋回の指令を送っていましたが，この節では左右の車輪の速度をそれぞれ送ることで，滑らかに動かします。そのため，Processing でゲームパッドの十字キー（もしくはアナログパッド）の値を読み取り，その値から左右の車輪の速度を計算しています。Arduino は「l」「L」「r」「R」であれば次の値を受信し，その値を速さとして左右の車輪を動かします。例えば，「l」の次に 120 という値が送られてくると左車輪を正転で 120 の速さにすることとし，「L」の次に 50 が送られてくると左車輪を逆転で 50 の速さとします。「r」と「R」はそれぞれ右車輪の正転と逆転の意味となります。

この節で行う通信のデータの流れを図 7.18 に示します。データの送信間隔はフレームレートの間隔とします。

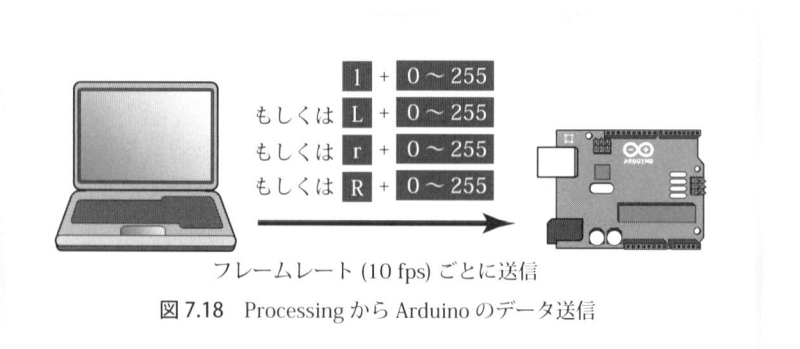

図 7.18　Processing から Arduino のデータ送信

回路

6.4 節のリモコンカーと同じです。

ゲームパッドライブラリのインポート

ゲームパッドを使うためにはライブラリをインポートする必要があります。

まず，図 7.19 のように「Sketch」→「Import Library...」→「Add Library...」をクリックします。

図 7.19　ゲームパッドライブラリの追加

図 7.20 のダイアログが出ますので，上の方にあるテキストボックスに「joystick」と入力してください。そうすると，「**Game Control Plus**」と書かれたものが出てきます。

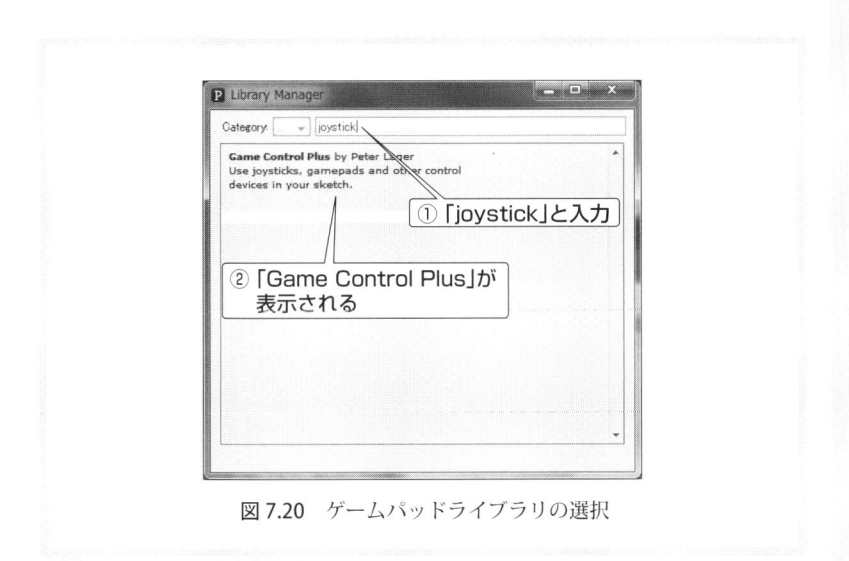

図 7.20　ゲームパッドライブラリの選択

図7.21に示すように「Game Control Plus」を選択（文字をクリック）すると，背景が青く変わります。見づらいのですがその中に「Install」と書かれたボタンがありますので，「Install」ボタンをクリックするとライブラリのインポートが始まります。

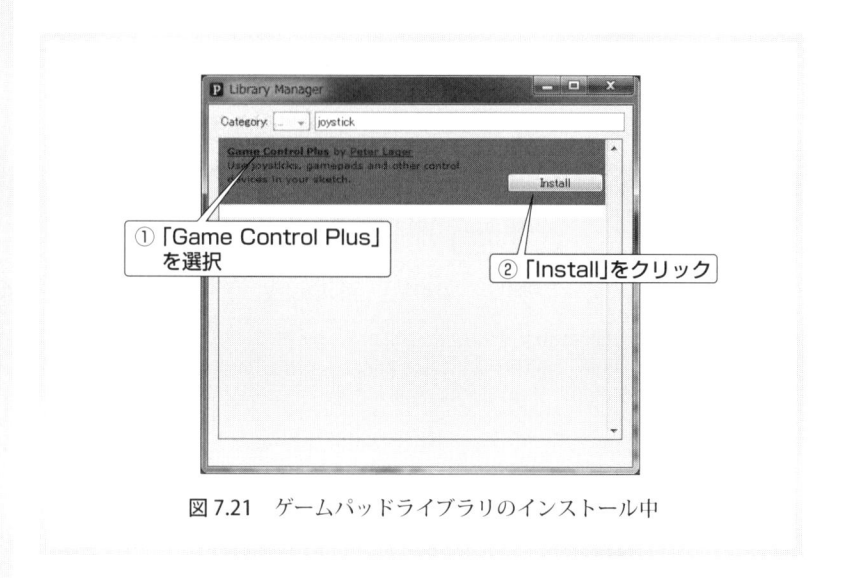

図7.21　ゲームパッドライブラリのインストール中

　しばらく待ってインポートが終わると，図7.22のように「Install」と書かれていたボタンが「Remove」になります。こうなれば，このダイアログは閉じてかまいません。

図7.22　ゲームパッドライブラリのインストール後

　再び「Sketch」→「Import Library...」をクリックすると，図7.23のように「Game Control Plus」が追加されていることが分かります。

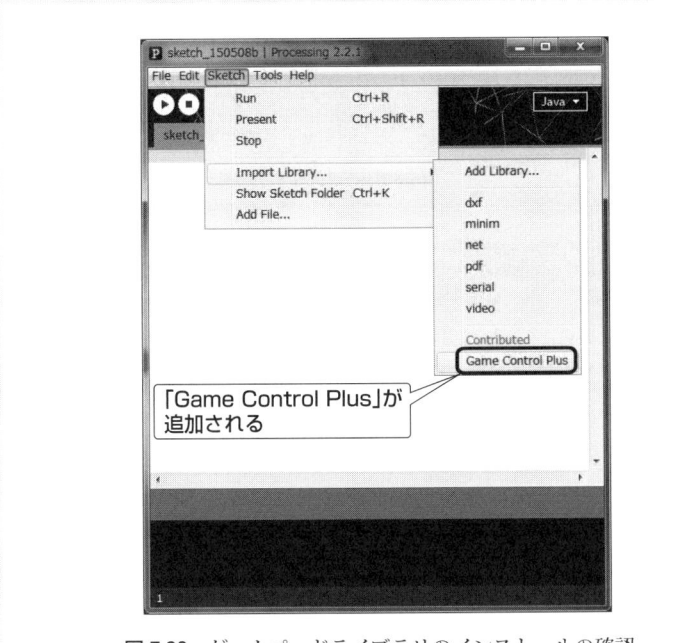

図 7.23　ゲームパッドライブラリのインストールの確認

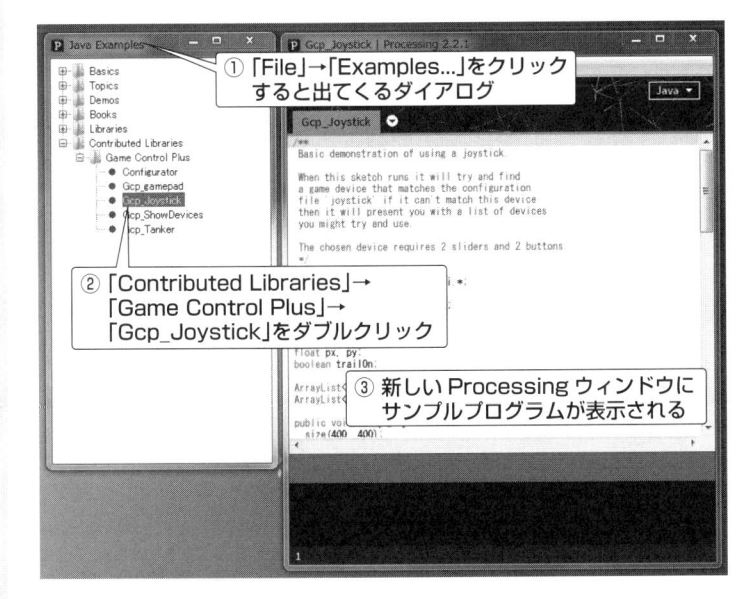

インポートができたら，サンプルプログラムを動かしてみましょう。「File」→「Examples...」をクリックすると，図 7.24 の左のダイアログが現れます。その中から「Contributed Libraries」→「Game Control Plus」→「Gcp_Joystick」をダブルクリックすると，図 7.24 の右のように新しい Processing ウィンドウにプログラムが現れます。

図 7.24　サンプルプログラムの開き方

ゲームパッドを接続し，Processing を実行すると図 7.25 が現れます。いくつか文字化けしていますが，その中で皆さんが持っている<u>メーカーを選び，左にある四角形をクリック</u>します。この本ではエレコム（株）のゲームパッド（JC-U3312SBK）を使いました。

図 7.25　ゲームパッドライブラリのサンプルプログラムの初期画面

そうすると，図 7.26 が現れます。ゲームパッドのボタンを押したりアナログスティックを倒したりするとその情報が画面に表示されていれば OK です。

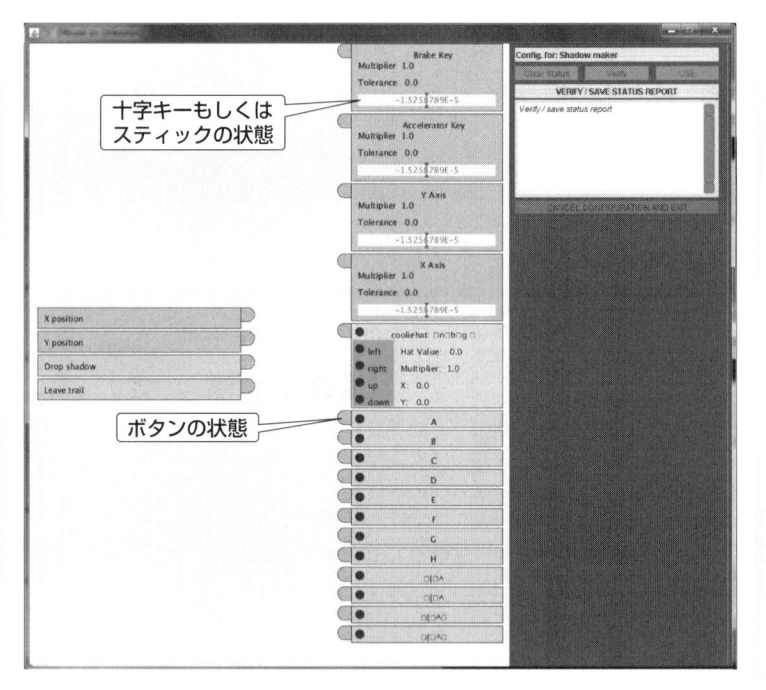

図 7.26　ゲームパッドライブラリのサンプルプログラムの実行画面

Arduino プログラム【リスト 7.4】

Arduino プログラムは 6.4 節に似ていますが，速度調整を付けてある点が違います。

setup 関数 初めに 1 回だけ実行されます。

　3〜9 行目　通信速度（9600 bps）と出力ピン（4〜9 番ピン）の設定をしています。

　10〜15 行目　初期状態でリモコンカーが停止しているようにします。

loop 関数 何度も実行されます。

　22 行目の if 文　Processing から 2 つ以上のデータが送られてきたかチェックしています。

　23 行目　1 つ目のデータを読み込みます。

　24〜47 行目　読み込んだ文字が次の 4 つならば次のデータを読み取り，その速さで車輪を動かします。

　　l ならば　　　左車輪を正転（24〜28 行目）
　　L ならば　　　左車輪を逆転（30〜34 行目）
　　r ならば　　　右車輪を正転（36〜40 行目）
　　R ならば　　　右車輪を逆転（42〜46 行目）

リスト 7.4　ゲームパッド

```
1   void setup()
2   {
3     Serial.begin(9600);      //通信速度を9600bpsに
4     pinMode(4, OUTPUT);      //4番ピンから9番ピンまで出力に
5     pinMode(5, OUTPUT);
6     pinMode(6, OUTPUT);
7     pinMode(7, OUTPUT);
8     pinMode(8, OUTPUT);
9     pinMode(9, OUTPUT);
10    digitalWrite(4, LOW);    //初期状態でモーターを止める
11    digitalWrite(5, LOW);
12    analogWrite(6, 0);
13    digitalWrite(7, LOW);
14    digitalWrite(8, LOW);
15    analogWrite(9, 0);
16  }
17
18  void loop()
19  {
20    char c;
21    char v;
22    if(Serial.available() > 1){
         //データが2つ以上送られてきたか？
23      c = Serial.read();
24      if(c == 'l'){             //「l」のときは左車輪を正転
25        v = Serial.read();      //速さを読み込む
26        digitalWrite(4, HIGH);
27        digitalWrite(5, LOW);
28        analogWrite(6, v);
29      }
```

```
30      else if(c == 'L'){       //「L」のときは左車輪を逆転
31        v = Serial.read();
32        digitalWrite(4, LOW);
33        digitalWrite(5, HIGH);
34        analogWrite(6, v);
35      }
36      else if(c == 'r'){       //「r」のときは右車輪を正転
37        v = Serial.read();
38        digitalWrite(7, HIGH);
39        digitalWrite(8, LOW);
40        analogWrite(9, v);
41      }
42      else if(c == 'R'){       //「R」のときは右車輪を逆転
43        v = Serial.read();
44        digitalWrite(7, LOW);
45        digitalWrite(8, HIGH);
46        analogWrite(9, v);
47      }
48    }
49  }
```

Processing プログラム【リスト7.5】

ライブラリとグローバル変数

1行目　Arduinoと通信するためのライブラリを読み込んでいます。

2, 3行目　ゲームパッドを使うためのライブラリを読み込んでいます。

5行目　シリアル通信を行うための変数（port）を定義しています。

6～8行目　ゲームパッドを使うための変数（control, list, device）を定義しています。

9, 10行目　ゲームパッドのボタンと方向キー（アナログパッド）を使うための配列（button[ ], sliders[ ]）を定義しています。

setup関数　初めに1回だけ実行されます。

13行目　通信ポート（COM3）と速度（9600 bps）を設定しています。

14～16行目　パソコンにつながっているゲームパッドのリストをコンソールに表示しています。図7.27に，コンソールに表示されたリストを示します。

17, 18行目　その中から2番目のゲームパッドを使うことを宣言して，使用開始状態にしています※。

20行目のfor文～22行目　ゲームパッドのボタンの状態を取得できるように設定しています。

23, 24行目　ゲームパッドの十字キー（もしくはアナログパッド）の状態を取得できるように設定しています。

draw関数　何度も実行されます。

※ 初めて実行するときには何番がゲームパッドか分かりませんので，とりあえず0にして実行し，コンソール画面に表示されるリストを確認してください。その中から正しい値を選び，その値に変えてもう一度実行してください。

30, 31 行目 ゲームパッドの十字キーの状態を取得して，左右の車輪の速度に変換しています。

34〜47 行目 送信できるのは 0 から 255 までの正の値なので，マイナスの場合はプラスに変えて送っています。

　　vl が正ならば　　　左車輪を正転（34〜36 行目）
　　vl が負ならば　　　左車輪を逆転（37〜39 行目）
　　vr が正ならば　　　右車輪を正転（41〜43 行目）
　　vr が負ならば　　　右車輪を逆転（44〜46 行目）

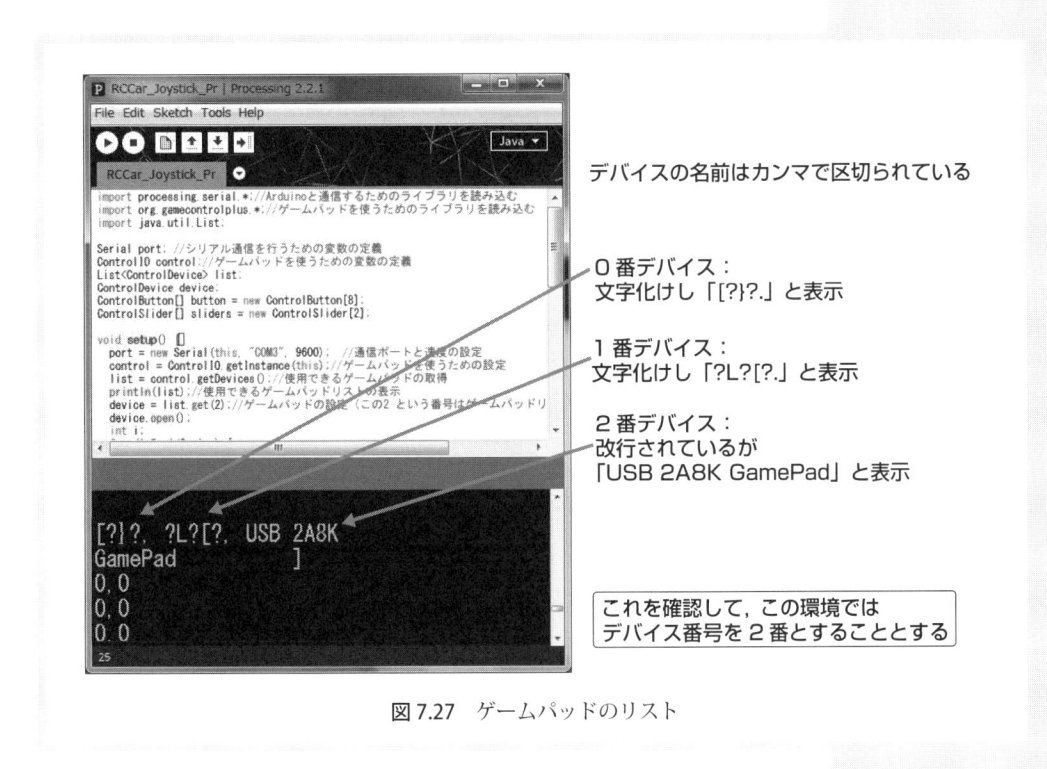

図 7.27　ゲームパッドのリスト

ここで，プログラム中の 30, 31 行目の変換について説明します。十字キーと slider 変数の関係を表 7.1 の 1 行目と 2, 3 行目で示します。上を押したときには slider[0] に 1 が入り，slider[1] に 0 が入ることを示しています。また，右上を押したときには slider[0] に 1 が入り，slider[1] にも 1 が入ります。

次に，十字キーとリモコンカーの動作の対応は表 7.1 の 1 行目と 4 行目で示します。上方向に押すと前進させ，上と右を同時に押すと緩やかに右方向に旋回させます。この動作を実現するためには表 7.1 の 5, 6 行目に示す左右の車輪の状態にしなければなりません。

プログラム中の 30, 31 行目の変換式を用いると，十字キーを押したときの vl と vr の値は表 7.1 の 7, 8 行目となります。正の値は正転となり，負の値は逆転に対応していることが分かります。

さらに，アナログスティックを動かした場合にはその倒し方によってslider[0]とslider[1]の値が0～1までの小数の値で得られます。この式を用いた場合，アナログ入力を用いたときには速度も中間的な値となり，より微妙な移動ができるようになります。

表7.1 十字キー方向と車輪の回転方向の関係

十字キーを押した方向	↑	↗	→	↘
slider[0] の値	1	1	0	−1
slider[1] の値	0	1	1	−1
動作	前進	右前旋回	右回転	右後ろ旋回
右車輪	正転	停止	逆転	逆転
左車輪	正転	正転	正転	停止
vr の値	127	0	−126	−254
vl の値	126	254	127	0

十字キーを押した方向	↓	↙	←	↖
slider[0] の値	−1	−1	0	1
slider[1] の値	0	−1	−1	−1
動作	後進	左後ろ旋回	左回転	左前旋回
右車輪	逆転	停止	正転	正転
左車輪	逆転	逆転	逆転	停止
vr の値	−126	0	127	254
vl の値	−127	−254	−126	0

リスト7.5　ゲームパッド

```
1   import processing.serial.*;
            //Arduinoと通信するためのライブラリを読み込む
2   import org.gamecontrolplus.*;
            //ゲームパッドを使うためのライブラリを読み込む
3   import java.util.List;
4
5   Serial port;         //シリアル通信を行うための変数の定義
6   ControlIO control;   //ゲームパッドを使うための変数の定義
7   List<ControlDevice> list;
8   ControlDevice device;
9   ControlButton[] button = new ControlButton[8];
10  ControlSlider[] sliders = new ControlSlider[2];
11
12  void setup() {
13    port = new Serial(this, "COM3", 9600);
            //通信ポートと速度の設定
14    control = ControlIO.getInstance(this);
            //ゲームパッドを使うための設定
15    list = control.getDevices();
            //使用できるゲームパッドの取得
16    println(list);   //使用できるゲームパッドリストの表示
```

```
17      device = list.get(2);
                //ゲームパッドの設定（この2という番号はゲームパッドリストを見てから決める）
18      device.open();
19      int i;
20      for (i=0; i<8; i++) {
21        button[i] = device.getButton(i);
                //8個のボタンが押されているかどうかを取得
22      }
23      sliders[0] = device.getSlider(2);
                //アナログスティックの横方向の状態を取得
24      sliders[1] = device.getSlider(3);
                //アナログスティックの縦方向の状態を取得
25    }
26
27    void draw() {
28      int vl, vr;
29
30      vl = (int)((-sliders[0].getValue()+
                    sliders[1].getValue())*127);
            //十字キーもしくはアナログスティックからの入力を速度に変換
31      vr = (int)((-sliders[0].getValue()-
                    sliders[1].getValue())*127);
32      println(vl+","+vr);
33
34      if(vl > 0) {          //vlが正だったら
35        port.write('l');    //左車輪正転のlを送って
36        port.write(vl);     //速度を送る
37      }else {               //vlが負だったら
38        port.write('L');    //左車輪逆転のLを送って
39        port.write(-vl);    //速度を送る
40      }
41      if(vr > 0) {          //vrが正だったら
42        port.write('r');    //右車輪正転のrを送って
43        port.write(vr);     //速度を送る
44      }else {               //vrが負だったら
45        port.write('R');    //右車輪逆転のRを送って
46        port.write(-vr);    //速度を送る
47      }
48    }
```

Tips アナログスティックの取得方法

エレコム（株）の JC-U3312SBK は 2 つのアナログスティックが付いています。この節で示したプログラムは，左のアナログスティックを使うために 23，24 行目の device.getSlider 関数の引数を 2 と 3 に設定しています。device.getSlider 関数の引数を 0 と 1 に変えると，右のアナログスティックの値が取得できるようになります。また，筆者が試したサンワサプライ（株）のアナログスティックでは，1 つのゲームコントローラの場合は device.getSlider 関数の引数に 0

と1を使うとうまくいきました。そして、サンワサプライ(株)のゲームコントローラの場合は十字キーを押したとき、アナログスティックを最大に倒したときと同じ値が出てきました。使用するゲームコントローラによって異なりますので、試しながら自分のゲームコントローラに合ったものを使ってください。

Tips ゲームパッドを使うときに起きるエラーの対処法

この本では、ゲームパッドのデバイス番号が2番でしたが、他のパソコンでは番号が異なる場合があります。異なった番号で実行をしようとすると、図7.28のようにエラーとなって動きません。この図のコンソールを見ると、使いたいゲームパッド（Elecom Wired GamePadが）は、リストの5番目※になっています。この場合、以下のように変更すると動くようになります。

※ リストの番号は0から始まり、カンマの数で区切られています。

プログラムの変更点

リスト7.5の17行目：更新前

```
device = list.get(2);
```

リスト7.5の17行目：更新後

```
device = list.get(5);
```

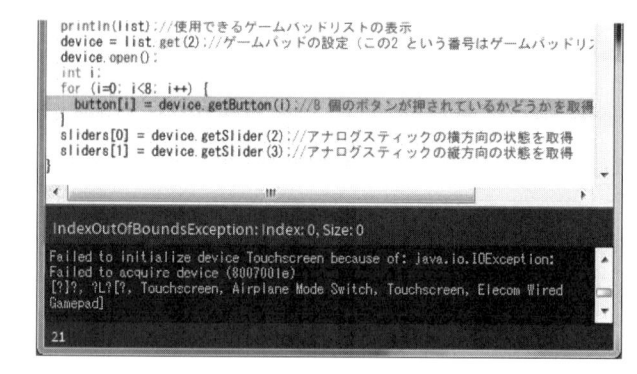

図7.28　ゲームパッドのエラー表示とデバイスリスト

7.4 ProcessingでOpenCV（人の顔の方に向く）

OpenCVという，画像を高速にしかも簡単に処理してくれるライブラリがあります。いろいろすごいことができるのですが，今回は図7.29のように人の顔を認識するという機能を使います。そして，カメラをサーボモーターに載せてリアルタイムに顔を認識し，顔の方を向くカメラを作ります。作成するプログラムは，OpenCVのカメラ画像を取得し，顔認識をするサンプルプログラムを応用して作ります[1, 2, 3]。

図7.29 OpenCVサンプル（LiveCamTest）

※1 執筆時に使用したエレコム（株）のUCAM-C0220FBBKのドライバーはたいていの場合，自動的にインストールされます。詳しくは付録B.1を参照してください。また，ドライバーを手動でインストールする必要があるカメラもあります。その場合は，ドライバーをインストールしてからこの節のProcessingプログラムを実行してください。

※2 ノートパソコンなどには内蔵カメラが付いている場合があります。その場合は内蔵カメラを無効にする必要があります。その方法は付録B.1を参照してください。

※3 サーボモーターはメーカーや型番によって回転方向が異なります。実行して回転方向が逆ならば，4.6節のTipsを参考にしてください。

●参照する節●

Arduino プログラミング
4.6節，6.7節
Processing プログラミング
6.7節
通信方式
4.6節

●使用するパーツ●

Arduino × 1
Webカメラ × 1
サーボモーター × 1
電池ボックス × 1
電池 × 4

方針

6.7節の赤いものの方を向く方法と同じ構成で，向く方向を赤でなく人の顔とします。Processingで認識した顔の位置が右にあればサーボモーターを右に，顔が左にあればサーボモーターを左に回します。この節で行う通信のデータの流れを図7.30に示します。

回路

回路はサーボモーターを動かすだけですので，4.6節の図4.19と同じです。

作り方

カメラをサーボモーターにつなぐ方法は6.7節と同じです。

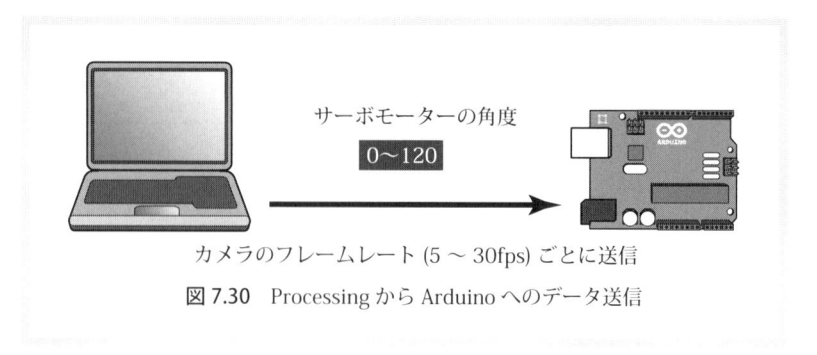

図 7.30　Processing から Arduino へのデータ送信

OpenCV ライブラリのインポート

OpenCV のライブラリをインポートします。まず，図 7.19 のように「Sketch」→「Import Library...」→「Add Library...」をクリックします。

出てきた図 7.20 のテキストボックスに「OpenCV」と入力すると，「**OpenCV for processing**」と書かれたものが出てきます。

それを選択し，「Install」をクリックします。

インストールが終了したら，サンプルプログラムで確認します。まず，Web カメラをつなぎます。

その後，「File」→「Examples...」をクリックして図 7.24 の左のようなダイアログを出します。

その中から「Contributed Libraries」→「OpenCV for Processing」→「LiveCamTest」をダブルクリックして実行すると図 7.29 のようにカメラの画像を画面に表示し，顔を認識するとそれを囲むように四角が現れます。今回作成するプログラムはこのサンプルプログラムを応用しているため，Processing の画面表示はサンプルプログラムと同じにしています。いろいろなことができますので，他のサンプルプログラムを実行してみることをおすすめします。

Arduino プログラム【リスト 7.6】

この Arduino プログラムは 6.7 節と同じです。

リスト 7.6　OpenCV

```
1  #include <Servo.h>
        //サーボモーターを動かすためのライブラリを読み込む
2
3  Servo mServo;      //サーボモーターを使うための変数の定義
4
5  void setup()
6  {
7    Serial.begin(9600);  //通信速度を9600bpsに
8    mServo.attach(9);      //サーボモーターを動かすピンを設定
9    mServo.write(60);      //サーボモーターの初期角度を60度
```

```
10    }
11
12    void loop()
13    {
14      if(Serial.available() > 0){   //データが送られてきたか？
15        int v = Serial.read();      //値を読み込む
16        mServo.write(v);            //その値でサーボモーターを回す
17      }
18    }
```

Processing プログラム【リスト 7.7】

ライブラリとグローバル変数

1 行目　Arduino と通信するためのライブラリを読み込んでいます。

2～4 行目　OpenCV を使うために必要となるいくつかのライブラリを読み込んでいます。

6 行目　シリアル通信を行うための変数（port）を定義しています。

7 行目　カメラ画像を取得するための変数（video）を定義しています。

8 行目　OpenCV を使うための変数（opencv）を定義しています。

9 行目　カメラを載せたサーボモーターの角度の値を保持するための変数（angle）の定義しています。

setup 関数　初めに 1 回だけ実行されます。

12 行目　作成するウィンドウの大きさを 640 × 480 に設定します。

13 行目　Arduino と通信するためにポート（COM3）と通信速度（9600 bps）の設定をしています。

14 行目　カメラ画像を取得するための設定をしています。

15, 16 行目　取得したカメラ画像を OpenCV で処理するための設定をしています。

17 行目　カメラ画像の取得を開始しています。

18 行目　サーボモーターの初期角度を 60 度に設定しています。

draw 関数　何度も実行されます。

22 行目　カメラ画像を 2 倍に引き伸ばしています。

23 行目　カメラ画像を画面に表示しています。

24 行目　カメラ画像を OpenCV で使うための処理をしています。

26～32 行目　中抜きの四角で顔の位置を囲んでいます。

33～42 行目　もし画面上に 1 つだけ顔を認識していれば[※]，その位置が画面の中心位置（width/4）と比べて左右のどちらにあるか調べています。またこのとき，カメラ画像は 2 倍に拡大しているため，比較は画面の 1/2 倍した大きさで行います。

35 行目の if 文～37 行目　顔がカメラ画像の中心より左に 5 ピクセル

※ 顔は複数認識できます。

以上ずれていれば，サーボモーターの角度を減らす方向に設定します。ただし，0度を下回る場合は0度とします。

38行目のelse if文〜40行目　顔がカメラ画像の中心より右に5ピクセル以上ずれていれば，サーボモーターの角度を増やす方向に設定します。ただし，120度を超える場合は120度とします。

42行目　設定した角度をArduinoに送っています。

captureEvent関数　カメラの読み込み設定をしています。

47行目　カメラ画像を読み込んでいます。

P リスト 7.7　OpenCV

```
1   import processing.serial.*;
            //Arduinoと通信するためのライブラリを読み込む
2   import gab.opencv.*;
            //OpenCVを使うためのライブラリを読み込む
3   import processing.video.*;
            //カメラを使うためのライブラリを読み込む
4   import java.awt.*;
5
6   Serial port;      //シリアル通信を行うための変数の定義
7   Capture video;    //カメラを使うための変数の定義
8   OpenCV opencv;    //OpenCVを使うための変数の定義
9   float angle;      //サーボモーターの角度を保存する変数の定義
10
11  void setup() {
12    size(640, 480); //640x480ドットの画面を作成
13    port = new Serial(this, "COM3", 9600);
                    //通信ポートと速度の設定
14    video = new Capture(this, 640/2, 480/2);
                    //カメラの設定
15    opencv = new OpenCV(this, 640/2, 480/2);
                    //OpenCVの設定
16    opencv.loadCascade(OpenCV.CASCADE_FRONTALFACE);
17    video.start();  //カメラからの情報取得をスタート
18    angle = 60;     //初期角度を60度
19  }
20
21  void draw() {
22    scale(2);                   //カメラから得られた画像を2倍に
23    image(video, 0, 0 );        //カメラ画像を画面に表示
24    opencv.loadImage(video);
        //カメラ画像をOpenCVで使うための準備
25
26    Rectangle[] faces = opencv.detect();   //顔認識
27    noFill();              //塗りつぶしなし
28    stroke(0, 255, 0);     //線の色を緑
29    strokeWeight(3);       //線の太さ3
30    for(int i = 0; i<faces.length; i++) {
                    //認識した顔を四角で囲む
```

```
31        rect(faces[i].x, faces[i].y, faces[i].width,
              faces[i].height);
32      }
33      if(faces.length == 1) {
34        int fx = faces[0].x+faces[0].width/2;
35        if(fx > width/4+5){ //画面の中心より5ピクセル以上右にあれば
36          angle -= 0.5; //サーボモーターの角度を小さくする
37          if(angle < 0)angle = 0;
38        }else if(fx < width/4-5){
                             //画面の中心より5ピクセル以上左にあれば
39          angle += 0.5; //サーボモーターの角度を大きくする
40          if (angle>120)angle=120;
41        }
42        port.write(byte(angle));   //サーボモーターの角度を送る
43      }
44    }
45
46    void captureEvent(Capture c) {
47      c.read();
48    }
49
50    void mousePressed()
51    {
52      angle = 60;        //初期角度を60度
53      port.write(angle);//Arduinoにサーボモーターの角度を送る
54    }
```

7.5 ProcessingでKinect（人の動きをマネする）

Kinectというゲームコントローラがあります．これを使うと，図7.31の右上に示すような普通のカメラ画像を取得することもできますが，左下のように背景を消したり，右下のようにカメラからの距離によって色分けするなどいろいろなことができます．なかでも左上のように人間の骨格を抽出してくれる機能を使うと，人間がどのようなかっこう（手を挙げているとか首をかしげているとか）をしているのか簡単に計測できます．今回はKinectを使って骨格抽出機能をProcessingで使う方法を紹介し，人の動きをマネするロボットを作ります．人全体を作るのは大変ですので，図7.32のように頭の傾きに合わせてサーボモーターが動くものを作ります[1]．[2]．

※1 Kinectのドライバーのインストールが必要となります．方法は付録B.3を参照してください．

※2 サーボモーターはメーカーや型番によって回転方向が異なります．実行して回転方向が逆ならば4.6節のTipsを参考にしてください．

●参照する節●

Arduino プログラミング
4.6 節
Processing プログラミング
3.1 節
通信方式
4.6 節

●使用するパーツ●

Arduino × 1
Kinect × 1
サーボモーター × 1
電池ボックス × 1
電池 × 4

図 7.31 Kinect のサンプログラム（Kinect4WinExample）

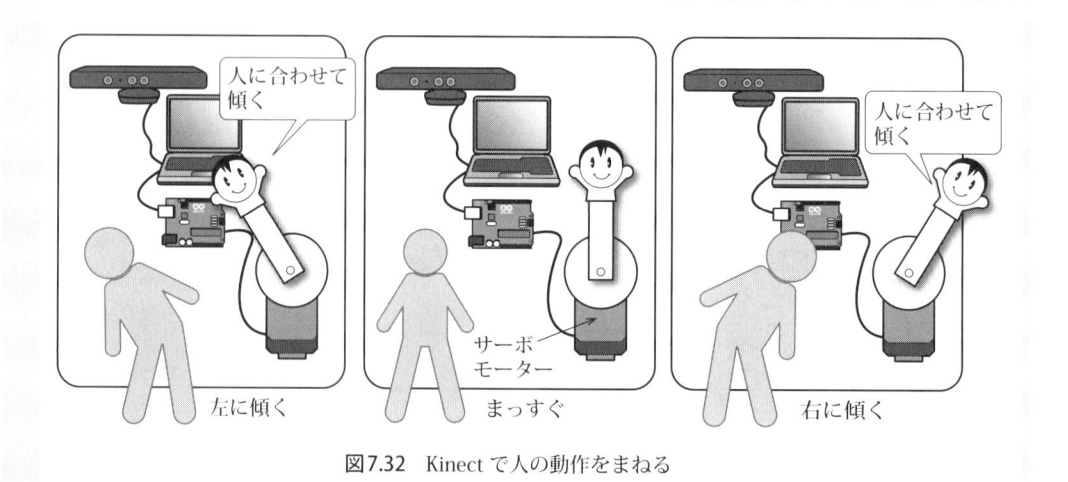

図 7.32 Kinect で人の動作をまねる

方針

この節で行う通信のデータの流れを図 7.33 に示します。Arduino は送られてきた値をもとにサーボモーターを動かします。ここでの Processing プログラムでは，サンプルプログラムを改造して図 7.31 左上の骨格モデルだけを表示します。そして，この骨格モデルの中の頭と肩の中心を結ぶ線の傾きを計算しそれを Arduino に送ります。この節で行う通信はサーボモーターの角度を Processing から送るだけですので，6.7 節と同じになります。

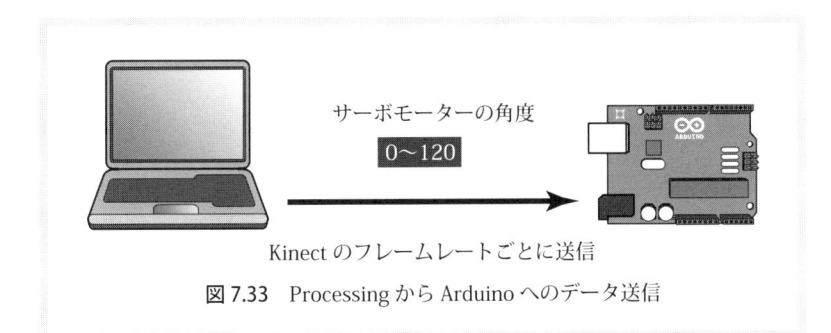

図 7.33　Processing から Arduino へのデータ送信

回路

回路はサーボモーターを動かすだけですので，4.6節の図4.19と同じです。

作り方

図7.32のようにサーボモーターを立てて，サーボホーンに付箋などを貼ると，回転しているのが見やすくなります。

Kinect ライブラリのインポート

Kinect を使うためのライブラリをインポートします。まず，図7.19のように「Sketch」→「Import Library...」→「Add Library...」をクリックします。出てきたダイアログのテキストボックスに「kinect」と入力し，出てきた「Kinect4WinSDK」を選択し，「Install」ボタンをクリックします。

Arduino プログラム【リスト 7.8】

この Arduino プログラムは6.7節と同じです。

リスト 7.8　Kinect

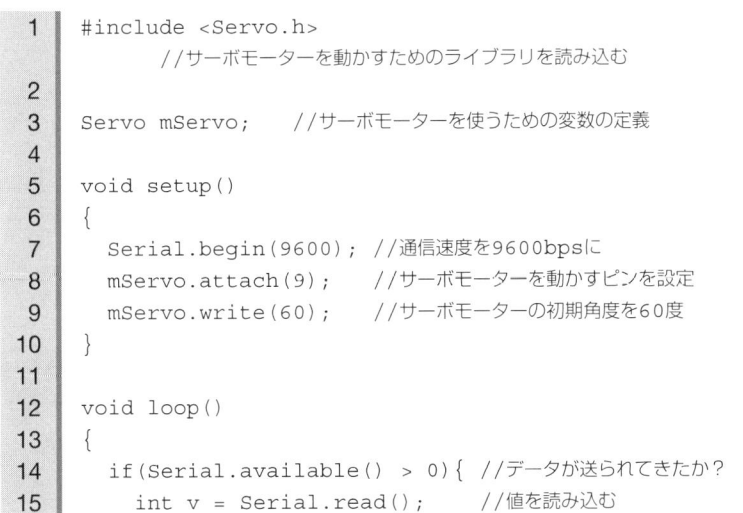

```
#include <Servo.h>
        //サーボモーターを動かすためのライブラリを読み込む

Servo mServo;    //サーボモーターを使うための変数の定義

void setup()
{
  Serial.begin(9600); //通信速度を9600bpsに
  mServo.attach(9);    //サーボモーターを動かすピンを設定
  mServo.write(60);    //サーボモーターの初期角度を60度
}

void loop()
{
  if(Serial.available() > 0){ //データが送られてきたか？
    int v = Serial.read();    //値を読み込む
```

```
16      mServo.write(v);              //その値でサーボモーターを回す
17    }
18  }
```

Processingプログラム【リスト7.9】

インストールしたKinectライブラリのサンプルプログラム（Kinnect4WinExample）をもとに改変しています。すべてを打ち込む必要はなく，サンプルプログラムと見比べて，必要な部分を足したり，不必要な部分を消したりした方が簡単だと思います。また，プログラム中で使う体の関節位置の定数と関節の対応を，表7.2と図7.34に示します。

表7.2　プログラム中の定数名と体の位置の関係

値	定数名	位置
0	NUI_SKELETON_POSITION_HIP_CENTER	尻
1	NUI_SKELETON_POSITION_SPINE	腰
2	NUI_SKELETON_POSITION_SHOULDER_CENTER	肩の中心
3	NUI_SKELETON_POSITION_HEAD	頭
4	NUI_SKELETON_POSITION_SHOULDER_LEFT	左肩
5	NUI_SKELETON_POSITION_ELBOW_LEFT	左ひじ
6	NUI_SKELETON_POSITION_WRIST_LEFT	左手首
7	NUI_SKELETON_POSITION_HAND_LEFT	左手
8	NUI_SKELETON_POSITION_SHOULDER_RIGHT	右肩
9	NUI_SKELETON_POSITION_ELBOW_RIGHT	右ひじ
10	NUI_SKELETON_POSITION_WRIST_RIGHT	右手首
11	NUI_SKELETON_POSITION_HAND_RIGHT	右手
12	NUI_SKELETON_POSITION_HIP_LEFT	左尻
13	NUI_SKELETON_POSITION_KNEE_LEFT	左ひざ
14	NUI_SKELETON_POSITION_ANKLE_LEFT	左くるぶし
15	NUI_SKELETON_POSITION_FOOT_LEFT	左足先
16	NUI_SKELETON_POSITION_HIP_RIGHT	右尻
17	NUI_SKELETON_POSITION_KNEE_RIGHT	右ひざ
18	NUI_SKELETON_POSITION_ANKLE_RIGHT	右くるぶし
19	NUI_SKELETON_POSITION_FOOT_RIGHT	右足先

ライブラリとグローバル変数

1行目　Arduinoと通信するためのライブラリを読み込んでいます。

2，3行目　Kinectを使うために必要となるライブラリを読み込んでいます。

5行目　Kinectを使うための変数を定義しています。

6行目　Kinectから得られた体の関節位置を保存するための変数を定義しています。

7行目　シリアル通信を行うための変数（port）を定義しています。

setup関数　初めに1回だけ実行されます。

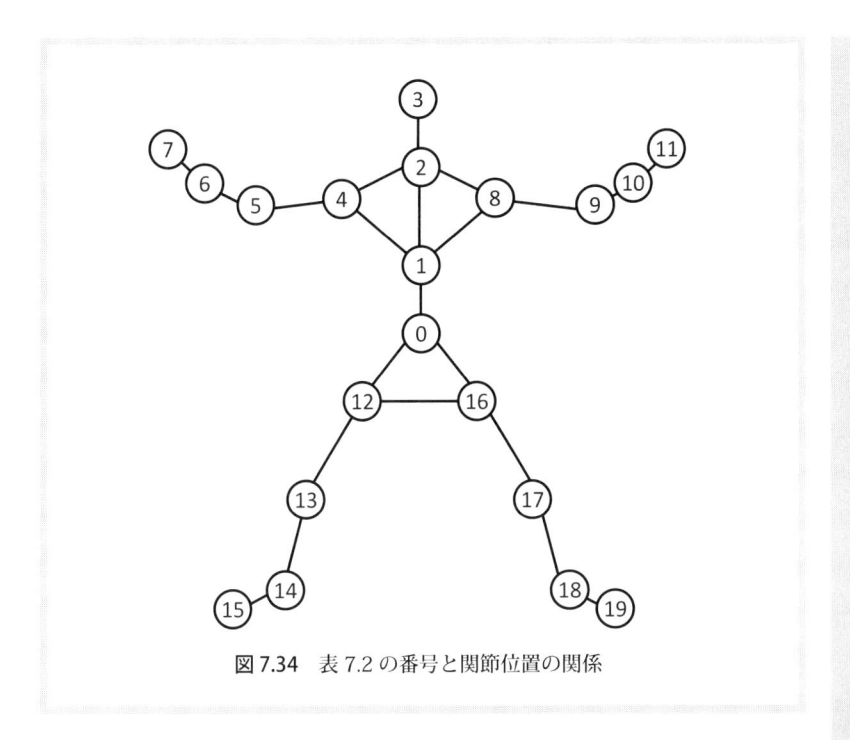

図 7.34　表 7.2 の番号と関節位置の関係

11, 12 行目　作成するウィンドウの大きさ（640 × 480），通信ポート（COM3）と速度（9600 bps）を設定しています。

13 行目　Kinect を使うための準備をしています。

14 行目　関節位置を保存するための変数を設定しています。

15 行目　初期状態でサーボモーターを 60 度の方向に向けます。

16 行目　描画がきれいになるように設定しています。

draw 関数　何度も実行されます。

21 行目　背景を黒く塗りつぶして，新たな描画に備えています。

22 ～ 24 行目　背景として使うものをコメントアウトを外すことで選択できます。

コメントアウトをすべて外さなかった場合　図 7.31 の左上のように，背景を黒として表示します。

22 行目のコメントアウトを外した場合　図 7.31 の右上のように，カメラ画像を背景として表示します。

23 行目のコメントアウトを外した場合　図 7.31 の右下のように，深度画像（Kinect からの距離をグレースケールで表した画像）を背景として表示します。

24 行目のコメントアウトを外した場合　図 7.31 の左下のように，人間の部分だけを表示したカメラ画像を背景として表示します。

25 行目の for 文～ 30 行目　認識した人間の数だけ骨格画像を表示しています。

27 行目　取得した関節位置から人間の骨格を描画するために drawSkelton 関数を呼び出しています。

28 行目　取得した骨格モデルの ID を描画するために drawPosition 関数を呼び出しています。

29 行目　取得した関節位置の頭と肩の中心位置から角度を計算し，Arduino へ送信するための SendAngle 関数を呼び出しています。この関数は引数を変えると，いろいろな角度を送ることができます。例えば，2，3 番目の引数を，

- Kinect.NUI_SKELETON_POSITION_ELBOW_LEFT
- Kinect.NUI_SKELETON_POSITION_WRIST_LEFT

に変えると，地面に対する腕の角度も計算できます。

SendAngle 関数　Arduino にデータを送信するために作った関数です。2 番目と 3 番目の引数を関節位置としています。

37 行目の if 文　対象とする関節位置が認識できているかどうかを調べています。

38 行目　2 番目と 3 番目の引数で指定された関節位置（このプログラムでは頭と肩の中心）を結ぶ線が何度傾いているか計算します。

39 行目　角度はラジアンで計算されるため，デグリーに変更しています。

40 行目　その値を Processing のコンソールに表示しています。

41 行目　その値を Arduino に送信しています。

drawPosition 関数　認識した人間には ID が付きます。その ID を画面上に数値として表示しています（サンプルの通りに使っています）。

drawSkelton 関数　図 7.31 の左上のような人間の骨格を描いています。これには，2 つの関節位置から骨に相当する線を描画するために，関節位置を変えながら DrawBone 関数を呼び出しています（サンプルの通りに使っています）。

DrawBone 関数　サンプルプログラムは人間の骨格を左上に描いていますが，この本でのプログラムでは画面いっぱいに表示させます。そこで，サンプルでは line 関数内の各引数を「割る 2」（139 〜 142 行目）していましたが，この本のプログラムではそれを消しています。さらに，サンプルプログラムは細い黄色い線で人間の骨格を描いていますが，stroke 関数の引数を変えて色を変えたり，strokeWeight 関数で線の太さを変えたりすると見やすくなります。

appearEvent 関数　サンプル通りに使います。

disappearEvent 関数　サンプル通りに使います。

moveEvent 関数　サンプル通りに使います。

keyPressed 関数 キーボードのキーが押されたときに呼び出される関数です。おまけとして，「s」キーを押すと各関節の座標値を data.txt というファイルに保存するようにしています。なお，data.txt はプログラムを保存したフォルダーに生成されます。

194 行目の if 文 押されているキーが「s」であれば認識した人間の関節位置をファイルに保存するために以下を実行します。

195 行目 データをファイルに保存するための変数（writer）を定義しています。

196 行目 ファイル名を data.txt に設定しています。

197 行目の for 文 ファイルに認識した関節位置をタブ区切りテキストとして書き出しています。

205，206 行目 ファイルを閉じる処理をしています。

P リスト 7.9　Kinect

```
1   import processing.serial.*;
         //Arduinoと通信するためのライブラリを読み込む
2   import kinect4WinSDK.Kinect;
         //Kinectを使うためのライブラリを読み込む
3   import kinect4WinSDK.SkeletonData;
         //Kinectで骨格抽出をするためのライブラリを読み込む
4   
5   Kinect kinect;  //Kinectを使うための変数
6   ArrayList <SkeletonData> bodies;
         //得られた体の関節位置を保存するための変数
7   Serial port;    //シリアル通信を行うための変数
8   
9   void setup()
10  {
11    size(640, 480);      //640x480ドットの画面を作成
12    port = new Serial(this, "COM3", 9600);
                        //通信ポートと速度の設定
13    kinect = new Kinect(this);  //Kinectを使うための設定
14    bodies = new ArrayList<SkeletonData>();
                        //骨格モデルのリストを設定
15    port.write(60);      //初期角度を60度にする
16    smooth();
17  }
18  
19  void draw()
20  {
21    background(0);
22  // image(kinect.GetImage(), 0, 0, 640, 480);
         //カメラ画像の表示
23  // image(kinect.GetDepth(), 0, 0, 640, 480);
         //深度画像
24  // image(kinect.GetMask(), 0, 0, 640, 480);
         //人間の部分だけを表示
```

```
25    for (int i=0; i<bodies.size (); i++)
26    {
27      drawSkeleton(bodies.get(i));  //骨格を表示
28      drawPosition(bodies.get(i));  //IDを表示
29      SendAngle(bodies.get(i),
          Kinect.NUI_SKELETON_POSITION_HEAD,
          Kinect.NUI_SKELETON_POSITION_SHOULDER_CENTER);
                    //頭と肩の中心の位置から頭の傾きを計算する
30    }
31  }
32
33  void SendAngle(SkeletonData _s, int _j1, int _j2)
34  {
35    double sd;
36    int angle;
37    if (_s.skeletonPositionTrackingState[_j1] !=
            Kinect.NUI_SKELETON_POSITION_NOT_TRACKED &&
          _s.skeletonPositionTrackingState[_j2] !=
            Kinect.NUI_SKELETON_POSITION_NOT_TRACKED) {
38      sd = atan2(
          -(_s.skeletonPositions[_j1].y-
            _s.skeletonPositions[_j2].y)*height,
          (_s.skeletonPositions[_j1].x-
            _s.skeletonPositions[_j2].x)*width);
                                        //角度の計算
39      angle = (int)(sd/PI*180.0);   //ラジアンからデグリー
40      println("angle=", angle);      //コンソールに傾きを表示
41      port.write(angle);             //Arduinoに送信
42    }
43  }
44  //認識した人間に付くIDを画面上に表示（サンプル通り）
45  void drawPosition(SkeletonData _s)
46  {
47    noStroke();
48    fill(0, 100, 255);              //塗りつぶしの色を青
49    String s1 = str(_s.dwTrackingID);
50    text(s1, _s.position.x*width/2,
              _s.position.y*height/2);
51  }
52  //認識した人間の骨格モデルを描く（サンプル通り）
53  void drawSkeleton(SkeletonData _s)
54  {
55    //Body
56    DrawBone(_s,
57    Kinect.NUI_SKELETON_POSITION_HEAD,
58    Kinect.NUI_SKELETON_POSITION_SHOULDER_CENTER);
59    DrawBone(_s,
60    Kinect.NUI_SKELETON_POSITION_SHOULDER_CENTER,
61    Kinect.NUI_SKELETON_POSITION_SHOULDER_LEFT);
62    DrawBone(_s,
63    Kinect.NUI_SKELETON_POSITION_SHOULDER_CENTER,
64    Kinect.NUI_SKELETON_POSITION_SHOULDER_RIGHT);
```

```
DrawBone(_s,
Kinect.NUI_SKELETON_POSITION_SHOULDER_CENTER,
Kinect.NUI_SKELETON_POSITION_SPINE);
DrawBone(_s,
Kinect.NUI_SKELETON_POSITION_SHOULDER_LEFT,
Kinect.NUI_SKELETON_POSITION_SPINE);
DrawBone(_s,
Kinect.NUI_SKELETON_POSITION_SHOULDER_RIGHT,
Kinect.NUI_SKELETON_POSITION_SPINE);
DrawBone(_s,
Kinect.NUI_SKELETON_POSITION_SPINE,
Kinect.NUI_SKELETON_POSITION_HIP_CENTER);
DrawBone(_s,
Kinect.NUI_SKELETON_POSITION_HIP_CENTER,
Kinect.NUI_SKELETON_POSITION_HIP_LEFT);
DrawBone(_s,
Kinect.NUI_SKELETON_POSITION_HIP_CENTER,
Kinect.NUI_SKELETON_POSITION_HIP_RIGHT);
DrawBone(_s,
Kinect.NUI_SKELETON_POSITION_HIP_LEFT,
Kinect.NUI_SKELETON_POSITION_HIP_RIGHT);

//Left Arm
DrawBone(_s,
Kinect.NUI_SKELETON_POSITION_SHOULDER_LEFT,
Kinect.NUI_SKELETON_POSITION_ELBOW_LEFT);
DrawBone(_s,
Kinect.NUI_SKELETON_POSITION_ELBOW_LEFT,
Kinect.NUI_SKELETON_POSITION_WRIST_LEFT);
DrawBone(_s,
Kinect.NUI_SKELETON_POSITION_WRIST_LEFT,
Kinect.NUI_SKELETON_POSITION_HAND_LEFT);

//Right Arm
DrawBone(_s,
Kinect.NUI_SKELETON_POSITION_SHOULDER_RIGHT,
Kinect.NUI_SKELETON_POSITION_ELBOW_RIGHT);
DrawBone(_s,
Kinect.NUI_SKELETON_POSITION_ELBOW_RIGHT,
Kinect.NUI_SKELETON_POSITION_WRIST_RIGHT);
DrawBone(_s,
Kinect.NUI_SKELETON_POSITION_WRIST_RIGHT,
Kinect.NUI_SKELETON_POSITION_HAND_RIGHT);

//Left Leg
DrawBone(_s,
Kinect.NUI_SKELETON_POSITION_HIP_LEFT,
Kinect.NUI_SKELETON_POSITION_KNEE_LEFT);
DrawBone(_s,
Kinect.NUI_SKELETON_POSITION_KNEE_LEFT,
Kinect.NUI_SKELETON_POSITION_ANKLE_LEFT);
DrawBone(_s,
```

```
117        Kinect.NUI_SKELETON_POSITION_ANKLE_LEFT,
118        Kinect.NUI_SKELETON_POSITION_FOOT_LEFT);
119
120      //Right Leg
121      DrawBone(_s,
122        Kinect.NUI_SKELETON_POSITION_HIP_RIGHT,
123        Kinect.NUI_SKELETON_POSITION_KNEE_RIGHT);
124      DrawBone(_s,
125        Kinect.NUI_SKELETON_POSITION_KNEE_RIGHT,
126        Kinect.NUI_SKELETON_POSITION_ANKLE_RIGHT);
127      DrawBone(_s,
128        Kinect.NUI_SKELETON_POSITION_ANKLE_RIGHT,
129        Kinect.NUI_SKELETON_POSITION_FOOT_RIGHT);
130    }
131
132    //骨格を表示（変更点あり）
133    void DrawBone(SkeletonData _s, int _j1, int _j2)
134    {
135      noFill();
136      stroke(255, 255, 0);
137      if (_s.skeletonPositionTrackingState[_j1] !=
              Kinect.NUI_SKELETON_POSITION_NOT_TRACKED &&
138          _s.skeletonPositionTrackingState[_j2] !=
              Kinect.NUI_SKELETON_POSITION_NOT_TRACKED) {
139        line(_s.skeletonPositions[_j1].x*width,
140          _s.skeletonPositions[_j1].y*height,
141          _s.skeletonPositions[_j2].x*width,
142          _s.skeletonPositions[_j2].y*height);
143      }
144    }
145
146    //（サンプル通り）
147    void appearEvent(SkeletonData _s)
148    {
149      if (_s.trackingState
            == Kinect.NUI_SKELETON_NOT_TRACKED)
150      {
151        return;
152      }
153      synchronized(bodies) {
154        bodies.add(_s);
155      }
156    }
157
158    //（サンプル通り）
159    void disappearEvent(SkeletonData _s)
160    {
161      synchronized(bodies) {
162        for (int i=bodies.size ()-1; i>=0; i--)
163        {
164          if (_s.dwTrackingID ==
                bodies.get(i).dwTrackingID)
```

```
        {
          bodies.remove(i);
        }
      }
    }
  }

  // (サンプル通り)
  void moveEvent(SkeletonData _b, SkeletonData _a)
  {
    if (_a.trackingState ==
        Kinect.NUI_SKELETON_NOT_TRACKED)
    {
      return;
    }
    synchronized(bodies) {
      for (int i=bodies.size ()-1; i>=0; i--)
      {
        if (_b.dwTrackingID ==
            bodies.get(i).dwTrackingID)
        {
          bodies.get(i).copy(_a);
          break;
        }
      }
    }
  }

  //おまけ（sキーを押すと）座標データをdata.txtに保存
  void keyPressed()
  {
    if(key == 's') {         //sキーが押されていれば
      PrintWriter writer;//ファイルを書き出すための変数を定義
      writer = createWriter("data.txt");
                              //書き込みファイルの設定
      for(int i=0; i<bodies.size (); i++)
                              //複数の人間が認識されていればその数だけ
      {
        SkeletonData _s = bodies.get(i);
        for(int j=0;
            j<kinect.NUI_SKELETON_POSITION_COUNT;
            j++) {         //すべての角度
          print(j + "\t" +
            _s.skeletonPositionTrackingState[j] +
            "\t" + _s.skeletonPositions[j].x + "\t" +
            _s.skeletonPositions[j].y + "\t" +
            _s.skeletonPositions[j].z + "\n");
          writer.print(j + "\t" +
            _s.skeletonPositionTrackingState[j] +
            "\t" + _s.skeletonPositions[j].x + "\t" +
            _s.skeletonPositions[j].y + "\t" +
            _s.skeletonPositions[j].z + "\n");
```

```
203        }
204      }
205      writer.flush();      //ファイル書き出し後処理
206      writer.close();      //ファイルを閉じる
207    }
208  }
```

> **Tips** 3次元座標を取得する
>
> Kinect は3次元座標が計測できるのに，Processing では画面上で使いやすくするために2次元の座標値に変換しています。リスト7.10に，2次元の座標値を3次元の座標値に戻して，コンソールに表示する方法を示します。ただし，この方法は筆者の実験から得られたもので，公式にはアナウンスされていません。なお，2番目の引数は表7.2を用います。

P リスト7.10　Kinect（3次元座標の表示）

```
1   void Convert2Dto3D(SkeletonData _s, int _j1)
2   {
3     float x, y, z;
4     if (_s.skeletonPositionTrackingState[_j1] !=
        Kinect.NUI_SKELETON_POSITION_NOT_TRACKED) {
5       z = _s.skeletonPositions[_j1].z / 8;
6       x = (_s.skeletonPositions[_j1].x - 0.5f)*
          z/width * width/640;
7       y = (-_s.skeletonPositions[_j1].y + 0.5f)*
          z/width * width/640 * height/width;
8       z = _s.skeletonPositions[_j1].z/1000.0/8;
9
10      print(x + "\t" + y + "\t" + z + "\t" + width +
          "\t" + height + "\t" + "\n");
11    }
12  }
```

7.6　ProcessingでLeap Motion（ジェスチャーでLEDを操る）

　Leap Motion という入力デバイスがあります。Leap Motion の上で手をかざすと，図7.35の灰色の小さい点で示すように指先の位置と手のひらの位置を計測して画面に表示することができます。さらに，Leap Motion は図7.35に示す4種類の手の動きをジェスチャーとして認識することができます[※]。

※ Leap Motion のドライバーのインストールが必要となります。方法は付録B.4を参照してください。

この節では，Leap Motion を使って Arduino につながった LED を操作します。これを応用すると例えば，離れたところにあるクリスマスツリーのような電装を，手を空中でかざすだけで点灯させたり消灯させたりできます。ここでは，3個の LED をジェスチャーで点灯させたり消灯させたりしてみましょう。

方針

3つの LED は図 7.37 に示すように並べて配置しているものとします。まず，図 7.35 の左上にあるように，手を回す（CircleGesture）と LED が光るようにします。これを Leap Motion の左で行えば左の LED が点灯するようにし，同様に中央と右の場合はそれぞれ中央と右の LED が点灯するようにします。図 7.35 の右上にあるように，手を下げる（KeyTapGesture）と LED が消えるようにします。この場合も，位置によってそれぞれ1つずつ消灯できるようにします。図 7.35 の右下にあるように，手を払う（SwipeGesture）と全部消えるようにします。図 7.35 の左下にあるように，手を画面の方へ突く（ScreenTapGesture）と全部が光るようにします。

この節で行う通信のデータの流れを図 7.36 に示します。Processing は4つのジェスチャーを見分けて，さらにどの位置で行われたかによって，4つの文字の大文字か小文字のどちらかを Arduino に送ります。「A」を送信したときは LED を全部点灯するという意味とし，「L」「C」「R」を送ったときはそれぞれ左，中央，右の LED を点灯するという意味とします。さらに，小文字の場合は消灯を意味します。Arduino は送られてきた値をもとに3個の LED をそれぞれ点灯させたり消灯させたりします。

回路

回路は9, 10, 11番ピンに LED を付けた図 7.37 の回路を使います。

Leap Motion ライブラリのインポート

ライブラリをインポートします。インポートの方法は 7.3 節と同様に行います。まず，「Sketch」→「Import Library...」→「Add Library...」をクリックします。上段のテキストボックスに「leap」と入力すると，いくつか候補が出てきます。その中から，「Leap Motion for Processing」を選択し，「Install」をクリックします。しばらく待つとインストールが完了します。

●参照する節●
Arduino プログラミング
2.1 節
Processing プログラミング
3.1 節
通信方式
4.1 節

●使用するパーツ●
Arduino × 1
Leap Motion × 1
LED × 3
抵抗（330 Ω）× 3

7.6 Processing で Leap Motion（ジェスチャーで LED を操る）

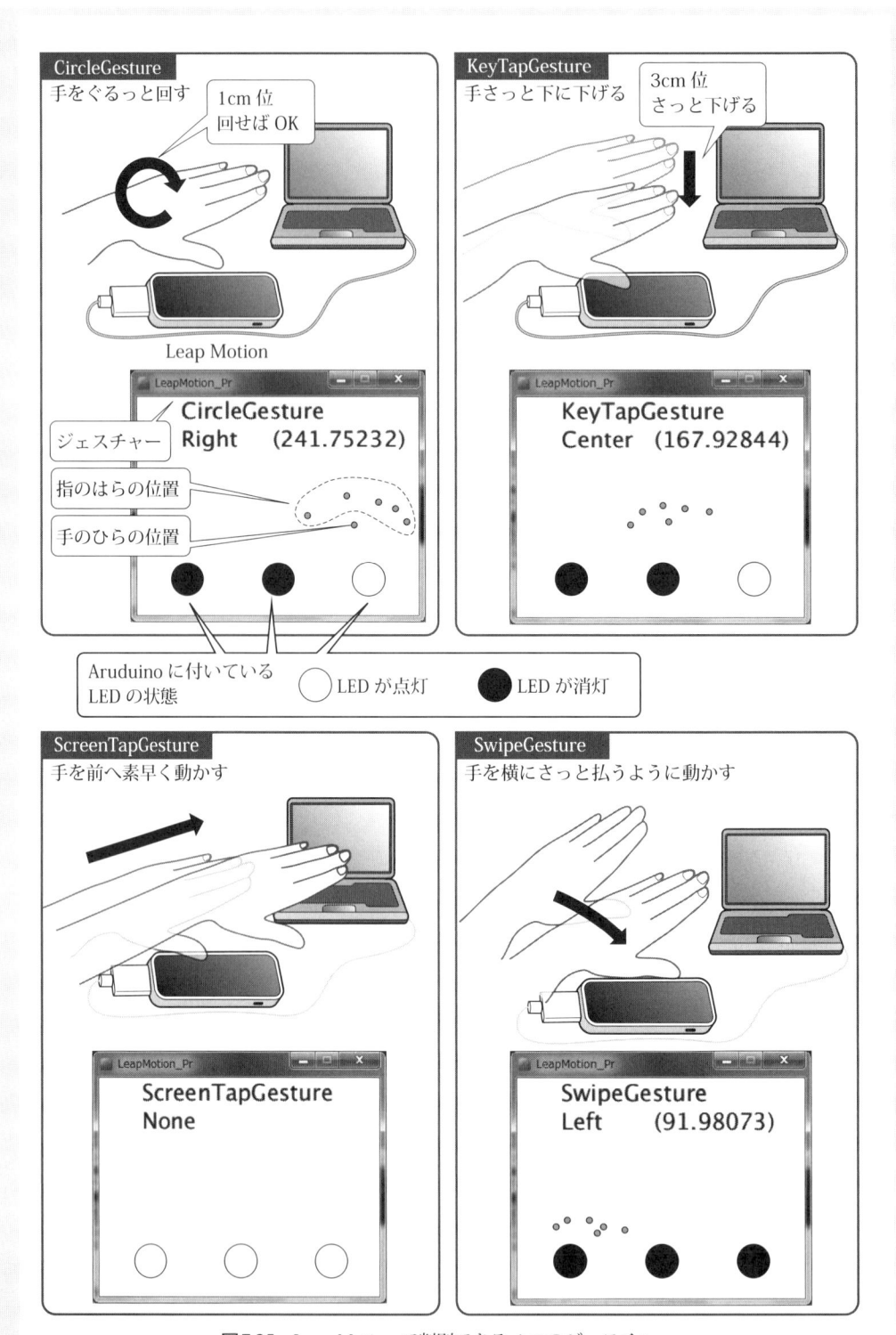

図7.35 Leap Motion で判別できる4つのジェスチャー

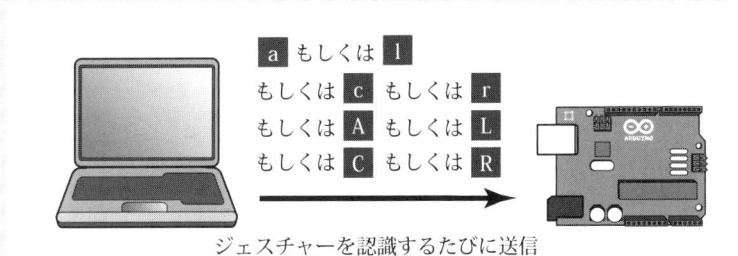

図 7.36　Processing から Arduino へのデータ送信

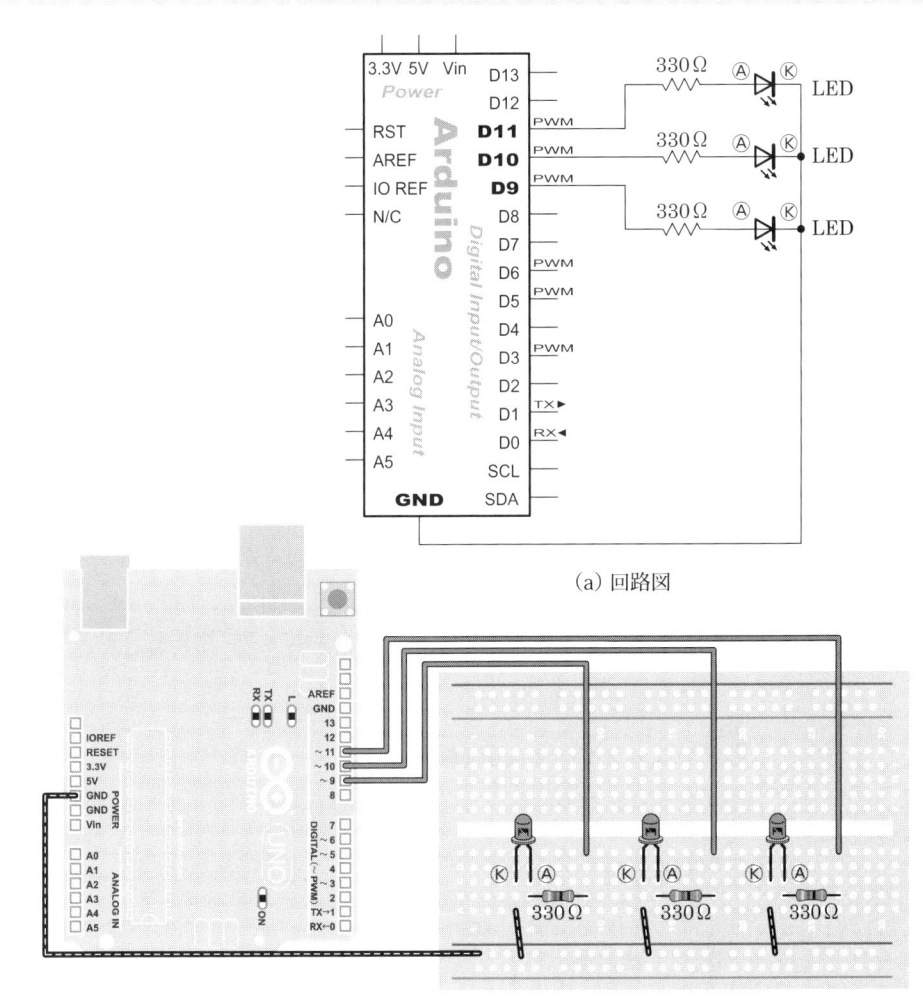

(a) 回路図

(b) ブレッドボードへの展開図

図 7.37　Leap Motion で LED を点灯させたり消灯させたりするための回路

Arduino プログラム【リスト 7.11】

setup 関数　初めに 1 回だけ実行されます。

3 行目　Processing との通信速度を 9600 bps に設定しています。

4 〜 6 行目　9 〜 11 番ピンを出力として使う宣言をしています。

7 〜 9 行目　初期状態で LED が消えているように設定しています。

loop 関数　何度も実行されます。

14 行目の if 文　何か受信したら以下を実行します。

15 行目　そのデータを読み込みます。

16 行目の if 文〜 18 行目　受信データが「L」だったら，左（9 番ピンにつながっている）の LED を点灯させます。

19 行目の else if 文〜 21 行目　受信データが「C」だったら，中央（10 番ピンにつながっている）の LED を点灯させます。

22 行目の else if 文〜 24 行目　受信データが「R」だったら，右（11 番ピンにつながっている）の LED を点灯させます。

25 行目の else if 文〜 29 行目　受信データが「A」だったら，3 つすべての LED を点灯させます。

30 行目の else if 文〜 32 行目　受信データが「l」だったら，左（9 番ピンにつながっている）の LED を消灯させます。

33 行目の else if 文〜 35 行目　受信データが「c」だったら，中央（10 番ピンにつながっている）の LED を消灯させます。

36 行目の else if 文〜 38 行目　受信データが「r」だったら，右（11 番ピンにつながっている）の LED を消灯させます。

39 行目の else if 文〜 43 行目　受信データが「a」だったら，3 つすべての LED を消灯させます。

リスト 7.11　Leap Motion

```
1   void setup()
2   {
3     Serial.begin(9600);     //通信速度を9600bpsに
4     pinMode(9, OUTPUT);     //9〜11番ピンを出力に
5     pinMode(10, OUTPUT);
6     pinMode(11, OUTPUT);
7     digitalWrite(9, LOW);  //すべて消灯
8     digitalWrite(10, LOW);
9     digitalWrite(11, LOW);
10  }
11  void loop()
12  {
13    char c;
14    if(Serial.available() > 0){
15      c = Serial.read();
```

```
16      if(c == 'L'){              //「L」だったら
17        digitalWrite(9, HIGH);   //左のLEDを点灯
18      }
19      else if(c == 'C'){         //「C」だったら
20        digitalWrite(10, HIGH);  //中央のLEDを点灯
21      }
22      else if(c == 'R'){         //「R」だったら
23        digitalWrite(11, HIGH);  //右のLEDを点灯
24      }
25      else if(c == 'A'){         //「A」だったら
26        digitalWrite(9, HIGH);   //すべてのLEDを点灯
27        digitalWrite(10, HIGH);
28        digitalWrite(11, HIGH);
29      }
30      else if(c == 'l'){         //「l」だったら
31        digitalWrite(9, LOW);    //左のLEDを消灯
32      }
33      else if(c == 'c'){         //「c」だったら
34        digitalWrite(10, LOW);   //中央のLEDを消灯
35      }
36      else if(c == 'r'){         //「r」だったら
37        digitalWrite(11, LOW);   //右のLEDを消灯
38      }
39      else if(c == 'a'){         //「a」だったら
40        digitalWrite(9, LOW);    //すべてのLEDを消灯
41        digitalWrite(10, LOW);
42        digitalWrite(11, LOW);
43      }
44    }
45  }
```

Processing プログラム【リスト7.12】

ライブラリとグローバル変数

1行目　Arduinoと通信するためのライブラリを読み込んでいます。

2行目　Leap Motionを使うためのライブラリを読み込んでいます。

4行目　シリアル通信を行うための変数（port）を定義しています。

5行目　Leap Motionを使うための変数（leap）を定義しています。

6行目　認識した手の位置を表示するための変数（gs）を定義しています。なお，最初に表示する文字は特別に"Start"にしています。

7行目　手の位置を表示するための4つの単語（"None", "Left", "Center", "Right"）をhpという配列に設定しています。それぞれ，

　　　None：手を認識していない

　　　Left：左の方に手がある

　　　Center：中央に手がある

　　　Right：右の方に手がある

という意味になります。

10行目　上記の4つの手の位置を表す単語を数字として表したときの番号を保存するための変数を定義しています。

11行目　左，中央，右のLEDの状態を保存しておく変数を定義しています。0ならば消灯，255ならば点灯とします※。

※ 255とすることで，この値をfill関数にそのまま使って黒と白を切り替えることができます。

setup関数　初めに1回だけ実行されます。

14〜16行目　作成するウィンドウの大きさ（320×240），通信ポート（COM3）と速度（9600 bps），文字の大きさ（24ポイント）を設定しています。

17行目　Leap Motionをジェスチャー付きで使用する宣言をしています。

18行目　初期状態ではLEDが消えているように，変数に0を代入しています。

19行目　初期状態ではLEDが消えているように，Arduinoに「a」を送っています。

draw関数　何度も実行されます。

23行目　背景を白で塗りつぶして画面を更新しています。

24行目　手を認識していない場合，手の位置をNoneと表示する準備としてhpnに0を代入しています。

26行目のfor文〜41行目　認識した手の位置を取得し，その位置を画面に表示しています。そして，その横方向の位置が120より小さかったら，左の方にあることを表す数としてhpnに1を代入しています。中央，右の場合はそれぞれ2, 3を代入しています。

43〜49行目　左，中央，右のLEDの状態によって光ってる場合は白に，消えている場合は黒に塗りつぶして，画面の左下の方に3つの円を表示しています。

51〜53行目　画面の上の方に，現在認識したジェスチャーを文字（gs）で表し，認識した位置をその下に文字（hp[hpn]）で表しています。

leapOnSwipeGesture関数　手を払うようなジェスチャーと認識したときに呼び出される関数です。

57行目　gsに「SwipeGesture」という文字列を代入しています。

58行目　ジェスチャーと位置をコンソールに表示しています。

59〜61行目　LEDの状態をすべて0にします（すべて消えているようにします）。

62行目　「a」をArduinoに送ることで，LEDをすべて消します。

leapOnScreenTapGesture関数　画面に触れるようなジェスチャーと

認識したときに呼び出される関数です。

66行目 gsに「ScreenTapGesture」という文字列を代入しています。

67行目 ジェスチャーと位置をコンソールに表示しています。

68〜70行目 LEDの状態をすべて255にします（すべて光っているようにします）。

71行目 「A」をArduinoに送ることで，LEDをすべて光らせます。

leapOnKeyTapGesture関数 キーを押しているようなジェスチャーと認識したときに呼び出される関数です。

75行目 gsに「KeyTapGesture」という文字列を代入しています。

76行目 ジェスチャーと位置をコンソールに表示しています。

77〜85行目 手の位置によってLEDの状態を0にします（該当するLEDを消えているようにします）。そして，「l」「c」「r」のいずれかをArduinoに送ることで，対応するLEDを消します。

leapOnCircleGesture関数 手を回すジェスチャーと認識したときに呼び出される関数です。

90行目 gsに「CircleGesture」という文字列を代入しています。

91行目 ジェスチャーと位置をコンソールに表示しています。

92〜101行目 手の位置によってLEDの状態を255にします（該当するLEDを光っているようにします）。そして，「L」「C」「R」のいずれかをArduinoに送ることで，対応するLEDを光らせます。

[P] リスト7.12　Leap Motion

```
1   import processing.serial.*;
                //Arduinoと通信するためのライブラリを読み込む
2   import de.voidplus.leapmotion.*;
                //Leap Motionを使うためのライブラリを読み込む
3
4   Serial port;       //シリアル通信を行うための変数の定義
5   LeapMotion leap;   //Leap Motionを使うための変数の定義
6   String gs = "Start";//認識した手の位置を表示するための変数を定義
7   String hp[] = {    //手の位置を表示するための4つの単語
8     "None", "Left", "Center", "Right"
9   };
10  int hpn;           //手の位置を表す番号
11  int LeftLED, CenterLED, RightLED;
                       //左，中央，右のLEDの状態を保存しておく変数
12
13  void setup() {
14    size(320, 240); //320x240ドットの画面を作成
15    port = new Serial(this, "COM3", 9600);
                      //通信ポートと速度の設定
16    textSize(24);   //文字のサイズを24pt
17    leap = new LeapMotion(this).withGestures();
```

```
                              //Leap Motionをジェスチャー付きで使用
18    LeftLED = CenterLED = RightLED = 0;
                              //初期状態ではLEDが消灯
19    port.write('a');//すべて消灯させる指令を送る
20  }
21
22  void draw() {
23    background(255);//画面を白で塗りつぶして更新
24    hpn = 0;
25
26    for (Hand hand : leap.getHands ()) {
                              //認識した手の数だけ処理を行う
27      fill(0);
28      PVector hand_position = hand.getPosition();
29      text("("+hand_position.x+")", 150, 50);
30      fill(192);
31      hand.draw();    //手のひらの位置を表示
32      if(hand_position.x < 120) {  //左の方だったら
33        hpn = 1;
34      } else if(hand_position.x < 180) {
              //中央付近だったら
35        hpn = 2;
36      } else {          //右の方だったら
37        hpn = 3;
38      }
39      for (Finger finger : hand.getFingers ()) {
40        finger.draw();    //指先の位置を表示
41      }
42    }
43    stroke(0);
44    fill(LeftLED);    //左のLEDの状態を表示
45    ellipse(60, 200, 30, 30);
46    fill(CenterLED);//中央のLEDの状態を表示
47    ellipse(160, 200, 30, 30);
48    fill(RightLED);  //右のLEDの状態を表示
49    ellipse(260, 200, 30, 30);
50
51    fill(0);                //文字の色を黒
52    text(gs, 50, 20);            //ジェスチャーを文字で表示
53    text(hp[hpn], 50, 50);    //手のひらの位置を文字で表示
54  }
55  //手を払うようなジェスチャーをしたときに呼び出される関数
56  void leapOnSwipeGesture(SwipeGesture g, int state) {
57    gs = "SwipeGesture";
58    println(gs + ":" + hp[hpn]);
59    LeftLED = 0;      //LEDをすべて消す
60    CenterLED = 0;
61    RightLED = 0;
62    port.write('a');
63  }
64  //画面に触れるようなジェスチャーをしたときに呼び出される関数
65  void leapOnScreenTapGesture(ScreenTapGesture g) {
```

```
66    gs = "ScreenTapGesture";
67    println(gs + ":" + hp[hpn]);
68    LeftLED = 255;   //LEDをすべて光らせる
69    CenterLED = 255;
70    RightLED = 255;
71    port.write('A');
72  }
73  //キーを押すようなジェスチャーをしたときに呼び出される関数
74  void leapOnKeyTapGesture(KeyTapGesture g) {
75    gs = "KeyTapGesture";
76    println(gs + ":" + hp[hpn]);
77    if(hpn == 1) {   //手の位置によって1つだけLEDを消す
78      LeftLED = 0;
79      port.write('l');
80    }else if (hpn == 2) {
81      CenterLED = 0;
82      port.write('c');
83    }else if (hpn == 3) {
84      RightLED = 0;
85      port.write('r');
86    }
87  }
88  //手を回すようなジェスチャーをしたときに呼び出される関数
89  void leapOnCircleGesture(CircleGesture g,
                             int state) {
90    gs = "CircleGesture";
91    println(gs + ":" + hp[hpn]);
92    if(hpn == 1) {   //手の位置によって1つだけLEDを光らせる
93      LeftLED = 255;
94      port.write('L');
95    }else if (hpn == 2) {
96      CenterLED = 255;
97      port.write('C');
98    }else if (hpn == 3) {
99      RightLED = 255;
100     port.write('R');
101   }
102 }
```

付録A 無線化の例

6.8節の無線でつなぐを応用すると，面白い工作ができます。この本で紹介したものはすべて無線でつなぐことができますが，ここでは，6.1節のデータロガーと7.3節のリモコンカーの無線化をした例を示します。

A.1 データロガーの無線化

6.1節データロガーを無線化すると，パソコンから離れたところの温度を測ることができます。部屋の温度の観測なので，電源をつないで一定時間ごとに温度を送信するものを作ります。このリモート温度計の外観を図A.1に示します。

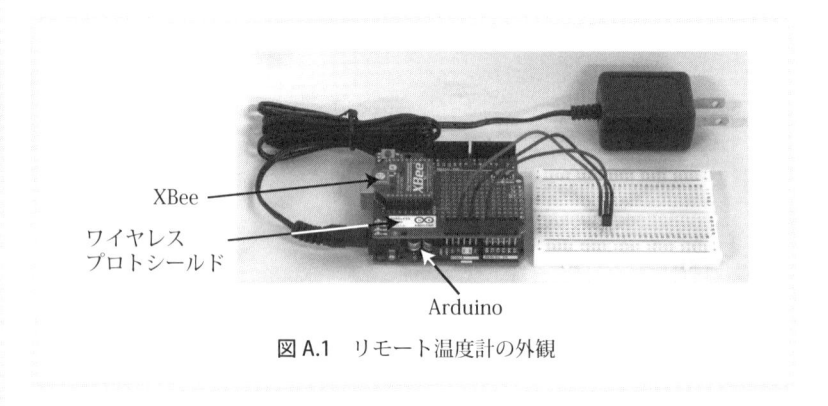

図A.1 リモート温度計の外観

6.1節からの変更点

変更点は以下の2点です。

- Arduinoワイヤレスプロトシールドを使用してXBeeを取り付けた点
- USBケーブルを外し，電源アダプタをつないだ点

また，6.1節のリスト6.1では1秒おきにデータを送信していますが，送信間隔をもっと長く（10分おきなどに）すると1日の変化を見ることができるかもしれません。

A.2 リモコンカーの無線化

7.3節のリモコンカーを無線化すると,ラジコンになります。このラジコンの外観を図 A.2 に示し,操作しているときの状況を図 A.3 に示します。

図 A.2 ラジコンカーの外観

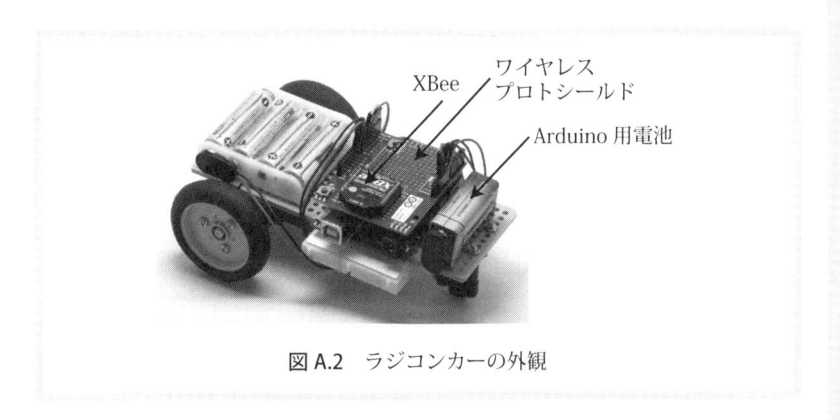

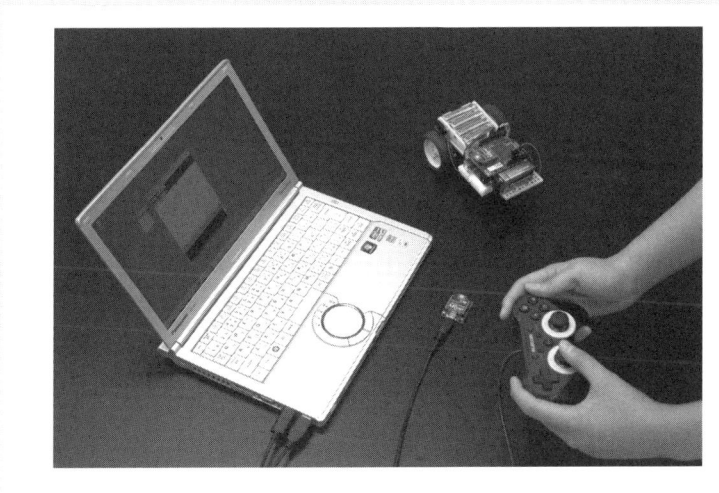

図 A.3 ゲームパッドでラジコンカーを操縦

7.3 節からの変更点

変更点は以下の 2 点です。

- Arduino ワイヤレスプロトシールドを使用して XBee を取り付けた点
- USB ケーブルを外し,電池をつないだ点(プラス側を *Vin* ピンへ,マイナス側を GND ピンへ)

付録 B ソフトウェアのインストール方法

　この付録では，各種ソフトウェア，デバイスドライバーのインストール方法などについて紹介します。なお，ソフトウェアのインストールの際に，「ユーザーアカウント制御」のダイアログが出る場合があります。その場合は，以下の説明で特に記載されていない場合でも，<u>「はい」をクリック</u>して，インストールを進めてください。

B.1　Web カメラのインストール方法と内蔵カメラの無効の方法

　Web カメラを使うにはソフトウェアのインストールが必要となります。さらに，ノートパソコンなどにカメラが内蔵されているとそれが優先されてしまうことがあります。そこで，内蔵カメラを無効にする方法を紹介します。

(1) ソフトウェアのインストール

　この本で用いた，エレコム（株）の UCAM-C0220FBBK は，たいていの場合，ソフトウェアをインストールすることなしに使用することができます。その場合は，この Web カメラを初めて USB ポートにつなぐと，画面の右下に図 B.1 のように表示されます。少しだけ待つと，図 B.2 に変わります。これで，Web カメラが使えるようになります。

図 B.1　Web カメラの初回接続時

図 B.2　Web カメラの使用準備完了

しかしながら，自動的に認識はしますが，Processing ではエラーになってしまう場合があります。その場合は，ユーザーズマニュアルに従い，エレコム（株）のWebCam アシスタントをインストールしてください。

(2) 内蔵カメラの無効の方法

　カメラが複数あると，対象とするカメラの画像がうまく取り込めない場合があります。そのときは，使わないカメラを無効にしておくことが必要となります。ノートパソコンの内蔵カメラなどがなければ以下の手順は必要ありません。

　図 B.3 のようにデバイスマネージャーから「イメージングデバイス」を探し，その左側の▷をクリックして展開します。そうすると，UCAM-0220F 以外のカメラも表示されます。この例では，「USB HD Webcam」となっています。この「USB HD Webcam」を右クリックして「無効」を選択します。すると，図中のダイアログが表示されますので，「はい」を選択してください。これで，内蔵カメラが無効になり，エレコム（株）の UCAM-C0220F だけが有効になります。

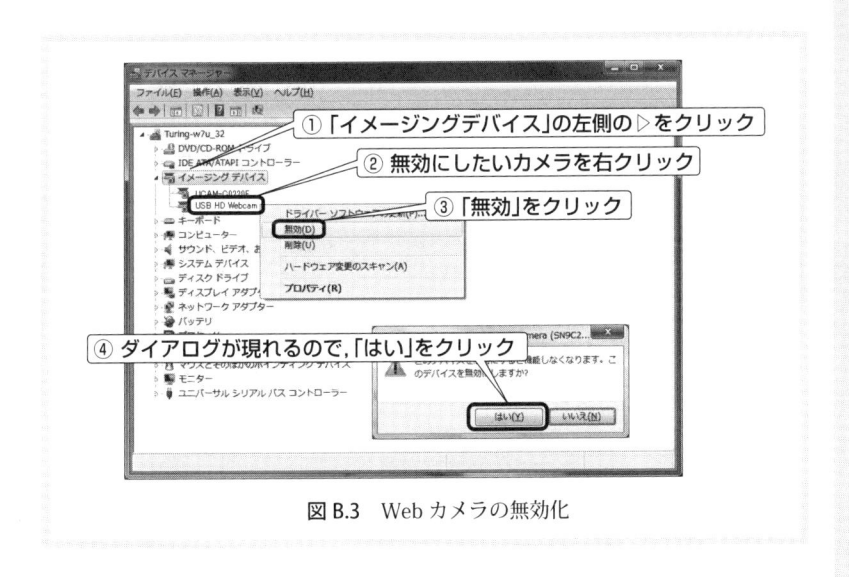

図 B.3　Web カメラの無効化

元に戻したいときは，図 B.4 のように右クリックして「有効」を選択するか，コンピュータを「再起動」してください。

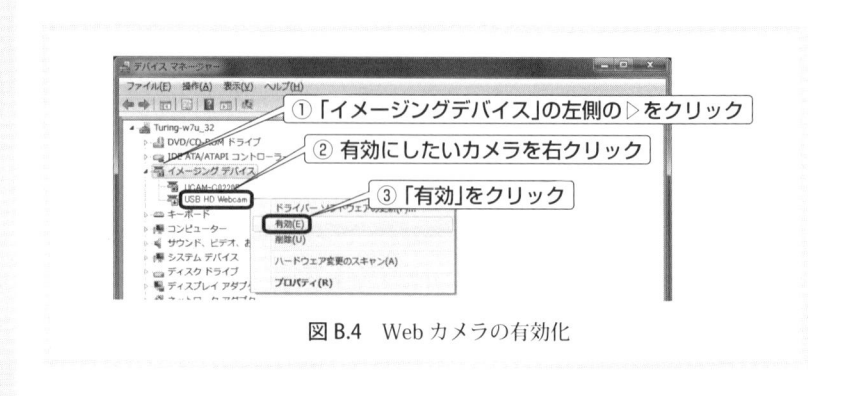

図 B.4　Web カメラの有効化

B.2　ゲームパッドのドライバーのインストール方法

ゲームパッドによってはドライバーが自動的にインストールされることがありますが，この本で使用したエレコム（株）の JC-U3312SBK はドライバーを CD-ROM からインストールする必要があります。ここでは，そのインストール方法を簡単に紹介します。詳しくは同封のユーザーズマニュアルを参照してください。

ゲームパッドに同封の CD-ROM を CD-ROM ドライブに挿入します。

自動再生画面が現れたら「Setup.exe の実行」を選択します。

図 B.5 の画面が現れますので，「次へ」をクリックした後に，「次へ」をクリックします。その後，「Install」をクリックし，しばらく待ちます。最後に，「完了」をクリックするとインストールが終了します。

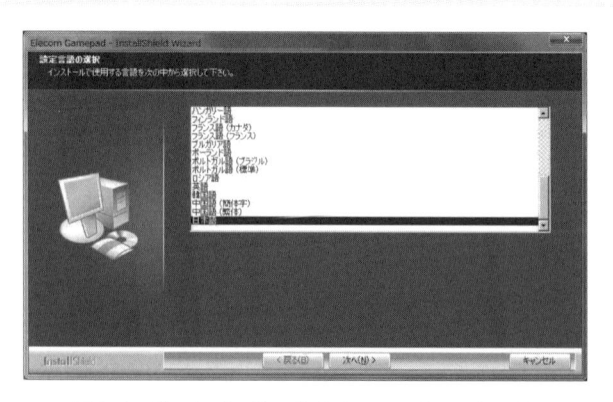

図 B.5　ゲームパッドのドライバーのインストール

B.3 Kinect ソフトウェアのインストール方法

Kinect を動かすためのソフトウェアをインストールします。執筆時の最新版は，Kinect SDK v2.0 ですが，これは Windows 7 に対応していません。そこで，この本では Kinect SDK v1.8 のダウンロードとインストール方法を紹介します。

(1) ソフトウェアのダウンロード

ソフトウェアをダウンロードするために，以下のアドレスにある公式ホームページを開きます。

http://www.microsoft.com/en-us/kinectforwindows/

図 B.6 のような Kinect SDK のホームページの画面が出てきます。ホームページのレイアウトや写真はときどき変わることがあります。その上の方にある「Develop」をクリックすると表示される選択肢から「Download the SDK」をクリックします。

図 B.6　Kinect SDK の公式ホームページ（英語）

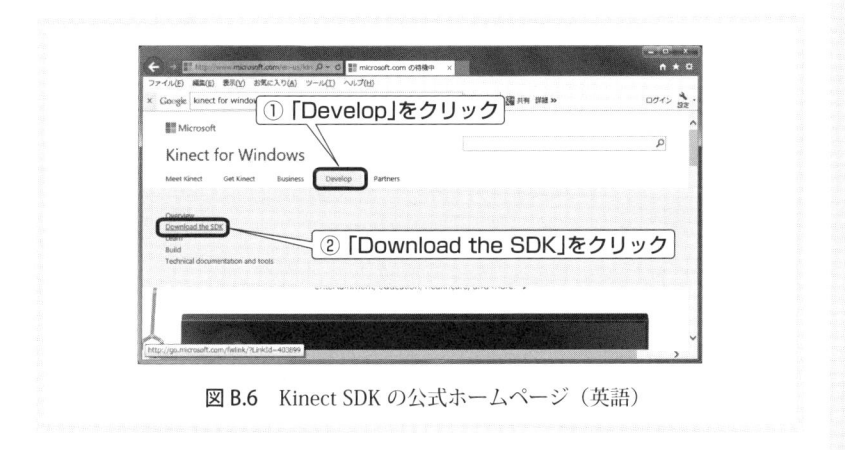

図 B.7 のような Kinect v2 の SDK のダウンロードページが表示されますので，右上のダイアログに「kinect sdk 1.8」と打ち込んでから「Enter キー」を押します。

図 B.7　Kinect SDK v2.0 のダウンロードページ（英語）

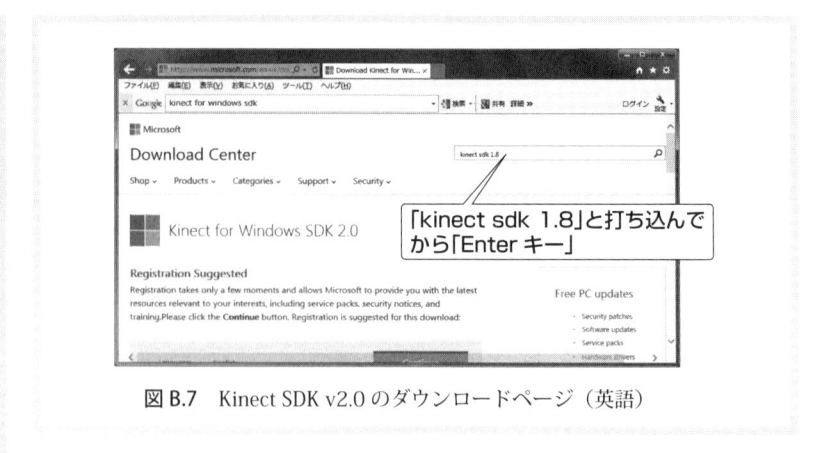

　図 B.8 のように Kinect SDK v1.8 が検索結果の中に出てきますので，「Kinect for Windows SDK v1.8」をクリックしてください。

図 B.8　Kinect SDK v1.8 の検索結果（英語）

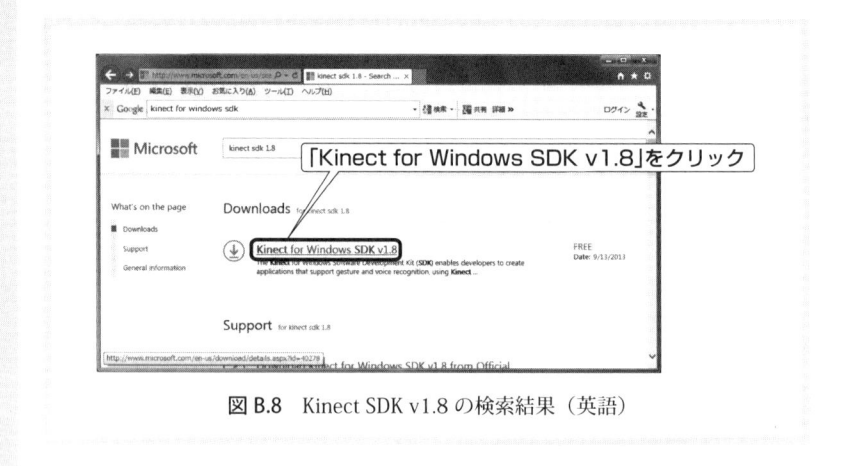

　図 B.9 のような Kinect v1.8 の SDK のダウンロードページが表示されます。その中の「Continue」をクリックしてください。

図 B.9　Kinect SDK v1.8 のダウンロードページ（英語）

図 B.10 のように登録するかどうか聞かれますので，下側の「No, I do not want ...」を選択し，右下の「Next」をクリックしてください．

図 B.10 登録するかどうかの確認ページ（英語）

図 B.11 のようにダウンロード先を聞かれますので，「保存」の右側の▼をクリックし，「名前を付けて保存」をクリックします．

図 B.11 ダウンロード先の選択

図 B.12 のように保存先を選ぶダイアログが出ますので，左側から「デスクトップ」を選択し，「保存」をクリックします。

図 B.12　ダウンロード先を選ぶダイアログ

(2) ソフトウェアのインストール

ダウンロードが完了すると，デスクトップに図 B.13 の左側に示すアイコンが現れますので，アイコンをダブルクリックします。図 B.13 の右側に示すようなダイアログが出ますので，「実行」をクリックします。

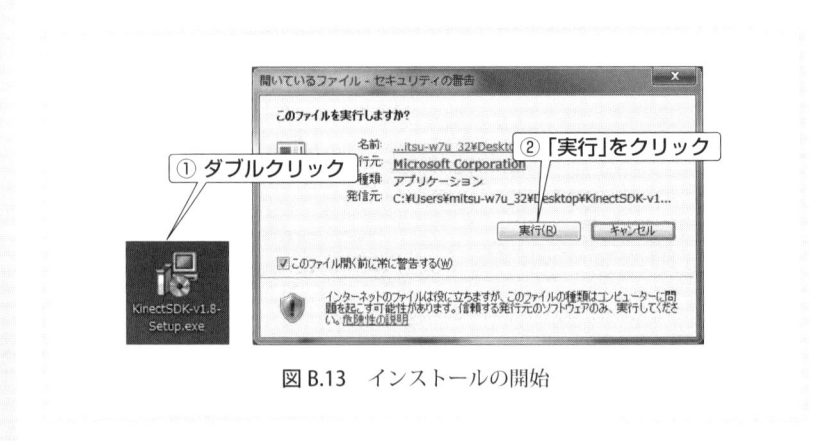

図 B.13　インストールの開始

図 B.14 のウィンドウが出ますので, 使用許諾契約を読んで, 左下の「使用許諾契約に同意します」と書かれたチェックボックスをクリックしてチェックを付けます。そうすると, インストールボタンが有効になりますので,「インストール」をクリックします。

図 B.14　kinect の使用許諾契約

　図 B.15 のような画面に変わり, しばらく（10 分くらい）待ちます。

図 B.15　ソフトウェアのインストール中

図 B.16 のような画面が表示されるとインストール完了です。

図 B.16　ソフトウェアのインストール完了

B.4　Leap Motion ソフトウェアのインストール方法

Leap Motion を動かすためのソフトウェアをインストールします。

(1) ソフトウェアのダウンロード

ソフトウェアをダウンロードするために，以下のアドレスにある公式ホームページを開きます。

　　　https://www.leapmotion.com/

図 B.17 のような Leap Motion のホームページの画面が出てきます。ホームページのレイアウトや写真はときどき変わることがあります。その上の方にある「DEVELOPER」をクリックします。

図 B.17　Leap Motion の公式ホームページ（英語）

　図 B.18 のような Leap Motion SDK のダウンロードページが表示されます。その中の「Sign in to download ...」をクリックしてください。執筆時のバージョンは v2.2.2.26752 でしたが，最新版があればそれを使った方がメリットが大きいはずです。

図 B.18　サインイン前の Leap Motion SDK のダウンロードページ（英語）

　図 B.19 のようなサインインを促す画面が出てきます。まだ登録していなければ「新規登録」をクリックして登録をしてから再度同じ手順を行ってください。登録していれば，登録したIDとパスワードを入れて「サインイン」をクリックします。

図 B.19　Leap Motion SDK のサインイン

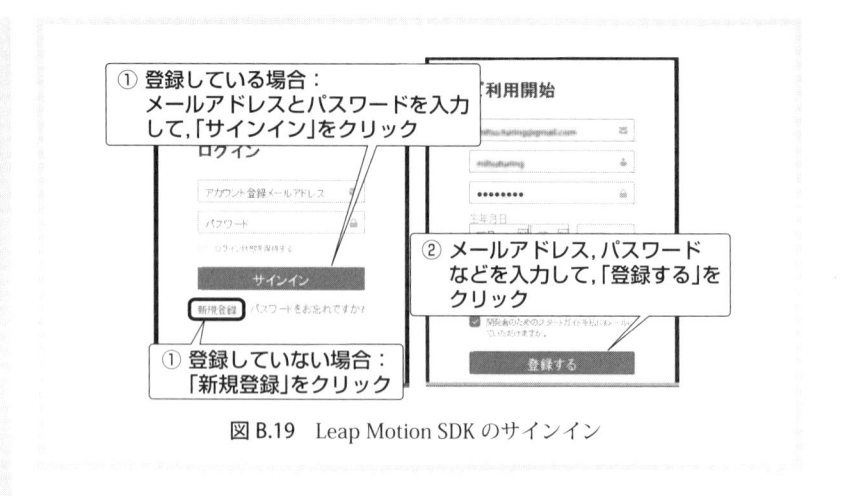

サインインすると図 B.20 のような画面が表示されます。その中の「Download SDK ...」をクリックしてください。

図 B.20　サインイン後の Leap Motion SDK のダウンロードページ（英語）

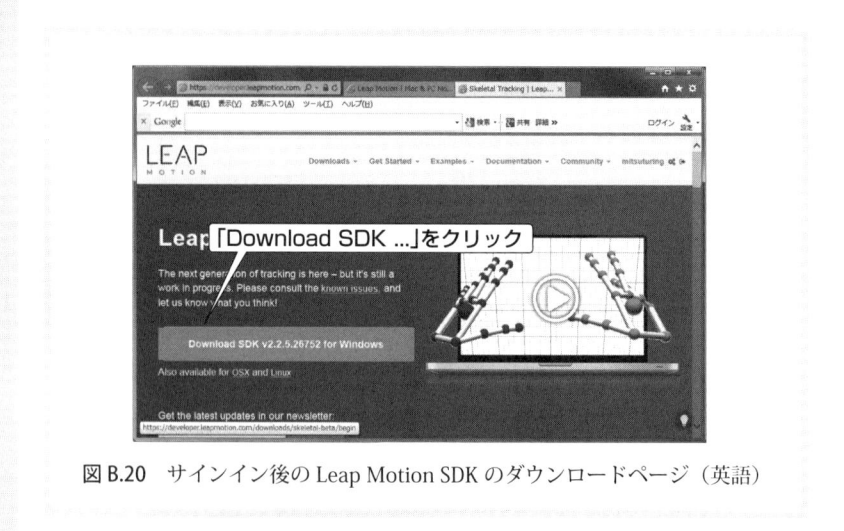

図 B.21 のような使用許諾画面が表示されます。スクロールさせて一番下に出てくる「I accept the terms and conditions」をクリックしてください。

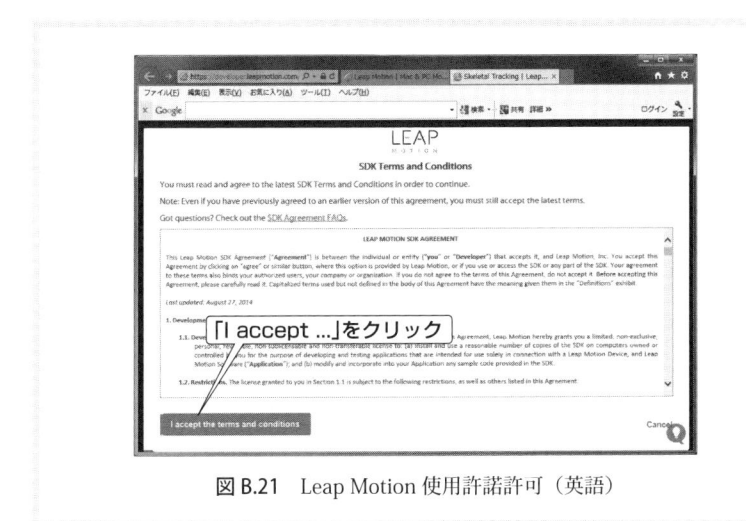

図 B.21　Leap Motion 使用許諾許可（英語）

　その後，画面が図 B.22 のように変わると同時に図 B.22 の下にダイアログが表示されます。そのダイアログの▼をクリックし，「名前を付けて保存」をクリックします。

図 B.22　Leap Motion のダウンロード

　図 B.23 のように保存先を選ぶダイアログが出ますので，左側から「デスクトップ」を選択し，「保存」をクリックします。

図 B.23　ダウンロード先を選ぶダイアログ

(2) ソフトウェアのインストール

ダウンロードが完了すると，デスクトップに図 B.24 のアイコンが現れますので，右クリックをして「すべて展開」を選択します。

図 B.24　ダウンロードファイルの展開

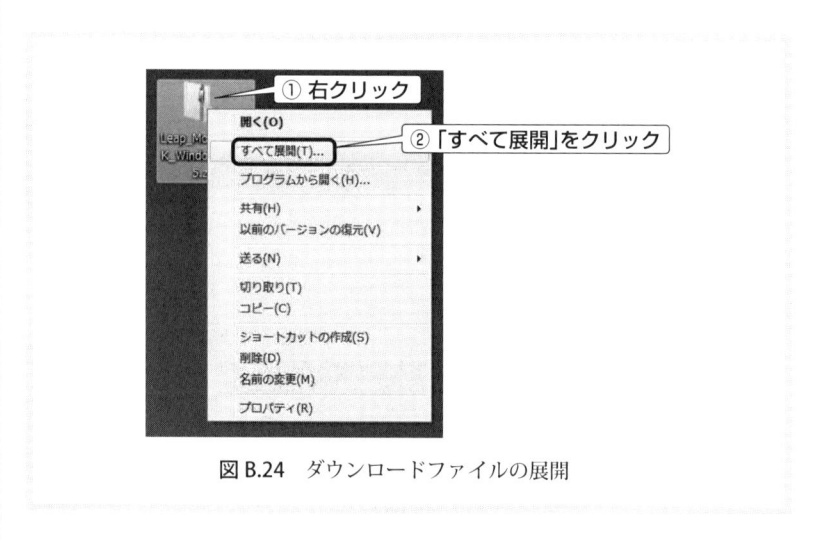

図 B.25 のように展開先を選ぶダイアログが現れますので，変更せずに「展開」をクリックします。

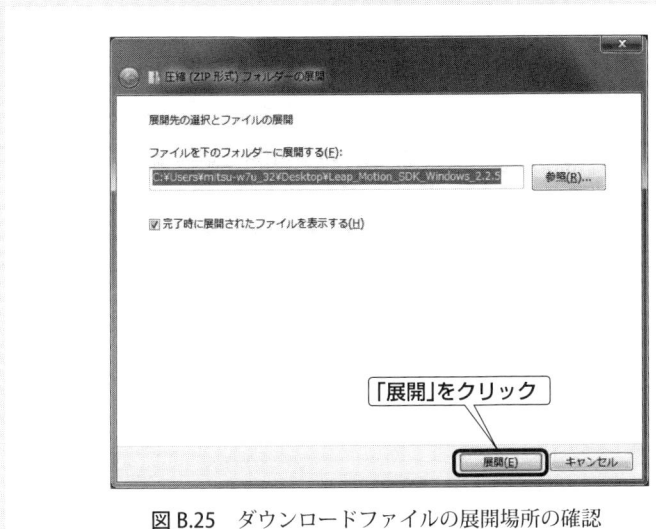

図 B.25　ダウンロードファイルの展開場所の確認

　展開してできたファイルを開くと図 B.26 となっています。その中の，「Leap_Motion_Installer_...」をダブルクリックしてインストールを開始します。

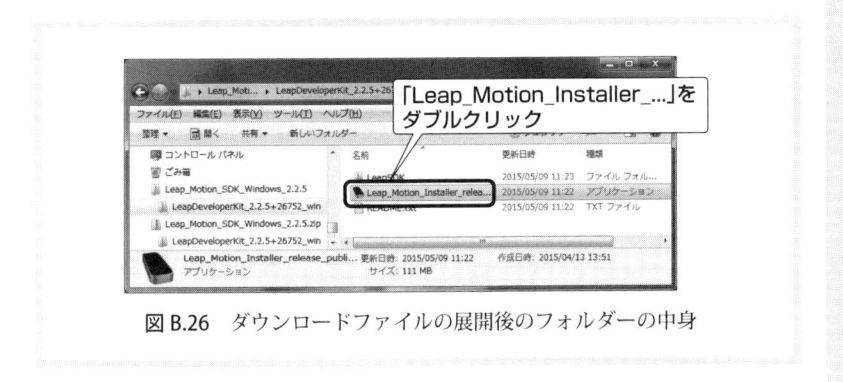

図 B.26　ダウンロードファイルの展開後のフォルダーの中身

　図 B.27 のダイアログが出ますので，「実行」をクリックします。「ユーザーアカウント制御」が出てきたら，「はい」をクリックします。

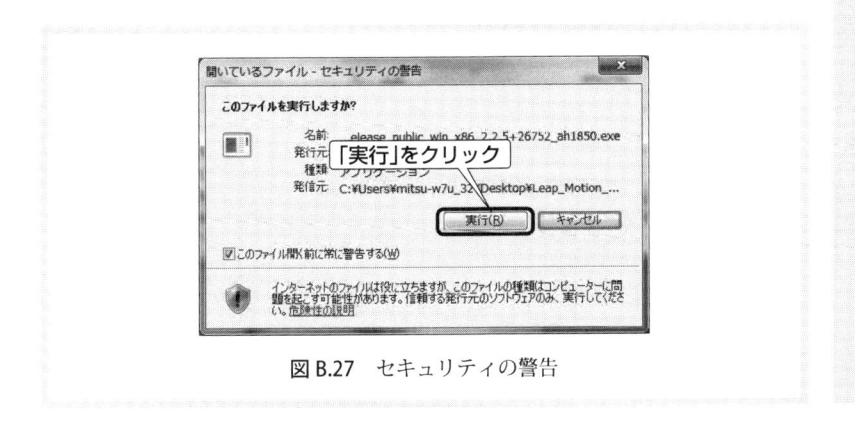

図 B.27　セキュリティの警告

図 B.28 のセットアップ開始の画面が現れますので，「次へ」をクリックします。

図 B.28　セットアップ開始の画面

図 B.29 のライセンス契約の確認画面が現れますので，「同意する」をクリックします。

図 B.29　ライセンス契約

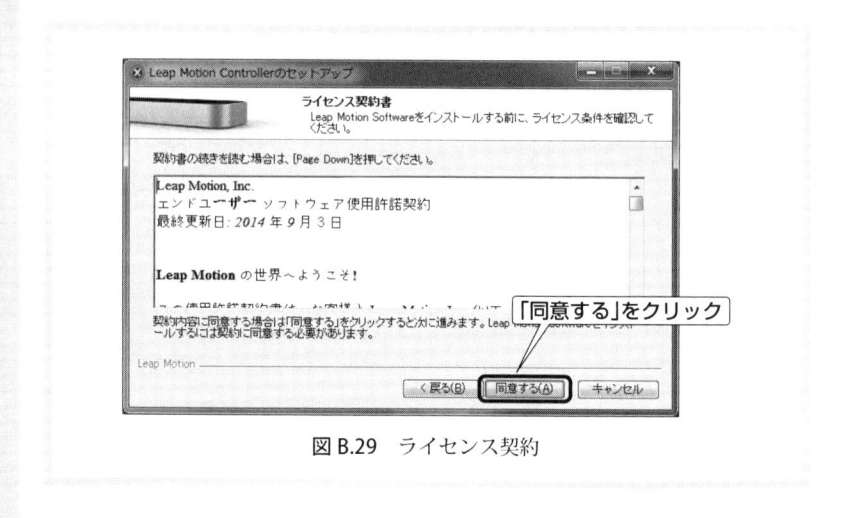

図 B.30 のようダイアログが何回か現れますので，「インストール」をクリックします。

図 B.30　セキュリティの確認

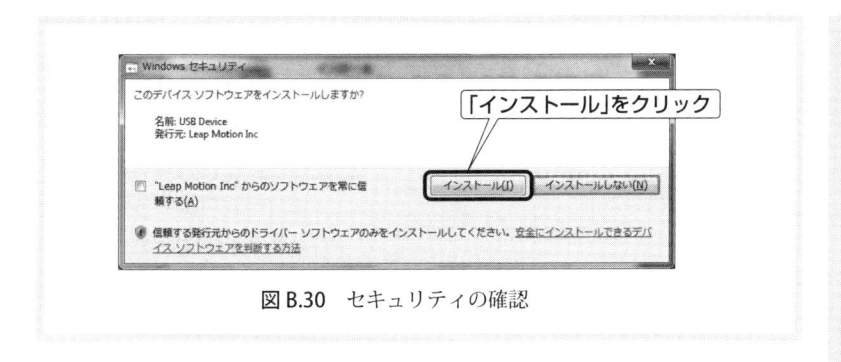

インストールが完了すると図 B.31 のダイアログ現れます。

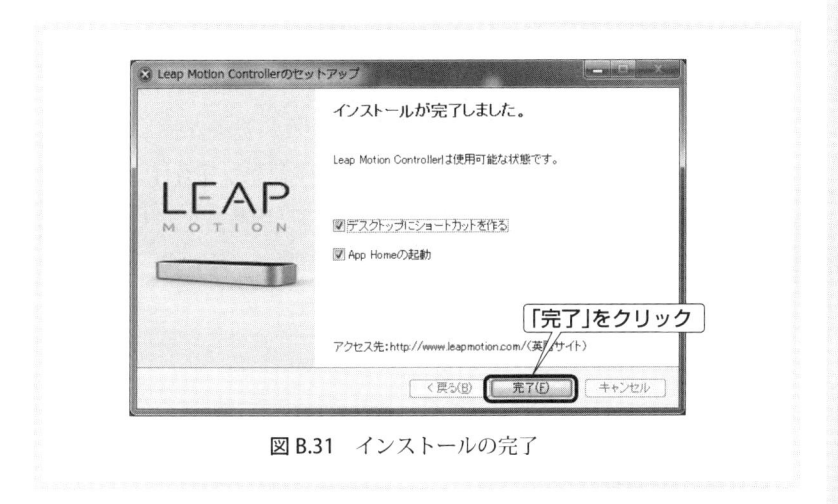

図 B.31　インストールの完了

B.5　XBee エクスプローラーのドライバーソフトウェアのインストール方法

XBee エクスプローラーを認識させるためのドライバーソフトウェアをインストールします。

ドライバーは FDTI 社から配布されているものを使います。以下のアドレスにある公式ホームページの中のドライバーソフトウェアのダウンロードページを開きます。

http://www.ftdichip.com/Drivers/VCP.htm

出てきたページを少し下にスクロールすると，図 B.32 の画面が出てきます。その中にある「setup executable」をクリックします。画面の下に現れるメッセージから，▼をクリックし，「名前を付けて保存」をクリックします。保存先は「デスクトップ」としました。

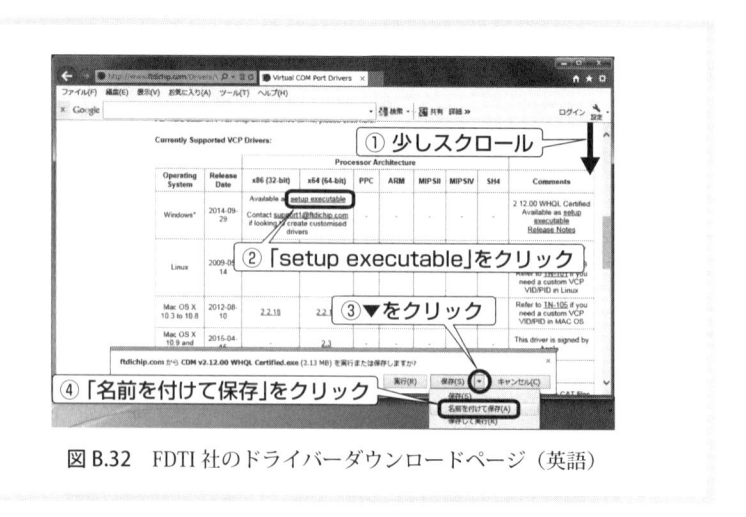

図 B.32　FDTI 社のドライバーダウンロードページ（英語）

　ダウンロードが終了するとデスクトップに図 B.33 の左側に示すアイコンが現れます。これを右クリックして「管理者として実行...」をクリックします。セキュリティの警告が出た場合は「実行」をクリックします。その後，図 B.33 の右側に示すダイアログが現れますので，「Extract」をクリックします。

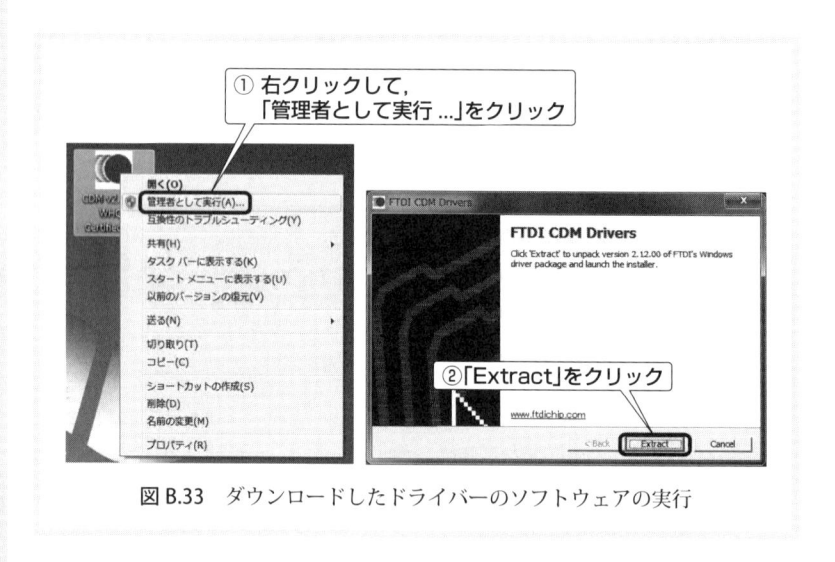

図 B.33　ダウンロードしたドライバーのソフトウェアの実行

　しばらく待つと図 B.34 の画面が現れます。まず，「次へ」をクリックします。その後，「同意します」にチェックをして「次へ」をクリックするとインストールが始まります。

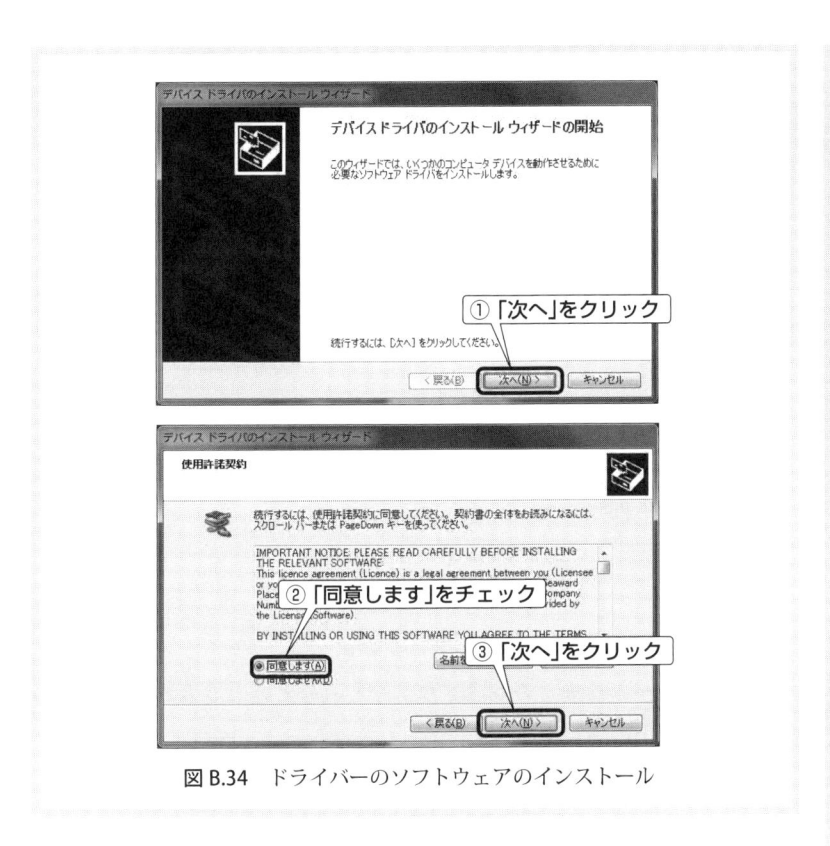

図 B.34　ドライバーのソフトウェアのインストール

インストールが終了すると，図 B.35 の画面が現れますので，「完了」をクリックしてください。

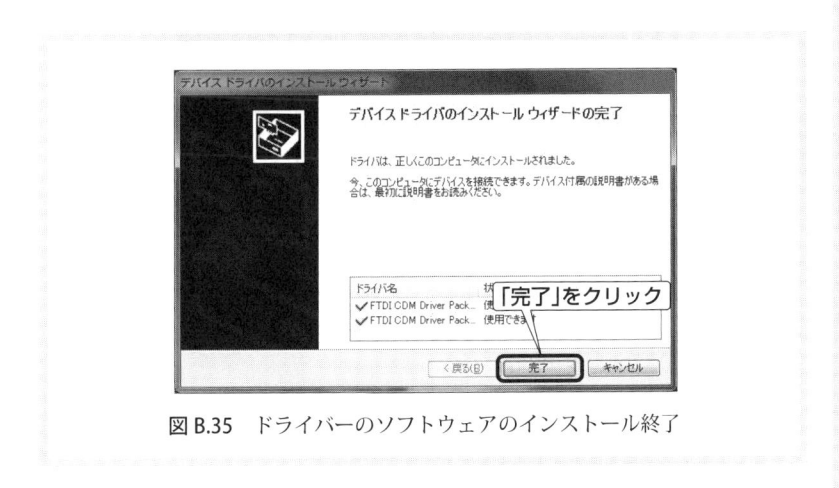

図 B.35　ドライバーのソフトウェアのインストール終了

B.6　XBeeの設定のためのソフトウェアのインストール方法と使用方法

XBee の設定のためのソフトウェアをインストールします。そして，そのソフトウェアを使って XBee の設定（通信速度やアドレス）を変える方法を簡単に示します。

(1) ソフトウェアのダウンロードとインストール

ソフトウェアをダウンロードするために，以下のアドレスにある公式ホームページを開きます。

　　　　　http://www.digi.com/

図 B.36 のような XCTU を提供する Digi のホームページの画面が出てきます。ホームページのレイアウトや写真はときどき変わることがあります。その上の方にある「Support」をクリックします。

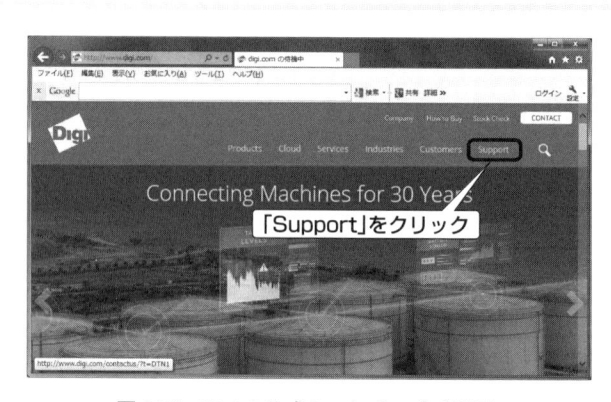

図 B.36　Digi の公式ホームページ（英語）

図 B.37 の画面が現れます。右側のスライドバーをスクロールさせて，ボックスを表示します。そのボックスのスライドバーをスクロールさせて，その中にある「XCTU」をクリックします。

図B.37 Digiのサポートページ（英語）

　図B.38の画面が現れます。右側のスライドバーをスクロールさせて，「Diagnostics, Utilities and MIBs」と書いてあるところを表示し，その右にある▼をクリックしてボックスを展開します。その中の「XCTU Next Gen Installer, Windows x32/x64」をクリックすると，図の下にあるような保存先を選ぶボックスが現れます。ここでは，「名前を付けて保存」をクリックして，「デスクトップ」に保存します。

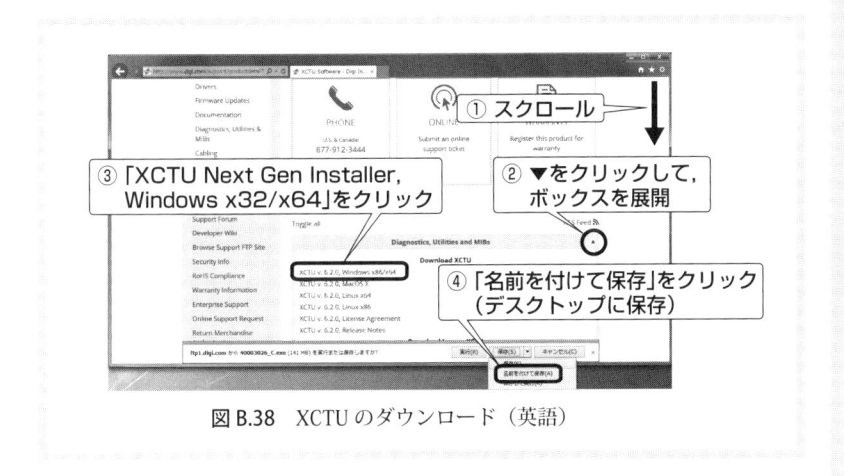

図B.38 XCTUのダウンロード（英語）

　ダウンロードが終了すると，図B.39の左に示すアイコンが現れますので，アイコンをダブルクリックして実行します。図B.39の右側に示す画面が現れますので，「Next」をクリックした後に，「I accept the agreement」をチェックします。指示に従って，何回か「Next」クリックし，しばらく待ちます。その後「Finish」をクリックするとインストールが終了します。「README」のウィンドウが現れたら，「OK」をクリックします。XCTUが起動します。「Change log」ウィンドウが現れたら，「Close」をクリックし，ひとまず，XCTUを終了させます。

図 B.39　XCTU のインストール

(2) XBee の設定

XBee の以下の 3 つについて説明をします。

(1) 送信元のアドレスと送信先のアドレスの設定
(2) 通信速度の設定
(3) 初期設定への戻し方

XBee は通信機器なので 2 つ 1 組で使います．そのため，2 つの XBee に設定する必要があります．

まずは，Xbee の設定をするソフトウェアを起動します．デスクトップにある図 B.40 の左側に示すアイコンをダブルクリックして実行します．図 B.40 の右側に示すウィンドウが現れます．初回起動時は自動的にアップデートがかかりますので，起動に時間がかかります．起動したら，左上の XBee の絵にプラス記号が書いてあるアイコンをクリックします．

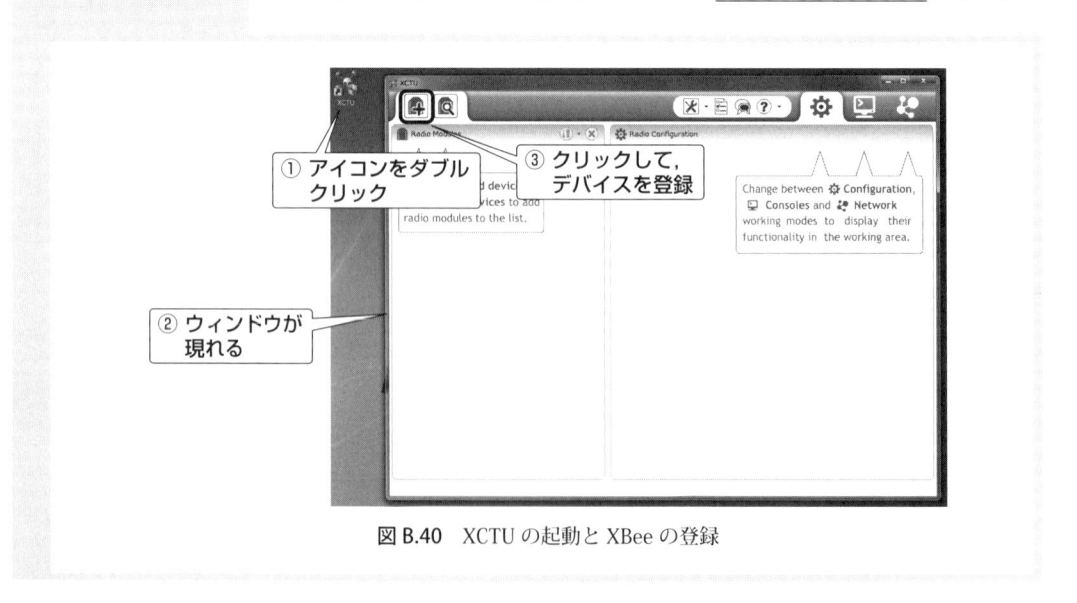

図 B.40　XCTU の起動と XBee の登録

図 B.41 のダイアログが現れます。その中から，USB エクスプローラーの COM ポートを選びます。COM 番号はデバイスマネージャーで確認できます。そして，通信速度が XBee に設定してある通信速度と一致していることを確認します。購入時は 9600 bps となっています。その後，「Finish」をクリックします。

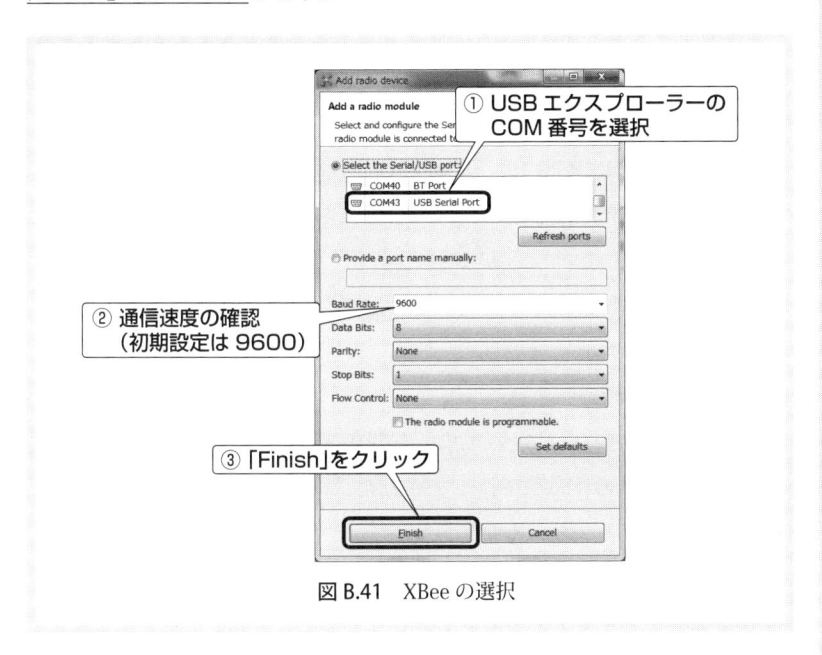

図 B.41 XBee の選択

通信が確立すると図 B.42 の画面が現れます。このとき，画面の右側には何も表示されていません。左側の XBee のアイコンをクリックすると，右側に情報が現れます。

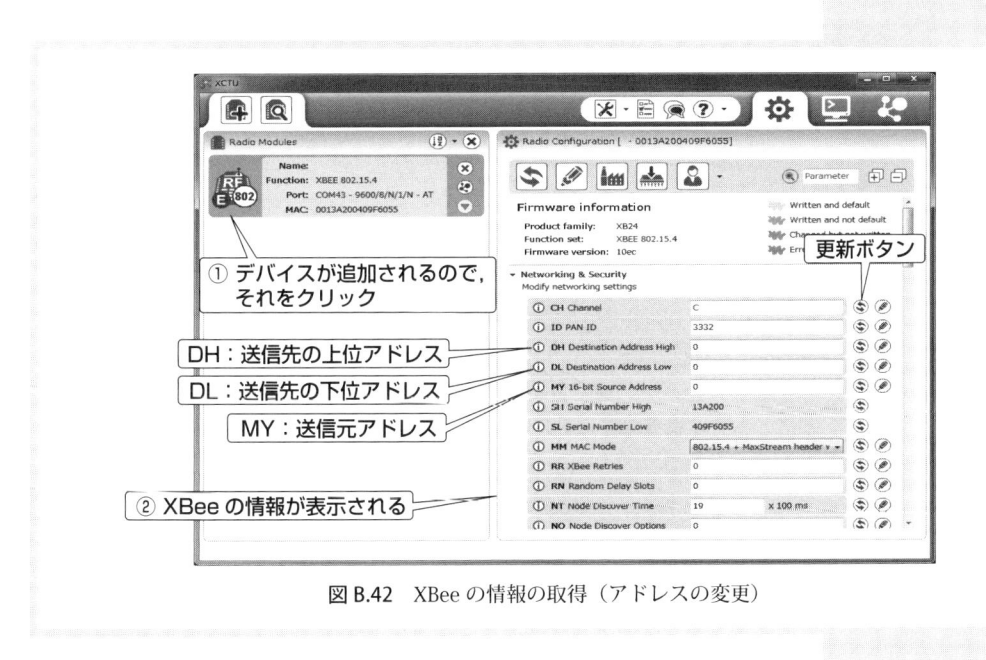

図 B.42 XBee の情報の取得（アドレスの変更）

(1) アドレスの設定

XBee のアドレスを設定します。購入時はどの XBee でも通信できるような設定になっています。もしこの状態ですと，他の XBee 機器があると干渉してしまいうまく動かなってしまいます。

設定は図 B.42 の右側のテキストボックスで行います。

送信元アドレス（MY） 自分のアドレスで，アドレスは 16 ビットで設定できます。購入時は 0 となっています。

送信先アドレス（DH と DL） 送信先のアドレスで，それぞれ上位と下位に分かれています。購入時は 0 となっています。

設定したら，テキストボックスの右側にある矢印が 2 つ書かれた丸い更新ボタンを押して書き込みます。

このアドレスを 2 台とも設定することで，その 2 台だけの通信ができるようになります。

(2) 通信速度の設定

XBee の通信速度を設定します。右側のスライダーを少しスクロールさせると図 B.43 のように BD と書かれた部分が現れます。

通信速度（BD） 通信速度を設定できます。購入時は 9600 となっています。

その右側の選択ボックスの▼をクリックすると変更できる通信速度が選べます。通信速度を変更したら，右側にある矢印が 2 つ書かれた丸い更新ボタンを押して書き込みます。

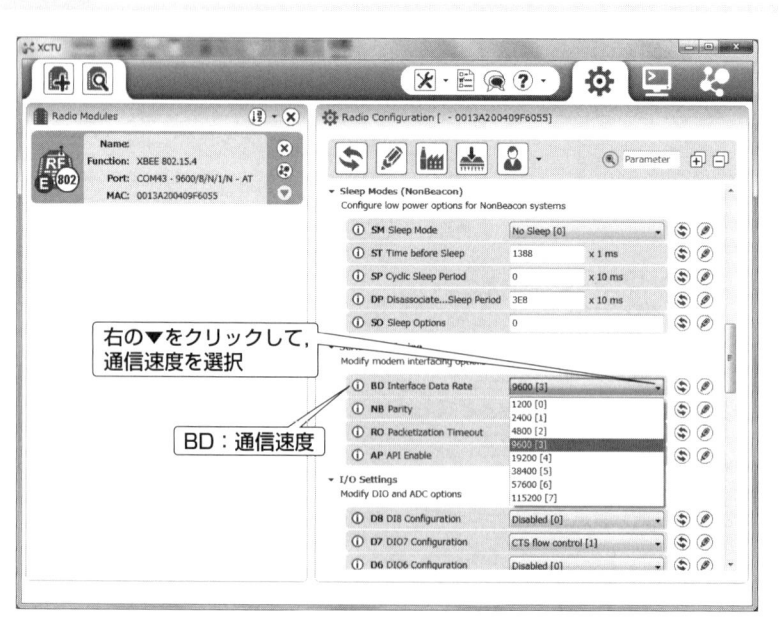

図 B.43　XBee の情報の取得（通信速度の変更）

通信速度も2台とも変更する必要があります。
(3) 初期設定への戻し方

いろいろ設定した後，うまく動かなくなって買ったときの状態に戻したくなることがあるかもしれません。初期設定に戻したい場合は，図B.44の右側にある工場のアイコンをクリックして，出てきたダイアログの「Yes」をクリックします。

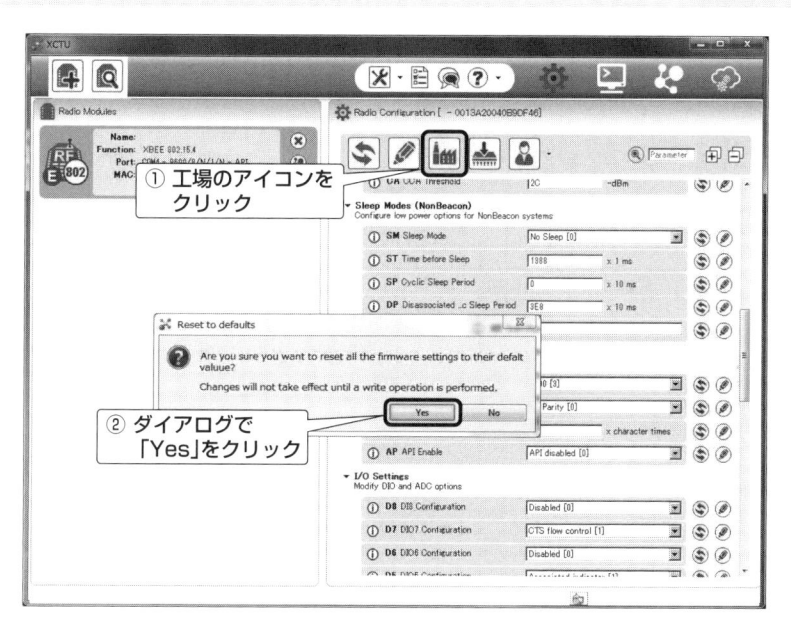

図B.44　初期設定への戻し方

付録C パーツリスト

品名	型番	章1 2 3 4 5	2 1 2 3 4 5	3 1 2 3 4 5	4 1 2 3 4 5 6	5 1 2 3 4 5	6 1 2 3 4 5 6 7 8	7 1 2 3 4 5 6	最大必要数	秋	千	マ	共	若	ス	他
Arduino Uno R3		1 1 1 1 1	1 1 1 1 1	1 1 1 1 1	1 1 1 1 1 1	1 1 1 1 1	1 1 1 1 1 1 1 1	1 1 1 1 1 1	1	○	○		○	○		
抵抗 330 Ω			1 1 1		1 3 3				3		○		○	○		
抵抗 1 kΩ							8		8		○		○	○		
抵抗 10 kΩ		1				1 2	1		2		○		○	○		
抵抗 1 MΩ							1		1		○		○	○		
ボリューム 10 kΩ			1			1 2	1		2	◎	○		○	○		
押しボタンスイッチ			1			2			2	◎	○		○	○		
LED			1 1		1				3	○	○		◎	○		
3色LED	カソードコモン				1 1				1	◎			○			
ドットマトリックス	OSL641501						1		1	○						
距離センサ	GP2Y0A21YK		1						1	◎	○			○		
温度センサ	LM35DZ	1				1			1	○	○		○	○		
3軸加速度センサ	KXM52-1050					1 1	1		1	○						
モータードライブIC	TA7291P						2	2	2	○	○		○	○		
モーター	マブチ130						1		1	◎		○				
サーボモーター	S03N/2BBMG/F						1 1 1	1 1 1	1	○	○		○			
電池ボックス (4本用)					4 4		4 4	4	4	◎						
電池					4 4		4 4	4	4							○
ACアダプター (9 V)							(1) (1) (1)	(1)	(1)							○
電池 (9 V)							(1) (1) (1)	(1)	(1)							○
電池スナップ							(1)	(1)	(1)	○	○		○	○		
XBee							2	2	2							○
ワイヤレスプロトシールド							1 1		1	◎						
Xbeeエクスプローラー							1		1							○
ユニバーサルアーム	70143						1	1	1			◎				
ダブルギヤボックスセット	70168						1	1	1			◎				
ナロータイヤセット	70145						1	1	1			◎				
ユニバーサルプレートセット	70157						1	1	1			◎				
ボールキャスター	70144						1	1	1			◎				
Webカメラ	UCAM-C0220FBBK							1	1							○
ゲームパッド								1 1	1							○
Kinect								1	1							○
Leap Motion								1	1							○

凡例 秋：秋月電子通商，千：千石電商，マ：マルツパーツ館，共：共立エレショップ，若：若松通商，ス：スイッチサイエンス，
他：Amazon，ビックカメラ，ヨドバシカメラ，タミヤショップオンライン
◎：筆者が購入したお店．○：販売を確認したお店

索 引

Arduino の関数・インスタンス

analogRead 関数 36
analogWrite 関数 36

CapacitiveSensor インスタンス 182
capacitiveSensor 関数 183

delayMicroseconds 関数 39
delay 関数 38
digitalRead 関数 34
digitalWrite 関数 35

loop 関数 1

mServo.attach 関数 95
mServo.write 関数 95
MsTimer2::set 関数 177
MsTimer2::start 関数 177

pinMode 関数 34

Serial.available 関数 43
Serial.begin 関数 40
Serial.println 関数 40, 42
Serial.print 関数 42
Serial.read 関数 43
Serial.write 関数 100
set_CS_AutocaL_Millis 関数 182
setup 関数 1

Processing の関数・変数・インスタンス

abs 関数 128
atan2 関数 96

background 関数 45

beginShape 関数 50
blue 関数 159

cos 関数 96
createFont 関数 52
createReader 関数 65
createWriter 関数 64

day 関数 125
draw 関数 1

ellipse 関数 49
endShape 関数 51
exit 関数 123

fill 関数 46
frameRate 関数 55

green 関数 159

height 変数 90
hour 関数 123

image 関数 159
int 関数 65

keyCode 変数 58, 60
keyPressed 関数 58, 60
keyPressed 変数 60
keyReleased 関数 58, 60
key 変数 58, 60

line 関数 46
loadSample 関数 185

map 関数 129
millis 関数 125
minute 関数 123

month 関数	125
mouseButton 変数	61, 63
mouseClicked 関数	63
mouseDragged 関数	63
mouseMoved 関数	63
mousePressed 関数	62, 63
mousePressed 変数	61, 63
mouseReleased 関数	63
mouseWheel 関数	63
mouseX 変数	61, 63
mouseY 変数	61, 63
nf 関数	123
noFill 関数	48
pmouseX 変数	63
pmouseY 変数	63
port.available 関数	104
port.bufferUntil 関数	117
port.clear 関数	100
port.readStringUntil 関数	118
port.read 関数	101
port.write 関数	71
println 関数	54
print 関数	54
reader.readLine 関数	65
rectMode 関数	46
rect 関数	47
red 関数	159
second 関数	123
serialEvent 関数	101
Serial インスタンス	71
setup 関数	1
sin 関数	96
size 関数	45
sprit 関数	65
strokeWeight 関数	45
stroke 関数	46
str 関数	84
textAlign 関数	128
textFont 関数	52

textSize 関数	52
text 関数	52
triangle 関数	48
trigger 関数	185
trim 関数	118
vertex 関数	50
video.available 関数	159
video.height 変数	159
video.loadPixels 関数	159
video.read 関数	159
video.start 関数	159
video.width 変数	159
width 変数	90
writer.close 関数	65
writer.flush 関数	65
writer.println 関数	64
writer.print 関数	64
year 関数	125

数字

3 軸加速度センサ	110
3 軸加速度センサの値を値として送る	110
3 軸加速度センサの値を文字列として送る	115
3 色 LED	76
3 色 LED の色を変える	82
5 V ピン	2

欧文

AC アダプター	167
Arduino	3
Arduino Uno	4
Arduino からの開始合図	105
Arduino ワイヤレスプロトシールド	164
COM 番号	13, 18

DCモーター	85
Kinect	203
Leap Motion	214
LED	33, 69
LEDの明るさを変える	72
OpenCV	199
Processing	19
Processingからの開始合図	77
「Run」ボタン（Processing）	25
「Stop」ボタン（Processing）	25
USBポート	2
Xbee	164
Xbeeエクスプローラー	164
Xbeeピッチ変換基板	170

あ行

アナログ出力	35
アナログ入力	35
アナログピン	2
アニメーション	55
アプリケーション化（Processing）	28
円を描く	49
温度センサ	120

か行

開始合図（Arduinoからの）	105
開始合図（Processingからの）	77
カメラ	156
キーボード	58
距離センサ	39
グランドピン	2
ゲームパッド	187
「検証」ボタン（Arduino）	15
骨格抽出機能	203
コンソール（Arduino）	15
コンソール（Processing）	25
コンパイルボタン（Arduino）	15

さ行

サーボモーター	92
三角を描く	48
四角を描く	46
時間待ち	38
実行ボタン（Processing）	25
シリアルポートの設定	16
シリアルモニタ	39
スイッチ	33, 98
スカッシュゲーム	125
静電容量センサ	178
線を引く	45

た行

ダイナミックドライブ	144
タイマー	172
楕円を描く	49
多角形を描く	50
停止ボタン（Processing）	25
データロガー	120
デジタル出力	33
デジタル入力	33
デジタルピン	2

電源 167
電光掲示板 141
電池 167

ドットマトリックス 141
ドライバー 8

な行

日本語のサイズ 52
日本語の設定（Processing） 27

は行

パソコンに保存 120
バランスゲーム 131

人の顔を認識 199

ファイルの入出力 63
フォントデータ 142
フレームレート 55

返信要求 111

ボリューム 35, 102

ま行

マイコンボードの設定 15
「マイコンボードに書き込む」ボタン
　（Arduino） 15
マウス 60

無線 163, 224

文字のサイズ 52
文字を表示する 51
文字を表示する（コンソール） 53

ら行

ライブラリ 172
ラジコンカー 225

リセットボタン 2, 18
リモート温度計 224
リモコンカー 135, 187

レーダー 151

【著者紹介】

牧野浩二（まきの・こうじ）
- 学歴　東京工業大学 工学部 制御システム工学専攻 博士後期課程修了
　　　　博士（工学）
- 職歴　株式会社本田技術研究所 研究員
　　　　財団法人高度情報科学技術研究機構 研究員
　　　　東京工科大学 コンピュータサイエンス学部 助教
- 現在　山梨大学大学院 医学工学総合研究部 助教
　　　　これまでに地球シミュレータを使用してナノカーボンの研究を行い，Arduinoを使ったロボコン型実験を担当した。マイコンからスーパーコンピュータまで様々なプログラミング経験を持つ。

たのしくできる
Arduino 電子制御　　Processing でパソコンと連携

2015 年 7 月 20 日　第 1 版 1 刷発行　　　　　　　ISBN 978-4-501-33110-8　C3055

著　者　牧野浩二
　　　　Ⓒ Makino Kohji　2015

発行所　学校法人 東京電機大学　　〒120-8551　東京都足立区千住旭町 5 番
　　　　東京電機大学出版局　　　　〒101-0047　東京都千代田区神田 1-14-8
　　　　　　　　　　　　　　　　　Tel. 03-5280-3433(営業) 03-5280-3422(編集)
　　　　　　　　　　　　　　　　　Fax.03-5280-3563　振替口座 00160-5-71715
　　　　　　　　　　　　　　　　　http://www.tdupress.jp/

JCOPY　＜(社)出版者著作権管理機構 委託出版物＞
本書の全部または一部を無断で複写複製（コピーおよび電子化を含む）することは，著作権法上での例外を除いて禁じられています。本書からの複製を希望される場合は，そのつど事前に，(社)出版者著作権管理機構の許諾を得てください。また，本書を代行業者等の第三者に依頼してスキャンやデジタル化をすることはたとえ個人や家庭内での利用であっても，いっさい認められておりません。
［連絡先］TEL 03-3513-6969，FAX 03-3513-6979，E-mail : info@jcopy.or.jp

---

組版：㈱チューリング　　印刷・製本：三美印刷㈱　　装丁：大貫伸樹＋伊藤庸一
落丁・乱丁本はお取り替えいたします。　　　　　　　　　　　　Printed in Japan

Arduino・PICマイコン

たのしくできる
Arduino電子工作

牧野浩二 著　　B5判・160頁

出力処理　入力処理　シリアル通信　表示デバイスを使おう　センサーを使おう　モーターを回そう　楽器を作って演奏しよう　ゲームを作ろう　ロボットを作ろう　Arduinoを使いつくそう

たのしくできる
Arduino電子制御
Processingでパソコンと連携

牧野浩二 著　　B5判・256頁

データロガー　スカッシュゲーム　バランスゲーム　電光掲示板　レーダー　赤いものを追いかけるロボット　どこでも太鼓　OpenCV　Kinect　Leap Motion

たのしくできる
Arduino実用回路

鈴木美朗志 著　　B5判・120頁

距離の測定　圧力レベル表示器　緊急電源停止回路　温度計　DCモータの正転・逆転・停止・速度制御　RCサーボの制御回路　曲の演奏　ライントレーサ　二足歩行ロボット

たのしくできる
PIC12F実用回路

鈴木美朗志 著　　B5判・144頁

LED点灯回路　PWM制御回路　センサ回路（照度センサ・測距モジュール・圧電振動ジャイロ）　アクチュエータ回路　赤外線リモコンとロボット製作

PIC16トレーナによる
マイコンプログラミング実習

田中博・芹井滋喜 著　B5判・148頁

PICマイコンと開発環境　I/Oポートの入力・出力　割り込み　周波数と音　表示器　A/D変換　シリアル通信　温度センサを使った温度測定

1ランク上の
PICマイコンプログラミング
シミュレータとデバッガの活用法

高田直人 著　　B5判・144頁

PICkit3を使ったプログラム開発　A/D変換器　PMWモジュール　赤外線リモコンのアナライザ　エンハンストPMWモードとHブリッジモータドライバ　静電容量式センシング

C言語による
PICプログラミング入門

浅川毅 著　　A5判・200頁

データの表現　C言語の基礎　数値の表示と変数　演算子と関数　PIC-USBマイコンボード　プログラムの書式と記述例　総合プログラム　プログラム開発ツールの利用　シミュレータの使い方

PICアセンブラ入門

浅川毅 著　　A5判・184頁

マイコンとPIC16F84　データの扱い　アセンブラ言語　プログラムの書式と記述例　応用プログラムの作成　MPLABを使用したプログラム開発

＊定価，図書目録のお問い合わせ・ご要望は出版局までお願いいたします。
URL　http://www.tdupress.jp/